"十二五"职业教育国家规划教材
经全国职业教育教材审定委员会审定

电工测量与安装

新世纪高职高专教材编审委员会 / 组　编
瞿　红　熊木兰 / 主　编
刘　英　杨菊梅 / 副主编

第二版

大连理工大学出版社

图书在版编目(CIP)数据

电工测量与安装 / 瞿红,熊木兰主编. -- 2版. -- 大连：大连理工大学出版社,2021.2
新世纪高职高专电气自动化技术类课程规划教材
ISBN 978-7-5685-2793-4

Ⅰ. ①电… Ⅱ. ①瞿… ②熊… Ⅲ. ①电气测量－高等职业教育－教材②电工－安装－高等职业教育－教材 Ⅳ. ①TM93②TM05

中国版本图书馆 CIP 数据核字(2020)第 242769 号

大连理工大学出版社出版

地址：大连市软件园路 80 号　邮政编码：116023
发行：0411-84708842　邮购：0411-84708943　传真：0411-84701466
E-mail:dutp@dutp.cn　URL:http://dutp.dlut.edu.cn
大连雪莲彩印有限公司印刷　　　大连理工大学出版社发行

幅面尺寸：185mm×260mm　　印张：17.75　　字数：427 千字
2014 年 6 月第 1 版　　　　　　　　　　2021 年 2 月第 2 版
2021 年 2 月第 1 次印刷

责任编辑：唐　爽　　　　　　　　　　责任校对：陈星源
封面设计：张　莹

ISBN 978-7-5685-2793-4　　　　　　　　定　价：45.80 元

本书如有印装质量问题,请与我社发行部联系更换。

前　言

《电工测量与安装》(第二版)是"十二五"职业教育国家规划教材,也是新世纪高职高专教材编审委员会组编的电气自动化技术类课程规划教材之一。

本教材根据"工学结合"人才培养模式的要求,本着学习领域体系开发和学习领域内容设计能够实现从"知识本位"向"能力本位"转变的思路,在深入企业调研并与实践专家广泛研讨,仔细分析后续学习领域知识和技能的实际需要,严格把握与先导、平行、后续学习领域承启关系的基础上,归纳、总结了电气自动化技术专业学生学习"电工测量与安装"课程必须掌握的知识、技能,并确定了本学习领域8个学习情境22个任务。

本教材按照"教、学、做"一体化的模式进行学习情境的组织及任务的安排,达到了"教学过程与生产过程相结合,教学内容与工作内容相一致,教学评价与职业评价相符合"的设计要求,使学生能够获得电气自动化技术专业必须具备的电工测量与安装的知识和技能,并符合学生的认知规律和职业成长规律。

本教材主要具有以下特色:

1. 以职业能力培养为重点,与供电公司等企业合作,进行基于工作过程的教材开发与设计。教材设计流程:企业调研→确定企业岗位→确定典型工作任务→归纳行动领域→转化学习领域→设计学习情境→教学组织实施优化。

2. 编写队伍中既有"双师"型骨干教师,又有行业专家、企业技术能手,充分发挥校企合作优势,与行业共发展,突出体现企业需要、职业岗位标准,使教材具有更强的岗位情境化特色。

3. 采用模块化、以工作过程为中心的任务驱动教学模式,将知识和技能嵌入任务,任务由简到繁,由易到难,梯度明晰。采用"任务驱动"的形式,进行"教、学、做"一体化教学。

4. 采用"车间教学"的组织形式,营造企业工作环境,虚、实结合,将虚拟仿真手段与真实的技术服务、电工任务相结合。学习情境的设计与企业工作实际类似,将企业实际工作与电工技能联系在一起。模拟生产现场环境,采用工学交替教学模式,营造开放性的学习工作场所,全面提升学生的职业素质。

5. 特别设计了与生产现场相关的任务式习题,包含了生产一线人员经常遇到的问题,完成习题的过程也是增长知识和提高技能的过程。

6. 将职业规范和职业素质的培养融入教材内容,通过工作过程教学培养学生的职业素质。

7. 以完成工作过程的六步教学方法为主,辅以项目教学、任务教学、现场教学、角色扮演等多种教学方法,实现"工学结合"的教与学,注重自主学习、合作学习和个性化教学,提高教学效果。

8. 建立了课程网站,提供立体网络资源库,课程资料均通过网络平台与学生、教师、行业企业和社会共享,学生能够借助网络学习、研讨与答疑,查阅资料解决疑难,自主学习。

9. 在教材中融入电力行业的新知识、新技术、新工艺和新方法。使用仿真软件进行电路虚拟分析和测试,优化设备的利用率并增强学生的新技术运用能力,使学生学会现代电路分析中先进的分析方法,适应现代电路分析、设计工作的需要。

10. 本教材首次真正实现了对课程教师进行"工学结合"的全程指导。为教师提供本改革课程的学时安排建议、教学组织建议、教学建议、学生团队工作的建议等,并明确指出每个学习情境下各教学环节所需的教学资料、教学场地、教学组织方法等。在目前工作过程导向课程改革实施尚未大范围铺开之时,本教材的教师手册可谓对教师"以工作过程为导向"的教学实施提供了绝佳的教学指导和教学建议。

本教材由江西电力职业技术学院瞿红、熊木兰任主编,江西电力职业技术学院刘英、杨菊梅任副主编,江西电力职业技术学院李群、肖贵桥、黎子俊及九江供电公司詹乔松、南昌供电公司陈华任参编。具体编写分工如下:熊木兰编写了学习情境一、学习情境五;杨菊梅编写了学习情境二、学习情境六;瞿红编写了学习情境三、学习情境四;刘英编写了学习情境七、学习情境八;李群编写了学习情境五的任务书、引导文、习题;詹乔松、陈华、肖贵桥、黎子俊参与了教材的开发与设计,提供了生产一线的案例、职业岗位标准,使教材具有更强的岗位情境化。全书由瞿红统稿并定稿。

在编写本教材的过程中,我们参考、引用和改编了国内外出版物中的相关资料以及网络资源,在此对这些资料的作者表示诚挚的谢意。请相关著作权人看到本教材后与出版社联系,出版社将按照相关法律的规定支付稿酬。

尽管我们在探索教材特色的建设方面做出了许多努力,但由于编者的水平有限,教材中仍可能存在一些疏漏和不足之处,恳请读者批评指正,并将意见和建议及时反馈给我们,以便修订时改进。

编　者
2021 年 2 月

所有意见和建议请发往:dutpgz@163.com
欢迎访问职教数字化服务平台:http://sve.dutpbook.com
联系电话:0411-84707424　84706676

目 录

学习情境一 直流电路的安装与测试 ·· 1
    任务一 电路的基本概念和基本定律的认知 ······································· 6
    任务二 直流电路的安装 ·· 20
    任务三 直流电压、直流电流的测量 ·· 35
    习 题 ··· 49

学习情境二 电阻的测量 ·· 51
    任务一 电阻的伏安法测量 ·· 56
    任务二 万用表的使用 ··· 61
    任务三 直流电桥的使用 ·· 65
    任务四 绝缘电阻的测量 ·· 75
    习 题 ··· 80

学习情境三 单相交流电路的测量 ·· 86
    任务一 交流电压、交流电流的测量 ·· 90
    任务二 单相交流电路功率的测量 ·· 125
    习 题 ··· 132

学习情境四 日光灯电路的安装及功率因数的提高 ···································· 135
    任务一 线圈参数的测量 ·· 139
    任务二 日光灯电路的安装 ·· 142
    任务三 日光灯电路功率因数的提高 ·· 144
    习 题 ··· 148

学习情境五 照明电路的安装 ·· 151
    任务一 常用电工工具的使用 ··· 155
    任务二 单相电能表的安装 ·· 162
    任务三 室内照明电路的安装 ··· 167
    习 题 ··· 172

学习情境六　三相交流电路的测量 …… 177
任务一　三相电路电压与电流的测量 …… 182
任务二　三相电路功率的测量 …… 200
任务三　三相电路电能的测量 …… 209
习　题 …… 216

学习情境七　电路过渡过程的观测 …… 225
任务一　RC 过渡过程的观测 …… 229
任务二　RL 过渡过程的观测 …… 239
习　题 …… 245

学习情境八　电磁电路的测试 …… 251
任务一　同名端的判别 …… 255
任务二　交流铁芯线圈特点的认知 …… 265
习　题 …… 273

参考文献 …… 274

学习情境一

直流电路的安装与测试

任 务 书

任务总述

电路的基本概念和基本定律的认知。了解直流电压表和直流电流表的使用方法,以及直流电压表、直流电流表的结构。现提供3只灯泡、直流稳压电源、导线、电工操作台,根据要求安装直流电路并对所安装的电路进行测试,正确使用直流电压表和直流电流表对电路中相关量进行测量。

对本学习情境的实施,要求根据引导文1进行。同时,进行以下基本技能的过程考核:
(1)画出所安装电路的电路图。
(2)学会用直流电压表和直流电流表、万用表测量直流电压和直流电流。
(3)用万用表进行各元件的检测。
(4)在规定的时间内将电路安装完毕。
(5)用直流电压表和直流电流表排除电路安装过程中出现的故障。

已具备资料

(1)直流电路的安装与测试自学资料:学生手册、引导文。
(2)直流电路的安装与测试教学资料:多媒体课件、直流电压表和直流电流表使用视频、常用电工工具使用视频。
(3)直流电路的安装与测试复习(考查)资料:习题。

学习情境一 直流电路的安装与测试

工作单

相关任务描述	(1)认知电路的基本概念和基本定律 (2)直流电路的安装 (3)掌握直流电压、直流电流的测量方法
相关学习资料的准备	直流电路的安装与测试自学资料、教学资料
学生课后作业的布置	直流电路的安装与测试习题
对学生的考核方法	过程考核 作业检查
采用的主要教学方法	多媒体、实验实训教学手段 情境启发式、任务驱动式、自主探究式、协作学习式等教学方法
教学及实验实训场所	电工测量一体化多媒体教室
教学及实验实训设备	直流稳压电源、灯泡、直流电压表、直流电流表、万用表、标准电阻箱
教学日期	
备 注	

引导文

引导文 1	直流电路的安装与测试引导文	姓 名		页数：

一、任务描述

　　电路的基本概念和基本定律的认知。了解直流电压表和直流电流表的使用方法，以及直流电压表、直流电流表的结构。现提供 3 只灯泡、直流稳压电源、导线、电工操作台，根据要求安装直流电路并对所安装的电路进行测试，正确使用直流电压表和直流电流表对电路中相关量进行测量。

二、任务资讯

　　(1)所安装的电路由几部分构成？说出各组成部分的名称。
　　(2)什么是电路元件？电路中灯泡用什么电路元件来描述？
　　(3)直流稳压电源的作用是什么？如何正确使用直流稳压电源？
　　(4)滑线变阻器串联在本电路中的作用是什么？进一步理解电阻串联时的分压特点。
　　(5)当并联的灯泡增多时,总电流如何变化？进一步理解电阻并联时的分流特点。
　　(6)直流电压表的作用是什么？如何正确使用直流电压表？
　　(7)直流电流表的作用是什么？如何正确使用直流电流表？
　　(8)万用表有什么用途？如何用万用表的直流电压挡测试直流电压源输出的 10 V 电压？
　　(9)如何利用万用表的直流电流挡测试所安装电路的电流？如果转换开关的挡位选错,能否正常测量？

三、任务计划

　　(1)画出电路图。
　　(2)选择相关仪器、仪表,并填写下表(设备清单)。

情境名称			
工作任务	使用仪器、仪表	辅助设备	备 注

　　(3)简述简单直流电路的安装程序和检测步骤及直流电压、直流电流的测量方法。
　　(4)制作任务实施情况检查表,包括小组各成员的任务分工、任务准备、任务完成、任务检查情况的记录,以及任务执行过程中出现的困难和应急情况的处理等。(单独制作)

四、任务决策

(1)分小组讨论,分析阐述各自计划和安装、测量方案。
(2)每组选派一位成员阐述本组的安装及测量方案。
(3)经教师指导,确定最终的安装及测量方案。

五、任务实施

(1)安装电路前,需要检测哪些部件?如何检测?(简单说明)
(2)直流电压表、直流电流表使用时应注意哪些事项?
(3)安装过程中发现了什么问题?如何解决这些问题?
(4)如果电路安装完毕,通电后灯泡不亮,请用万用表或电压表逐点排除故障,并逐项记录故障情况。
(5)请说明在完成任务时需要注意哪些安全问题。
(6)对整个任务的完成情况进行记录。

六、任务检查

(1)学生填写检查单。
(2)教师填写评价表。
(3)学生提交实训心得。

七、任务评价

(1)小组讨论,自我评述完成情况及发生的问题,小组共同给出处理和提高方案。
(2)小组准备汇报材料,每组选派一位成员进行汇报。
(3)教师对方案评价说明。

学习资料

学习情境描述

通过完成直流电路的安装以及直流电压、直流电流的测量的任务,引导学生通过使用直流电压表、直流电流表、万用表等对直流电路进行测量,了解常用直流电工仪表的基本结构和使用方法,理解直流电路的基本概念和基本定律,掌握分析计算直流电路的基本方法。熟悉电工测量的基本知识和技能。

教学环境

整个教学在电工测量一体化多媒体教室中进行,教室内应有学习讨论区、操作区,并必须配置多媒体教学设备,同时提供任务中涉及的所有仪器仪表和所有被测对象。

任务一 电路的基本概念和基本定律的认知

教学目标

知识目标:
(1) 掌握电路的基本概念和电路的主要物理量。
(2) 掌握欧姆定律、基尔霍夫电流定律(KCL)、基尔霍夫电压定律(KVL)。
(3) 掌握电压源、电流源设备的特点、性质。

能力目标:
(1) 清楚常用电气设备铭牌额定值的意义,并能说出电工操作台各直流设备的铭牌标识含义。
(2) 对一个简单电路,能说出构成电路的各部分名称。
(3) 能用欧姆定律、基尔霍夫电流定律(KCL)、基尔霍夫电压定律(KVL)进行简单的电路分析。
(4) 熟悉常用电工工具的使用。

任务描述

教师仿真演示或模拟一只灯泡直接接在电压源上,在通电后发光(电路运行),试说明其电路工作原理。通过这样的简单电路,认识电路的构成。当电路状态发生变化时,根据电路的基本定律认真分析灯泡的电压、电流、功率以及规定时间内消耗的电能,学会电路分析的基本方法。

任务准备

课前预习"相关知识"部分。根据一个灯泡发光电路,理解电路的基本概念和基本定律,并独立回答下列问题:
(1)灯泡属于电路的哪部分?用什么电路元件描述?
(2)电源电压变化时,灯泡的亮度如何变化?说明电路中各物理量的变化情况以及电源的作用。
(3)画出灯泡工作的电路图。
(4)灯泡的工作是否符合欧姆定律?

相关知识

一、电路与电路模型

1. 电路

为了完成某一功能,将若干电气设备或元器件按一定的方式连接起来而构成的电流通路即电路。简单地说,就是电流通过的路径。

2. 电路的功能

电路的主要功能可分为两类:一是进行电能的传输、分配和转换。例如,手电筒就是一种最简单的电路。它由干电池、小灯泡、连接导线及开关组成,主要功能是把电能转换成光能。二是进行电信号的产生、传递和处理。例如,扩音机的传声器(话筒)将声音变成电信号,经过放大器的放大,送到扬声器(喇叭),将声音还原出来,从而实现声音的放大。

3. 电路的组成

无论是简单电路还是复杂电路,都由三个基本部分构成:
(1)电源　提供电能或电信号的设备。如发电机、信号源。
(2)负载　将电能或电信号转变成非电形式的能量或信号的设备。如电动机、喇叭。
(3)导线　把电源和负载连接成闭合回路,常用的是铜导线和铝导线。
除此以外,通常还有控制和保护装置,它们的作用是控制电路的通断、保护电路的安全,使电路能够长期正常工作,如开关、熔断器等保护装置以及一些监测装置。

4. 电路元件

理想电路元件只反映单一的电磁性质,简称为电路元件。基本电路元件有:反映消耗电能的电阻元件;反映储存电场能量的电容元件;反映储存磁场能量的电感元件。如图 1-1 所示。

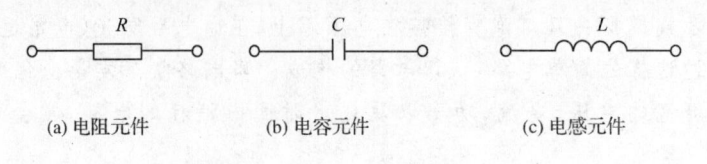

(a) 电阻元件　　(b) 电容元件　　(c) 电感元件

图 1-1　基本电路元件

5. 电路模型

若由多个电路元件的组合来模拟一个实际电路,这样的电路称为电路模型,简称为电路。如图 1-2(a)所示为实际手电筒的电路,图 1-2(b)所示为手电筒的电路模型,其中电阻元件 R 表示小灯泡,直流电压源 U_S 表示干电池,S 表示开关。

(a) 实际手电筒的电路　　(b) 手电筒的电路模型

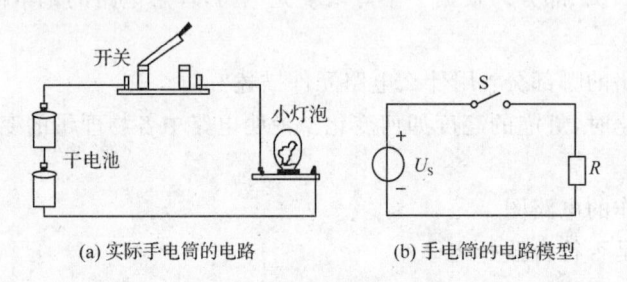

图 1-2　实际电路与电路模型

二、有关电路的几个名词

1. 支路和节点

组成电路的一个二端元件称为一条支路;两条或两条以上支路的连接点称为节点。有时为了分析和计算电路方便,常把电路中通过同一电流的每个分支看作一条支路,把三条或三条以上支路的交汇点称为节点。

2. 回路和网孔

电路中,由几条支路所构成的闭合路径称为回路,内部不存在支路的回路称为网孔。

三、电路的基本物理量

当手电筒电路的开关接通时,小灯泡会发光发热,说明该电路在干电池的电压作用下产生了电流,并且消耗了功率,进行了能量转换。

1. 电流的基本概念及其参考方向的选择

带电粒子的定向运动形成电流,用符号 i 或 I 表示。习惯上规定正电荷的运动方向为电流的方向。电流的大小为单位时间内通过导体横截面的电量,即

$$i = \frac{dq}{dt} \tag{1-1}$$

式中,dq 为极短时间 dt 内通过导体横截面的微小电量。

电流是时间函数,当电流的大小和方向都不随时间变化而变化时,称之为直流电流(DC),常用大写字母 I 表示。所以直流时,式(1-1)可以写为

$$I = \frac{q}{t} \tag{1-2}$$

式中,q 为在时间 t 内通过导体截面的电荷量。

在国际单位制(SI)中,电流的单位为 A(安培)。常用的单位还有 kA(千安)、mA(毫安)、μA(微安)。SI 单位前的字母符号称为词头,下面介绍几种电路中常用的 SI 词头,见表 1-1。

表 1-1　　　　　　　　　　电路中常用的词头

因　数	10^6	10^3	10^{-3}	10^{-6}	10^{-9}	10^{-12}
词头名称	兆	千	毫	微	纳	皮
符　号	M	k	m	μ	n	p

在简单电路中,电流的方向很容易判断,对于复杂电路,有时不能预先判定某些支路电流的实际方向,为了满足分析和计算的需要,可任意选定一个方向作为电流的计算方向,称为参考方向,用实线箭头表示。所以参考方向是一种任意假定的方向。

当电流实际方向与假定的参考方向一致时,电流 i 为正值,如图 1-3(a)所示;当电流实际方向与假定的参考方向相反时,电流 i 为负值,如图 1-3(b)所示。因此,假定了参考方向后,对电路进行分析和计算,通过得到的电流的正负值,就可以最终确定电流的实际方向。

电流参考方向的表示:

(1)用实线箭头表示　箭头的指向为电流的参考方向。

(2)用双下标表示　如 i_{AB},电流的参考方向由 A 指向 B,且有 $i_{AB}=-i_{BA}$。

特别指出:在对电路分析计算时,在没有选定参考方向的情况下,电流值的正或负是没有任何意义的。

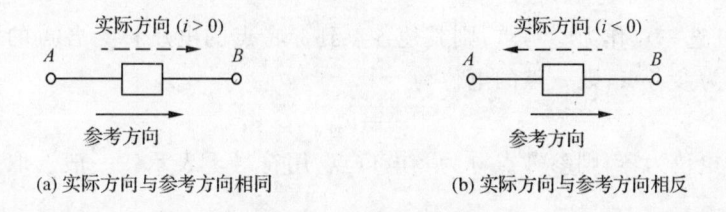

(a) 实际方向与参考方向相同　　　　(b) 实际方向与参考方向相反

图 1-3　电流的参考方向

对同一电流,若参考方向选择不同,得出的电流是大小相等、符号相反的。因此,电路中电流的正负号代表的含义是方向。

2. 电压的基本概念及其参考方向的选择

电压定义如下:电荷 $\mathrm{d}q$ 在电场中由 A 点运动到 B 点,电场所做的功为 $\mathrm{d}w$,则 A、B 两点间形成的电压大小为

$$u_{AB} = \frac{\mathrm{d}w}{\mathrm{d}q} \tag{1-3}$$

规定电压的实际方向为正电荷由 A 点运动到 B 点时电位能减小,则电压的方向从 A 指向 B,即高电位指向低电位。

电压的单位为 V(伏特)。常用的单位还有 kV(千伏)、mV(毫伏)等。

电压也是时间函数,当电压的大小和方向都不随时间变化而变化时,称之为直流电压,用大写字母 U 表示。

同电流一样,在对电路的分析计算中,在电压的实际方向有时也很难预先确定,因此电压

也需要选取参考方向。当电压实际方向与假定的参考方向一致时,电压 u 为正值,如图 1-4(a) 所示;当电压实际方向与假定的参考方向相反时,电压 u 为负值,如图 1-4(b) 所示。

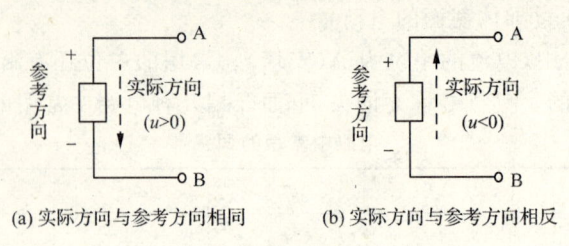

(a) 实际方向与参考方向相同　　(b) 实际方向与参考方向相反

图 1-4　电压的参考方向

电压参考方向的表示:
(1) 用实线箭头表示　箭头的指向为电压的参考方向。
(2) 用双下标表示　如 u_{AB},电压的参考方向由 A 指向 B,且有 $u_{AB}=-u_{BA}$。
(3) 用"+"、"-"极性表示　电压的参考方向由"+"指向"-"。

特别指出:在对电路分析计算时,在没有选定参考方向的情况下,电压值的正或负也是没有任何意义的。

对同一电压,若参考方向选择不同,得出的电压是大小相等、符号相反的。因此,电路中电压的正负号代表的含义是方向。

电路中电流的参考方向和电压的参考方向都可以任意选取,但在同一个元件或同一支路上将电压和电流的参考方向选定为一致时,称为关联参考方向;选定为相反时,称为非关联参考方向。

3. 电位

在电路中,任选一点作为参考点,则其他各点到参考点的电压称为各点的电位,用 V 或 φ 表示。若选 o 点为参考点,则 a 点的电位为

$$\varphi_a = u_{ao} \tag{1-4}$$

若参考点的电位为零,则参考点称为零电位点,用符号 ⊥ 表示。一般选取大地、设备外壳或接地点作为参考点。

电路中任意两点间的电压等于这两点的电位之差,如 a、b 两点间的电压为

$$u_{ab} = \varphi_a - \varphi_b \tag{1-5}$$

若 $u_{ab} > 0$,表明 a 点电位高于 b 点电位;若 $u_{ab} < 0$,表明 a 点电位低于 b 点电位。

例 1-1　在如图 1-5 所示电路中,以 d 为参考点,或以 a 为参考点,分别计算 a、c、d 各点的电位以及电压 u_{ac}。

解　(1) 以 d 为参考点
$\varphi_d = 0$ V
$\varphi_a = u_{ad} = 15$ V
$\varphi_c = u_{cd} = -20$ V
$u_{ac} = \varphi_a - \varphi_c = 15 - (-20) = 35$ V

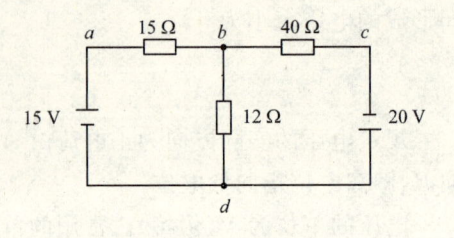

(2) 以 a 为参考点
$\varphi_a = 0$ V
$\varphi_c = u_{ca} = -20 - 15 = -35$ V
$\varphi_d = u_{da} = -15$ V

图 1-5　例 1-1 图

$$u_{ac} = \varphi_a - \varphi_c = 0 - (-35) = 35 \text{ V}$$

可见,不论是以 d 为参考点还是以 a 为参考点,a、c 两点间的电压 u_{ac} 是不变的,而各点的电位却是因参考点不同而不同了。

4. 功率

$$p = \frac{dw}{dt} = \frac{dw}{dq} \times \frac{dq}{dt} = ui \tag{1-6}$$

由于参考方向的引入,电压 u 和电流 i 有正、负值,这就决定了功率 p 也有正、负值。但功率是标量,其正、负符号不表示方向,而是表示吸收功率(负载)或发出功率(电源)。

在关联参考方向下,二端元件的功率为

$$p = ui \tag{1-7}$$

在非关联参考方向下,二端元件的功率为

$$p = -ui \tag{1-8}$$

若功率 p 为正值,表示该二端元件吸收功率(负载);若功率 p 为负值,表示该二端元件发出功率(电源)。

功率的单位为 W(瓦特)。常用的单位还有 MW(兆瓦)、kW(千瓦)、mW(毫瓦)等。

在任一电路中,任一瞬间都要满足功率平衡,即电路中总吸收功率要等于总发出功率。

例 1-2 在如图 1-6 所示的电路中,$U_1 = 20$ V,$U_2 = 10$ V,$U_3 = 50$ V,$U_4 = -70$ V,$U_5 = 60$ V,$I_1 = -1$ A,$I_2 = 3$ A,$I_3 = 4$ A,求各二端元件的功率,并判断是吸收功率还是发出功率。

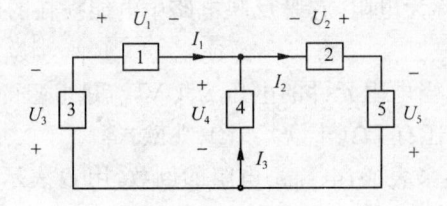

图 1-6 例 1-2 图

解 元件 1:关联参考方向 $P_1 = U_1 I_1 = 20 \times (-1) = -20$ W   发出功率;

元件 2:非关联参考方向 $P_2 = -U_2 I_2 = -10 \times 3 = -30$ W   发出功率;

元件 3:关联参考方向 $P_3 = U_3 I_1 = 50 \times (-1) = -50$ W   发出功率;

元件 4:非关联参考方向 $P_4 = -U_4 I_3 = -(-70) \times 4 = 280$ W   吸收功率;

元件 5:非关联参考方向 $P_5 = -U_5 I_2 = -60 \times 3 = -180$ W   发出功率;

由以上分析得知:$P_1 + P_2 + P_3 + P_4 + P_5 = 0$,该电路满足功率平衡,即电路中总吸收功率等于总发出功率。

5. 电能

$$W = Pt \tag{1-9}$$

在电力工程中,电能的单位常用 kW·h(度)。

例 1-3 有一个电饭煲,额定功率为 1 000 W,每天使用 2 h;一台 60 W 的电视机,每天使用 4 h;一台 120 W 的电冰箱,电冰箱的压缩机每天工作 8 h。求每月(按 30 天计)消耗多少度电。

解 $W = (1 \times 2 + 0.06 \times 4 + 0.12 \times 8) \times 30 = 96$ kW·h

四、电阻元件

1. 电阻元件

电阻元件是一种常见的二端元件。因为电阻元件是耗能元件,所以它的电压与电流的实际方向总是相同的。线性电阻元件的电路符号如图1-7所示,线性电阻元件的伏安特性曲线如图1-8所示。

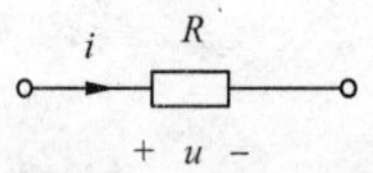

图1-7 线性电阻元件的电路符号 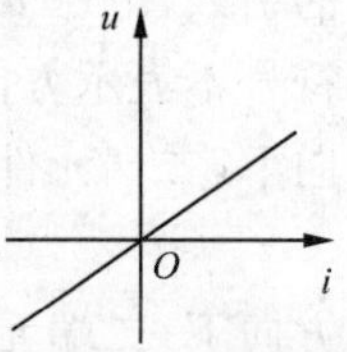   图1-8 线性电阻元件的伏安特性曲线

本学习情境只讨论线性电阻元件,因此在本学习情境中出现的电阻元件如不加说明均指线性电阻元件。

对于线性电阻元件,在关联参考方向下,根据它的伏安特性可知:线性电阻元件两端的电压与流过该电阻元件的电流成正比,比例系数为R,表达式为

$$R = \frac{u}{i} \tag{1-10}$$

R称为元件的电阻,简称为电阻,它是反映电路中电能损耗的电路参数,是一个与电压、电流无关的正常数。

电阻的单位为Ω(欧)。当电阻元件的电压为1 V,流过电阻的电流为1 A时,该电阻元件的电阻为1 Ω。常用的单位还有kΩ(千欧)、MΩ(兆欧)等。

电阻元件还可以用电导来表征,电导是电阻的倒数,用G表示,其定义为

$$G = \frac{1}{R} \tag{1-11}$$

在国际单位制(SI)中,电导的单位为S(西)。

2. 欧姆定律

根据线性电阻的定义,电阻元件的电压与电流的方向总是一致的,其伏安特性曲线是一条通过原点的直线。因此,在电压、电流选择关联参考方向时,如图1-9(a)所示,同一瞬间的电压u和电流i总是同号的。因此得到

$$u = Ri \quad \text{或} \quad i = Gu \tag{1-12}$$

那么在电压、电流选择非关联参考方向时,如图1-9(b)所示,同一瞬间的电压u和电流i总是异号的。则

$$u = -Ri \quad \text{或} \quad i = -Gu \tag{1-13}$$

这就是大家熟悉的欧姆定律。

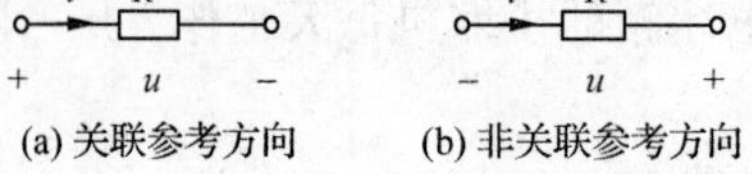

(a) 关联参考方向   (b) 非关联参考方向

图1-9 电阻元件的电压、电流参考方向

3. 开路和短路

一般情况下,电阻元件有电流就有电压,有电压就有电流。因为电阻元件的值可以从零到无穷大,所以在使用时特别要注意它的两个极端值情况。一种情况是它的电阻值为零($R=0$,$G=\infty$),此时无论电流为何有限值,电阻两端的电压恒为零($u=0$),这种状态称为短路。$R=0$的电路也就称为短路电路。例如,一根导电性能良好的导线短接在电路的两端就构成短路。

另一种情况是电阻元件的电阻值为无穷大($R=\infty$,$G=0$),此时无论电压为何有限值,电阻的电流恒为零($i=0$),这种状态称为开路。总之,零电阻称为短路,无限大电阻称为开路。

4. 电阻的功率

在电压和电流选取关联参考方向时,将式(1-12)代入功率公式(1-7)中,得到电阻元件R吸收的功率为

$$p = ui = i^2 R = \frac{u^2}{R} = u^2 G \tag{1-14}$$

可见电阻吸收的功率总是正值,说明电阻总是吸收功率的,电阻元件是一种耗能元件。

那么电阻元件从t_0到t_1一段时间内所吸收的电能为

$$W = \int_{t_0}^{t_1} p\,dt = \int_{t_0}^{t_1} ui\,dt = \int_{t_0}^{t_1} i^2 R\,dt = \int_{t_0}^{t_1} \frac{u^2}{R}\,dt$$

在直流情况下,电阻元件吸收的电能为

$$W = PT = UIT = I^2 RT = \frac{U^2}{R}T$$

式中,T为电阻元件的通电时间,即$T = t_1 - t_0$。

利用电阻元件的耗能特性,可以制成各种电热设备。电气设备通电时,电流会使导电部分发热,使设备的温度升高。电气设备在使用过程中,若电流过大,就会引起过热,影响设备使用寿命和安全。为了保证电气设备长期安全、经济地运行,电气设备都规定了正常条件下的最大允许电压、电流、功率,我们称之为额定值。一般电气设备的额定值有额定电压U_N、额定电流I_N、额定功率P_N,额定值通常标在设备的铭牌上,一般只标出其中两个。但对电阻来说,一般标明的是电阻值和额定功率(或额定电流)。

例 1-4 求 2 kW、220 V 的电炉正常工作时的电流以及该电炉的电阻值。如果每天使用 3 h,一个月(按 30 天计)消耗多少电能?

解 由式(1-14)得

$$i = \frac{p}{u} = \frac{2\,000}{220} = 9.09 \text{ A}$$

$$R = \frac{u^2}{p} = \frac{220^2}{2\,000} = 24.2 \text{ Ω}$$

由$W = PT$,得到一个月所用的电能

$$W = 2 \times 3 \times 30 = 180 \text{ kW·h}$$

五、电路中的独立电源

独立源是能够独立对电路供电的电源,是从实际电源中抽象出来的理想电路元件。它有电压源和电流源两种。

1. 电压源

理想电压源是一个理想二端元件,简称为电压源。它具有两个性质:(1)它的端电压是定

值或是一定的时间函数,与流过它的电流无关。当电流为零时,其两端仍有电压。(2)电压源的电压是由它本身确定的,至于流过它的电流则是任意的。这就是说,流过它的电流不是由它本身确定的,而是和与之相连接的外电路共同决定的。电流可以由不同的方向流过电压源,因而电压源既可以对外电路提供能量,也可以从外电路吸收能量,视电流的方向而定。理想电压源的电路符号如图 1-10(a)所示,其中 u_S 为电压源,"+"、"-"是其参考极性。如果是直流电压源,常用如图 1-10(b)所示符号来表示,直流电压源用大写字母 U_S 表示。

因为直流电压源的电压大小与方向是不变的,所以当它与外电路相连时,其伏安特性曲线是一条平行于电流轴的直线,如图 1-11 所示。从图中可以看出,输出电压恒等于 U_S,与所连接的电路无关,即使外电路断开($I=0$),其电压值也不变,是一种"独立"的电源。

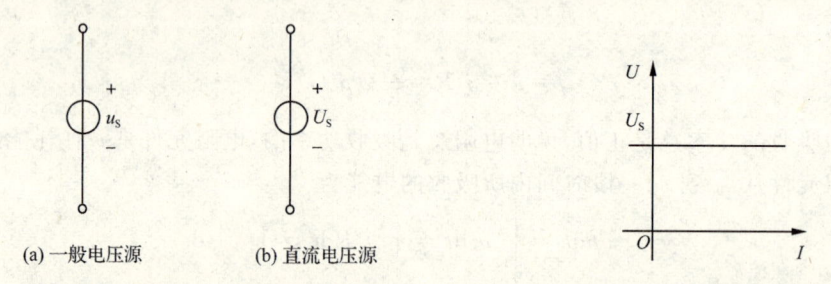

(a) 一般电压源　　(b) 直流电压源

图 1-10　理想电压源电路符号　　图 1-11　直流电压源的伏安特性曲线

如果电压源的端电压为零,即 $u_S=0$,那么电压源的伏安特性曲线就是与电流轴重合的直线,就相当于短路。但在实际中是不允许电压源短路的。

2. 电流源

理想电流源简称为电流源,也是一个理想二端元件。它也有两个基本性质:(1)它发出的电流是定值或是一定的时间函数,与两端的电压无关。当两端电压为零时,它发出的电流仍保持不变。(2)电流源的电流是由它本身确定的,至于它两端的电压则是任意的。这就是说,它两端的电压不是由它本身确定的,而是和与之相连接的外电路共同决定的。其两端电压可以有不同的极性,因而电流源既可以对外电路提供能量,也可以从外电路吸收能量,视电压的极性而定。

理想电流源的电路符号如图 1-12(a)所示,其中 i_S 为电流源,箭头所指为其参考方向。如果是直流电流源,常用如图 1-12(b)所示符号来表示,直流电流源用大写字母 I_S 表示。

与理想电压源一样,因为直流电流源的电流大小与方向是不变的,所以当它与外电路相连时,其伏安特性曲线是一条平行于电压轴的直线,如图 1-13 所示。从图中可以看出,输出电流恒等于 I_S,与所连接的电路无关,即使外电路短路($U=0$),其电流值也不变,是一种"独立"的电源。

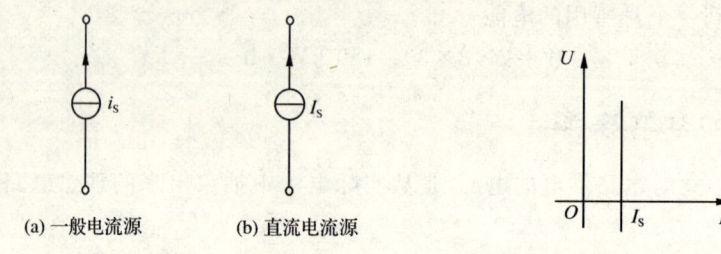

(a) 一般电流源　　(b) 直流电流源

图 1-12　理想电流源电路符号　　图 1-13　直流电流源的伏安特性曲线

如果电流源输出电流为零,即 $i_S=0$,那么电流源的伏安特性曲线就是与电压轴重合的直线,就相当于开路。同样在实际中是不允许电流源开路的。

和电压源一样,电流源有时对电路提供功率,有时也从电路吸收功率。同样,可根据其电压电流的参考方向及电压电流乘积的正负来判定电流源是产生功率还是吸收功率。

3. 实际电源的两种模型及其等效变换

(1)实际电源的两种模型

实际电源工作时内部都会发热,这就说明内部有能量损耗,而且输出的电压与电流都会随外电路的变化而变化。因此就不能用一个理想电压源或理想电流源的简单模型来表示,必须要考虑其内部损耗,而能量损耗用电阻来描绘。所以实际电源用电压源与内部电阻串联组合或电流源与内部电阻并联组合来表示。

如图 1-14(a)所示为实际直流电压源的模型,即用电压源与内阻串联组合来表示,其中 R_S 为电源内阻,其伏安特性为

$$U = U_S - R_S I \tag{1-15}$$

得到的实际直流电压源的伏安特性曲线是一条斜线,如图 1-14(b)所示。

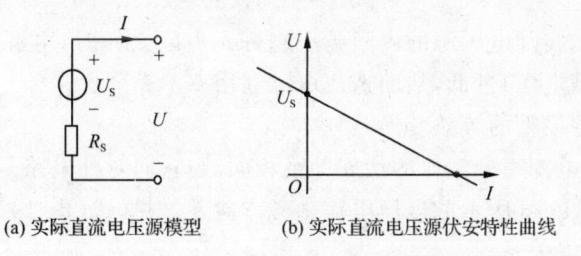

(a)实际直流电压源模型　　(b)实际直流电压源伏安特性曲线

图 1-14　实际直流电压源

从伏安特性可以看出:外电路的变化导致端口电流 I 随着变化,电源输出的端口电压 U 也跟着变化,这就是实际电源的特点。而且随着端口电流增大,端口电压反而下降。端口短路时电流最大($I = \dfrac{U_S}{R_S}$),此时很容易损坏电源,这种情况称为电源短路。电源短路是一种严重的事故状态,在用电操作中应注意避免。另外,电路中一般都加有保护电器,如最常用的熔断器及工业控制电路中的自动断路器等,以便在发生短路事故或电流过大时,使故障电路与电源自动断开,避免发生严重后果。

理想电压源就是 $R_S=0$ 的实际电压源。所以电压源内阻越小就越接近理想电源了。

实际直流电流源的模型如图 1-15(a)所示,即用电流源与内阻并联组合来表示,其中 R_S' 为电源内阻,其伏安特性为

$$I = I_S - \dfrac{U}{R_S'} \tag{1-16}$$

得到的实际直流电流源的伏安特性曲线是一条斜线,如图 1-15(b)所示。

从伏安特性可以看出:外电路变化导致端口电压 U、端口电流 I 都随着变化,而且端口电压增大,端口电流反而下降。端口开路时电压最大,此时很容易损坏电源。理想电流源就是 $R_S'=\infty$ 的实际电流源。所以电流源内阻越大就越接近理想电源了。

例 1-5　实际电压源供电的电路中,已知电压源 $U_S=30\text{ V}$,负载电阻 $R_L=50\text{ }\Omega$,当电源内阻分别为 $0.2\text{ }\Omega$ 和 $10\text{ }\Omega$ 时,流过负载的电流和负载两端的电压各为多少?由计算结果可说明什么问题?

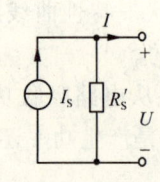

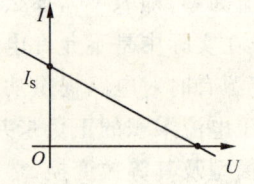

(a) 实际直流电流源模型　　(b) 实际直流电流源伏安特性曲线

图 1-15　实际直流电流源

解　当电源内阻 $R_S=0.2\ \Omega$ 时，流过负载的电流、负载两端的电压为

$$I=\frac{U_S}{R_S+R_L}=\frac{30}{0.2+50}=0.6\ \text{A}$$

$$U_L=IR_L=0.6\times 50=30\ \text{V}$$

当电源内阻 $R'_S=10\ \Omega$ 时，流过负载的电流、负载两端的电压为

$$I'=\frac{U_S}{R'_S+R_L}=\frac{30}{10+50}=0.5\ \text{A}$$

$$U'_L=I'R_L=0.5\times 50=25\ \text{V}$$

由计算结果可知，实际电压源的内阻越小越好。内阻太大时，电源内阻上分压过多，致使对外供出的电压(负载电压)过低，从而造成电源利用率不充分。

(2) 两种实际电源模型的等效变换

若上述两种实际电源模型端口的伏安关系相同，则它们对外电路是等效的，那么它们就可以等效变换。在如图 1-16 所示的电压电流参考方向下，根据式(1-15)和式(1-16)得

电压源的端口伏安关系

$$U=U_S-IR_S$$

电流源的端口伏安关系

$$U=I_S R'_S-IR'_S$$

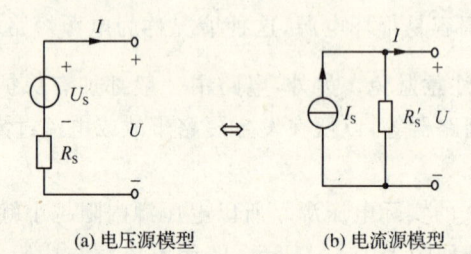

(a) 电压源模型　　⇔　　(b) 电流源模型

图 1-16　两种电源模型的等效变换

比较上面两式得到两种电源等效变换的条件：

① 电压源的内阻与电流源的内阻相同，$R'_S=R_S$；

② 电压源的电压值与电流源电流值的关系：$U_S=I_S R'_S$ 或 $I_S=\dfrac{U_S}{R_S}$；

③ 电压源的电压参考方向与电流源电流参考方向的关系：I_S 的参考方向是由 U_S 的负极指向正极。

也就是说，U_S 和 R_S 串联的电压源模型可以等效变换为 I_S 和 R_S 并联的电流源模型，其中电流源的电流 $I_S=\dfrac{U_S}{R_S}$，并联的电阻仍为 R_S。同样的情况，I_S 和 R'_S 并联的电流源模型也可以

等效变换为 U_S 和 R'_S 串联的电压源模型。

例 1-6　将如图 1-17(a)所示电压源模型等效变换为电流源模型。

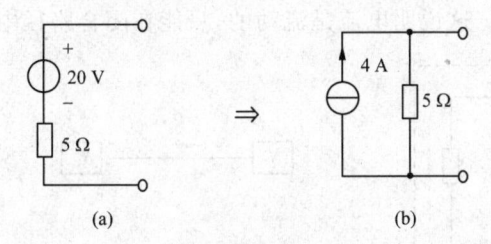

图 1-17　例 1-6 图

解　根据电源等效变换条件,电流源的电流为

$$I_S = \frac{U_S}{R_S} = \frac{20}{5} = 4 \text{ A}$$

电流源内阻为

$$R_S = 5 \text{ Ω}$$

电流源的电流参考方向由下指向上。从而得到变换后的电流源模型如图 1-17(b)所示。

注意：理想电源之间不存在等效变换问题,因为理想电压源与理想电流源的伏安特性不同;等效变换只是对外电路而言,电源内部并不等效。

六、基尔霍夫定律

1. 基尔霍夫电流定律(KCL)

基尔霍夫电流定律(简称为 KCL)反映了电路中任一节点上各支路电流之间的关系,其内容为:对于任一节点来说,在任意时刻,流入节点的各支路电流之和等于流出该节点的各支路电流之和。

如图 1-18 所示的某电路中的一个节点 a,与其相连接的有 4 条支路,各支路电流及其参考方向如图 1-18 所示。流进节点的电流为 i_1 和 i_4,流出节点的电流为 i_2 和 i_3。根据基尔霍夫电流定律,这 4 个支路电流的关系为

$$i_1 + i_4 = i_2 + i_3$$

上式也可以写成

$$-i_1 + i_2 + i_3 - i_4 = 0$$

即

图 1-18　KCL 示例

$$\sum i = 0 \tag{1-17}$$

式(1-17)就是基尔霍夫电流定律的数学表达式。表明在任一时刻,任一节点上各支路电流的代数和为零,这是基尔霍夫电流定律的另一说法。应用式(1-7)时,一般选取流出节点的电流为正,流入节点电流为负。

由基尔霍夫电流定律列写的节点电流的关系式,称为 KCL 方程。该方程的列写仅涉及支路的电流,与元件的性质无关。流入节点或流出节点的电流方向均指参考方向。

KCL 不仅适用于电路的节点,还可以推广应用于电路中的任一假设闭合面(即广义节点)。如图 1-19 所示的电路中,选择闭合面(如图中虚线所示)为一个广义节点,与该节点相连有三条支路,支路电流的参考方向如图所示,列写 KCL 方程为

$$i_A + i_B + i_C = 0$$

如果两个闭合网络之间只有一条导线相连,根据基尔霍夫电流定律,流过该导线的电流为零,如图 1-20(a)所示。同理,如果网络用一根导线与大地相连,那么流过这根导线上的电流也为零,如图 1-20(b)所示。这说明电流是流动的,只能在闭合路径中流动。

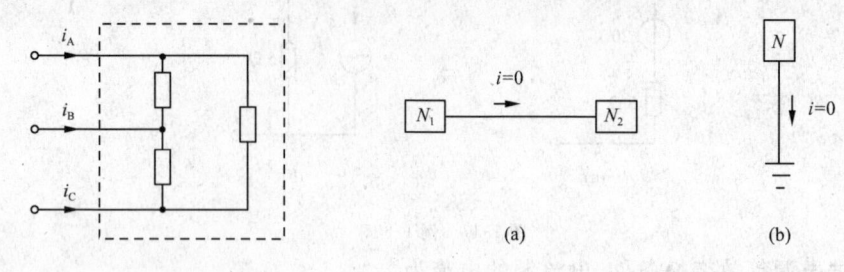

图 1-19　广义节点示例

图 1-20　两个网络间单线连接示例

例 1-7　如图 1-21 所示,已知 $i_1=-3\text{ A}, i_2=-1\text{ A}, i_4=7\text{ A}$,求 i_3 的值。

解　根据 KCL 得
$$i_1+i_2+i_3+i_4=0$$
所以
$$i_3=-i_1-i_2-i_4=-(-3)-(-1)-7=-3\text{ A}$$

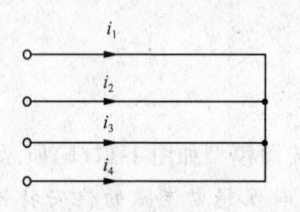

图 1-21　例 1-7 图

说明 i_3 的实际方向是流入节点。

2. 基尔霍夫电压定律(KVL)

基尔霍夫电压定律(简称为 KVL)反映了电路中任一回路的各支路电压之间的关系,其内容为:对于任一回路来说,在任意时刻,沿着该回路绕行一周,所有支路电压代数和等于零。其数学表达式为

$$\sum u=0 \tag{1-18}$$

如图 1-22 所示电路中的一个回路,如果从 a 点出发,沿着 $abcda$ 方向绕行一周回到 a 点,电位的数值是不变的,也就是说,沿回路绕行一周的过程中,所有电压降的总和等于所有电压升的总和。该电路电压升量为 u_2 和 u_4,电压降量为 u_1 和 u_3,所以有

$$u_1+u_3=u_2+u_4$$

整理得到
$$u_1-u_2+u_3-u_4=0$$

在列写式(1-18)KVL 方程时,首先要给定各支路电压的参考方向,然后选取回路的绕行方向,当支路电压参考方向与绕行方向一致时,该电压前取"+"号;相反时取"一"号。由基尔霍夫电压定律列写的回路电压的关系式,称为 KVL 方程。该方程的列写仅涉及支路的电压,与元件的性质无关。

KVL 也可以推广到电路中的虚拟回路。如图 1-23 所示,可以假想有回路 $abca$,其实 ab 段并未画出支路。根据基尔霍夫电压定律,对这个虚拟回路按顺时针绕行方向列写 KVL 方程,有

$$u_{ab}+u_2-u_1=0$$

或
$$u_{ab}=u_1-u_2$$

由此得到计算电路中任意两点间的电压的重要方法,就是:电路中任意两点间的电压等于该两点间任一路径上各段电压的代数和。数学表达式为

$$u = \sum u_k \tag{1-19}$$

式中，u_k 表示第 k 段支路的电压。当各段电压的参考方向与待求电压 u 的参考方向一致时，其前取"+"号；相反时，取"-"号。

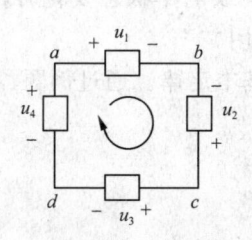

图 1-22 KVL 示例

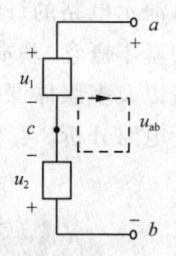

图 1-23 虚拟回路示意

例 1-8 分析如图 1-24 所示电路的支路电流 I_1、I_2、I_3。

解 如图 1-24 所示，电路共有 3 条支路，就设 3 个支路电流变量 I_1、I_2、I_3，参考方向如图所示。

由于电路有两个网孔，就可以列写 2 个独立的 KVL 方程，绕行方向选择顺时针，如图 1-24 所示，那么方程为

$$2I_1 + 8I_3 - 8 = 0$$
$$-4I_2 + 20 - 8I_3 = 0$$

图 1-24 例 1-8 图

而电路中也有 2 个节点，KCL 方程为

节点 $a\quad I_1 + I_2 = I_3$

节点 $b\quad I_3 = I_1 + I_2$

这 2 个节点方程相同，所以，2 个节点只能列写 1 个独立的 KCL 方程。同样，n 个节点只能列写 $(n-1)$ 个独立的 KCL 方程，列写哪个节点的可以随意选择。得到方程组

$$\begin{cases} 2I_1 + 8I_3 - 8 = 0 \\ -4I_2 + 20 - 8I_3 = 0 \\ I_1 + I_2 = I_3 \end{cases}$$

求解结果为

$$I_1 = -\frac{8}{7} \text{ A}$$

$$I_2 = \frac{17}{7} \text{ A}$$

$$I_3 = \frac{9}{7} \text{ A}$$

本例题的分析方法就是支路电流法，这种方法是以支路电流为变量来列写方程，电路中有 b 条支路，就设 b 个支路电流变量，同时列写 b 个独立方程，求解该方程组，得到 b 个支路电流值。

从上面例题可以看出，如果电路复杂，支路数很多，那么方程列写与求解方程就显得非常繁杂，此时支路法的缺点就明显了。

任务实施

(1)仔细观察仿真演示电路的灯泡工作状态:当电源或电路状态变化时,分析电路的工作情形,从而理解电路的基本概念、基本物理量、电源的作用。

(2)通过教师讲授以及多媒体课件演示,掌握电路基本定律。通过例题、习题,学会用欧姆定律、KCL、KVL 进行电路分析。

任务二 直流电路的安装

教学目标

知识目标:

(1)熟练掌握电阻串并联的计算、串联电阻的分压公式与并联电阻的分流公式;熟练掌握无源网络的等效变换。

(2)熟练掌握弥尔曼定理;能够应用叠加定理来求解线性电路的电压和电流;能够应用戴维宁定理来求解线性含源电路的电压和电流。

(3)理论知识的综合应用能力。

(4)熟悉安装直流电路的相关元件、设备的性质。

能力目标:

(1)直流电路识图、绘图能力。

(2)直流电路的安装及故障排除能力。

(3)直流稳压电源、滑线变阻器、电工工具的使用能力。

(4)资料收集整理能力。

(5)项目管理应用的能力。

任务描述

现提供 3 只灯泡、直流稳压电源、导线、电工操作台,根据要求安装直流电路并对所安装的电路进行测试。

任务准备

课前预习"相关知识"部分。根据任务描述,进行电路图的绘制并正确安装直流电路,对电

路安装过程中出现的问题能够独立排查,并独立回答下列问题:

(1) 滑线变阻器串联在本电路中的作用是什么?进一步理解电阻串联时的分压特点。

(2) 当并联的灯泡增多时,总电流如何变化?进一步理解电阻并联时的分流特点。

(3) 画出直流电路安装的电路图。

(4) 如何正确使用直流稳压电源?

(5) 如何正确使用滑线变阻器?

(6) 对所安装的电路进行理论分析,计算各元件的电压、电流、功率。

(7) 电路安装完毕,通电后发现灯泡不亮,如何排查故障?

相关知识

一、无源二端网络的等效变换

1. 等效变换的概念

如果电路只有一个输入端口或输出端口,则这个电路称为二端网络或单口网络,如图 1-25 所示。若二端网络内部含有电源,则称为有源二端网络。若内部不含电源,则称为无源二端网络。如图 1-25(a) 所示为一个有源二端网络,a、b 为此网络与外电路相连的端钮。如图 1-25(b) 所示为一个无源二端网络。

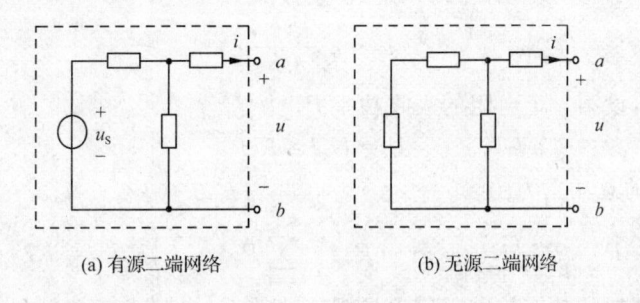

(a) 有源二端网络　　　　(b) 无源二端网络

图 1-25　二端网络

等效电路只能用来计算端口及端口外部电路的电流和电压。将一个复杂的电路对指定端口等效变换为一个结构简单的电路,称为等效变换。所以电路等效变换的目的就是化简电路,方便计算。

2. 电阻的串联与并联

(1) 电阻的串联

将若干电阻首尾依次相连,中间没有分支,这样的连接方式,称为串联,如图 1-26(a) 所示电路中两个电阻串联。

串联的特点是:处于串联的电阻,通过各电阻的电流相同;串联电路的端电压等于各电阻电压之和。

如果 n 个电阻串联,那么等效电阻

$$R = R_1 + R_2 + \cdots + R_n = \sum_{k=1}^{n} R_k \tag{1-20}$$

式(1-20)说明:线性电阻串联的等效电阻等于各个串联电阻之和。即关联参考方向下端

(a) 电阻串联电路　　(b) 等效电路

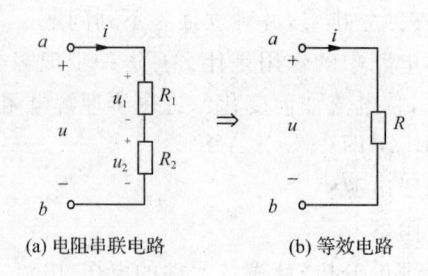

图 1-26　电阻的串联及其等效电路

口电压与端口电流的比值。

n 个阻值相同的电阻串联,其等效电阻是单个电阻的 n 倍。

串联电阻的等效电阻比每个电阻都大,简单地说,就是电阻越串越大。端口电压一定时,串联电阻越多,电流就越小,所以串联电阻可以起限流作用。

在串联电路中,设第 k 个电阻的电压为 u_k,各电阻电压与端口电压之间的关系为

$$u_k = iR_k = \frac{u}{R}R_k = \frac{R_k}{R}u \tag{1-21}$$

式(1-21)说明:在串联电路中,电阻电压与电阻阻值成正比。式(1-21)称为串联电路分压公式。电阻大的分配得到的电压大,电阻小的分配得到的电压小。

两个电阻串联的分压公式为

$$u_1 = \frac{R_1}{R_1+R_2}u$$

$$u_2 = \frac{R_2}{R_1+R_2}u$$

在串联电路中,设第 k 个电阻的吸收功率 P_k 为

$$P_k = U_k I = R_k I^2$$

n 个电阻消耗的总功率为

$$P = P_1 + P_2 + \cdots + P_n = \sum_{k=1}^{n} P_k = \sum_{k=1}^{n} R_k I^2 = RI^2$$

可见,各电阻消耗的功率与电阻值也是成正比关系,电阻大者消耗的功率大,并且电路消耗总功率等于各电阻消耗的功率之和。

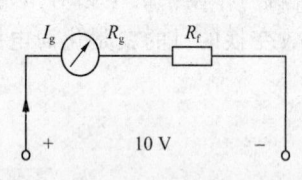

图 1-27　例 1-9 图

例 1-9　有一直流电压表如图 1-27 所示,其表头的满偏电流为 $I_g = 50~\mu A$,内阻为 $R_g = 5~k\Omega$,现制成的电压表量程为 10 V,该电压表应串联多大的分压电阻 R_f 才能满足要求?

解　由于表头承受的电压较小,一般不能直接用它来作电压表用,因此,为了扩大它的电压测量范围,通常采用串联电阻的方法,让分压电阻 R_f 承受大部分电压。

表头电压为

$$U_g = I_g R_g = 50 \times 10^{-6} \times 5 \times 10^3 = 0.25~V$$

串联电阻承受的电压为

$$U_x = U - U_g = 10 - 0.25 = 9.75~V$$

分压电阻 R_x 为

$$R_x = \frac{U_x}{I_g} = \frac{9.75}{50 \times 10^{-6}} = 1.95 \times 10^5 \ \Omega = 195 \ \text{k}\Omega$$

所以,利用电阻串联的分压原理,可以制成多量程的电压表。在很多电子仪器和设备中,也会采用电阻串联电路来实现从同一电源获取不同电压。

(2)电阻的并联

将若干电阻首端与首端相连、尾端与尾端相连接在一起,这样的连接方式称为并联,如图1-28(a)所示电路中两个电阻并联。

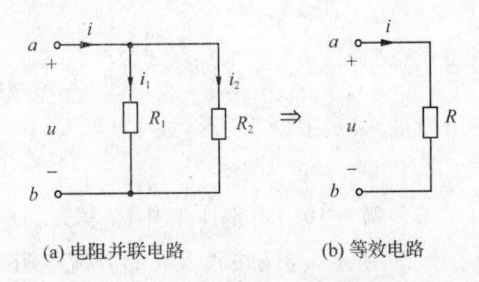

图1-28 电阻的并联及其等效电路

并联的特点是:处于并联的电阻,各电阻的电压相同;并联电路的端电流等于各电阻电流之和。

如果 n 个电阻并联,那么等效电阻

$$\frac{1}{R} = \frac{1}{R_1} + \frac{1}{R_2} \cdots + \frac{1}{R_n} = \sum_{k=1}^{n} \frac{1}{R_k} \tag{1-22}$$

式(1-22)说明:线性电阻并联的等效电阻的倒数等于各个并联电阻倒数之和。

n 个阻值相同电阻并联,其等效电阻是单个电阻的 n 分之一。

两个并联电阻的等效电阻为

$$\frac{1}{R} = \frac{1}{R_1} + \frac{1}{R_2}$$

即

$$R = \frac{R_1 R_2}{R_1 + R_2}$$

并联电阻的等效电阻比每个电阻都小,简单地说,就是电阻越并越小。端口电压一定时,并联电阻越多,电流就越大,所以并联电阻可以起分流作用。

在电阻的并联分析中,通常应用电导,由式(1-22)得到等效电导

$$G = G_1 + G_2 + \cdots + G_n = \sum_{k=1}^{n} G_k \tag{1-23}$$

可见,电阻并联时,等效电导等于各电导之和。

在并联电阻中,设第 k 个电阻的电流为 i_k,各电阻电流与端口电流之间的关系为

$$i_k = \frac{u}{R_k} = G_k u = \frac{G_k}{G} i \tag{1-24}$$

式(1-24)说明:在并联电路中,各电阻电流与电阻阻值成反比,或者说与电导值成正比。式(1-24)称为并联电路分流公式。电阻大的分配得到的电流小,电阻小的分配得到的电流大。

两个电阻并联的分流公式为

$$i_1 = \frac{R_2}{R_1+R_2}i$$

$$i_2 = \frac{R_1}{R_1+R_2}i$$

在并联电路中,设第 k 个电阻的吸收功率为 P_k 为

$$P_k = U_k I = \frac{U^2}{R_k}$$

n 个电阻消耗的总功率为

$$P = P_1 + P_2 + \cdots + P_n = \sum_{k=1}^{n} P_k = \sum_{k=1}^{n} \frac{U^2}{R_k} = \sum_{k=1}^{n} G_k U^2$$

为了分析方便,通常将电阻的串联用"+"表示,如 R_1 与 R_2 串联,就记为 $R_1 + R_2$;将电阻的并联用"//"表示,如 R_1 与 R_2 并联,就记为 $R_1 // R_2$。

例 1-10 将例 1-9 中的表头制作成 50 mA 的电流表,如图 1-29 所示,应该并联多大的分流电阻 R_S 中才能满足要求?

解 同样的道理,由于表头允许通过的电流较小,一般不能直接用它来作电流表用,因此,为了扩大它的电流测量范围,通常采用并联电阻的方法,让大部分电流在分流电阻 R_S 中流过。

表头电压为

$$U_g = I_g R_g = 50 \times 10^{-6} \times 5 \times 10^3 = 0.25 \text{ V}$$

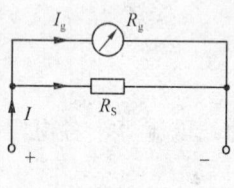

图 1-29 例 1-10 图

通过分流电阻的电流为

$$R_S = \frac{U_g}{I - I_g} = \frac{0.25}{50 \times 10^{-3} - 50 \times 10^{-6}} = 5.01 \text{ Ω}$$

由于电流表的分流电阻较小,并联后就导致电流表的内阻也小。并且,电流表内阻越小,测量电流的误差就小;电压表内阻越大,测量电压的误差就小。

图 1-30(a)中,R_2 与 R_3 先并联,再与 R_1 串联。先分析 R_2 与 R_3 并联的等效电阻为

$$R' = R_2 // R_3 = \frac{R_2 + R_3}{R_2 R_3}$$

再与 R_1 串联后得到二端网络等效电阻为

$$R = R_1 + R' = R_1 + \frac{R_2 + R_3}{R_2 R_3}$$

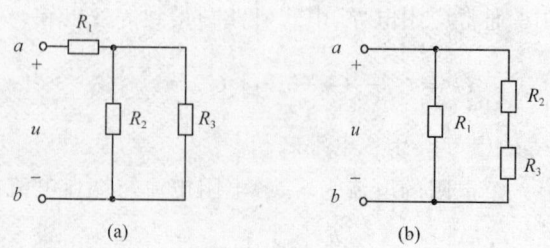

图 1-30 电阻的混联示例

图 1-30(b)中,R_2 与 R_3 先串联,再与 R_1 并联。根据串联与并联的特点,得到等效电阻为

$$R = R_1 // (R_2 + R_3) = \frac{R_1(R_2+R_3)}{R_1+R_2+R_3}$$

例 1-11 如图 1-31 所示的混联电路,分析电路的等效电阻 R_{ab}、R_{ac}、R_{ad}、R_{cd}。

解 a、b 节点间各电阻的连接情况是:1 Ω 与 2 Ω 串联,3 Ω 与 4 Ω 串联,然后它们再进行并联。所以

$$R_{ab}=(1+2)//(3+4)=3//7=\frac{3\times 7}{3+7}=2.1\ \Omega$$

a、c 节点间各电阻的连接情况是:3 Ω、4 Ω、2 Ω 串联,然后它们再与 1 Ω 进行并联。所以

$$R_{ac}=1//(3+4+2)=1//9=\frac{1\times 9}{1+9}=0.9\ \Omega$$

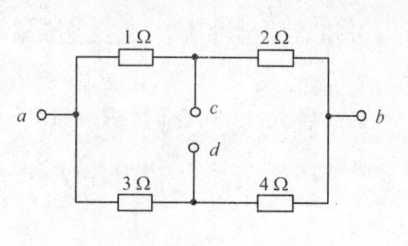

图 1-31 例 1-11 图

a、d 节点间各电阻的连接情况是:1 Ω、2 Ω、4 Ω 串联,然后它们再与 3 Ω 进行并联。所以

$$R_{ac}=3//(1+2+4)=3//7=\frac{3\times 7}{3+7}=2.1\ \Omega$$

c、d 节点间各电阻的连接情况是:1 Ω 与 3 Ω 串联,2 Ω 与 4 Ω 串联,然后它们再进行并联。所以

$$R_{ab}=(1+3)//(2+4)=4//6=\frac{4\times 6}{4+6}=2.4\ \Omega$$

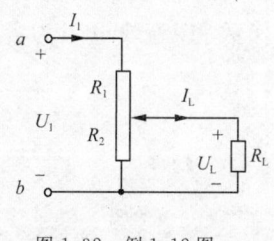

图 1-32 例 1-12 图

例 1-12 电工实验中,常用滑线变阻器接成分压装置来调节直流电压的大小。如图 1-32 所示分压电路,常用来调节负载电阻的电压,其中 R_1 与 R_2 为滑线变阻器的分值电阻,R_L 为负载电阻。已知滑线变阻器的额定电阻 $R=100\ \Omega$,额定电流为 3 A,a-b 端口输入电压 $U_1=220$ V,负载电阻 $R_L=50\ \Omega$。

(1) 当 $R_2=50\ \Omega$ 时,负载电压 U_L 为多少?分压器的输入功率和输出功率各为多少?

(2) 当 $R_2=70\ \Omega$ 时,负载电压 U_L 又为多少?

解 从 a-b 端口看,各电阻之间的连接关系为:R_2 与 R_L 并联后再与 R_1 串联,所以等效电阻为

$$R_{ab}=R_1+\frac{R_L R_2}{R_L+R_2}$$

(1) 当 $R_2=50\ \Omega$ 时,$R_1=100-50=50\ \Omega$,则

$$R_{ab}=50+\frac{50\times 50}{50+50}=75\ \Omega$$

那么通过 R_1 的电流为

$$I_1=\frac{U_1}{R_{ab}}=\frac{220}{75}=2.93\ \text{A}$$

根据分流公式得到负载电流为

$$I_L=\frac{R_2}{R_2+R_L}I_1=\frac{50}{50+50}\times 2.93=1.47\ \text{A}$$

负载电压为

$$U_L=R_L I_L=50\times 1.47=73.5\ \text{V}$$

分压器的输入功率为

$$P_1=U_1 I_1=220\times 2.93=644.6\ \text{W}$$

分压器的输出功率(也就是负载功率)为
$$P_L = U_L I_L = 73.5 \times 1.47 = 108.05 \text{ W}$$

(2) 当 $R_2 = 70\ \Omega$ 时，$R_1 = 100 - 70 = 30\ \Omega$
$$R_{ab} = R_1 + \frac{R_L R_2}{R_L + R_2} = 30 + \frac{50 \times 70}{50 + 70} = 59.17\ \Omega$$

$$I_1 = \frac{U_1}{R_{ab}} = \frac{220}{59.17} = 3.72 \text{ A}$$

$$I_L = \frac{R_2}{R_2 + R_L} I_1 = \frac{70}{50 + 70} \times 3.72 = 2.17 \text{ A}$$

负载电压为
$$U_L = R_L I_L = 50 \times 2.17 = 108.5 \text{ V}$$

这时应该注意到了，当 $R_2 = 70\ \Omega$ 时，通过 R_1 的电流为 3.72 A，已经超出了它的额定电流值了，R_1 就有烧坏的危险了。

二、有源二端网络的等效变换

1. 实际电压源的串联等效电路

如图 1-33(a)所示 n 个实际电压源串联电路，其等效电路为一个实际电压源，如图 1-33(b)所示，根据 KVL，该等效电压源的电压 u_S 为各个电压源电压的代数和，等效电阻为各电阻之和。

$$u_S = u_{S1} - u_{S2} + \cdots + u_{Sn} = \sum_{k=1}^{n} u_{Sk}$$

式中，凡参考极性与 u_S 相同的电压源取正号，反之取负号。

$$R_S = R_{S1} + R_{S2} + \cdots + R_{Sn} = \sum_{k=1}^{n} R_{Sk}$$

图 1-33 电压源串联电路及其等效电路

2. 实际电流源的并联等效电路

如图 1-34(a)所示 n 个实际电流源并联电路，其等效电路为一个实际电流源，如图 1-34(b)所示，根据 KCL，该等效电流源的电流 i_S 为各个电流源电流的代数和，等效电阻倒数为各电阻倒数之和(或等效电导为各电导之和)。

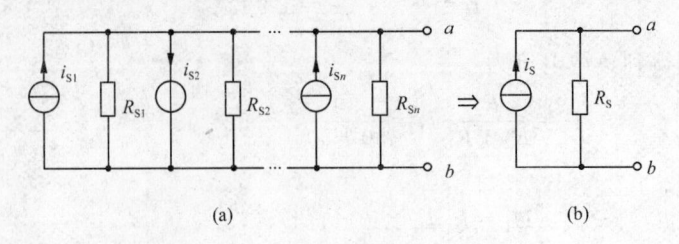

图 1-34 电流源并联电路及其等效电路

$$i_S = i_{S1} - i_{S2} + \cdots + i_{Sn} = \sum_{k=1}^{n} i_{Sk}$$

式中,凡参考极性与 i_S 相同的电流源取正,相反的取负。

$$\frac{1}{R_S} = \frac{1}{R_{S1}} + \frac{1}{R_{S2}} + \cdots + \frac{1}{R_{Sn}} = \sum_{k=1}^{n} \frac{1}{R_{Sk}}$$

或

$$G_S = G_{S1} + G_{S2} + \cdots + G_{Sn} = \sum_{k=1}^{n} G_{Sk}$$

3. 实际电压源的并联等效电路

当实际电压源处于并联时,可以先将电压源转换为电流源后,再进行等效化简。

例 1-13 将如图 1-35 所示二端网络转换为电压源模型。

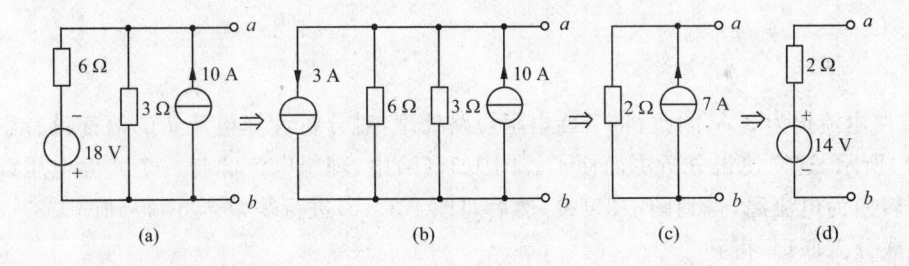

图 1-35 例 1-13 图

解 如图 1-35(a)所示,6 Ω、18 V 的电压源与 3 Ω 电阻、10 A 电流源并联,将电压源转换为电流源,得到图 1-35(b)所示的电路,为两个电流源、两个电阻全并联的电路,经过合并后得到如图 1-35(c)所示的实际电流源模型,根据题目要求,最后再等效为如图 1-35(d)所示的电压源模型。

4. 实际电流源串联等效电路

当实际电流源处于串联时,可以先将电流源转换为电压源后,再进行等效化简。

例 1-14 将如图 1-36 所示二端网络转换为电流源模型。

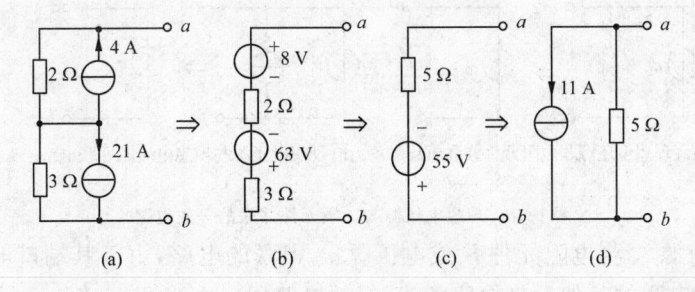

图 1-36 例 1-14 图

解 由图 1-36(a)看出,两个实际电流源串联,不能直接进行等效合并,所以将两个电流源等效变换为电压源,如图 1-36(b)所示,形成一个单一结构的电压源串联电路,经过等效合并后得到如图 1-36(c)所示的实际电压源模型,根据题目要求,最后再等效为如图 1-36(d)所示的电流源模型。

例 1-15 电路如图 1-37 所示,用电源等效变换法求 4 Ω 电阻的电流 I。

解 在如图 1-37(a)所示电路中,7 Ω 电阻与 3 A 电流源串联,串联电阻的阻值为任何有限

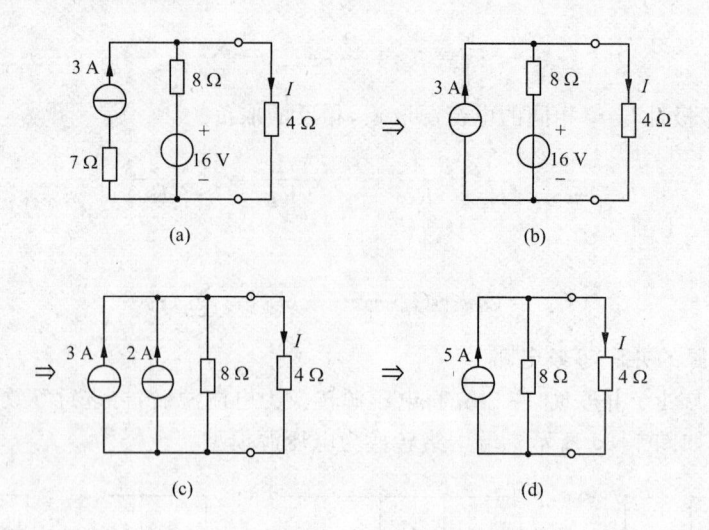

图 1-37　例 1-15 图

值时，本支路电流恒为 3 A，因此，将 7 Ω 电阻短路处理，对分析计算电流 I 的值都没有影响，如图 1-37(b)所示，这样使得分析更简便了。图 1-37(b)中，理想电流源与一个实际电压源并联，将电压源转换为电流源，得到图 1-37(c)，然后对图 1-37(c)进行等效合并，得到图 1-37(d)。根据电阻并联分流原理，得到

$$I=\frac{5}{8+4}\times 8=\frac{10}{3}\ \text{A}$$

两类电源模型等效变换中应注意的几个问题是：

(1)理想电压源 u_S 与理想电流源 i_S 之间不能等效变换，因为它们端钮的电压和电流没有等效的条件。

(2)理想电压源 u_S 与电阻元件 R 或与电流源 i_S 并联的电路，由于其端口电压为 u_S，故对端口而言，可将并联电阻 R 或电流源 i_S 拆除，等效电路用一个理想电压源 u_S 来表示，如图 1-38 所示。

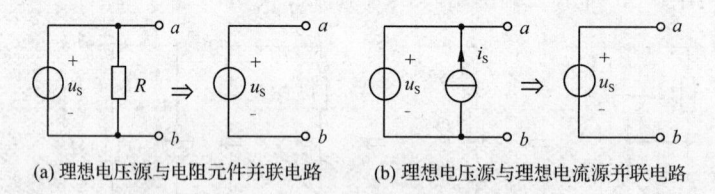

(a) 理想电压源与电阻元件并联电路　　(b) 理想电压源与理想电流源并联电路

图 1-38　理想电压源与二端元件并联的等效电路

(3)理想电流源 i_S 与电阻元件 R 或电压源 u_S 串联的电路，由于其端口电流为 i_S，故对端口而言，可将与其串联的其他元件短路替代，等效电路用一电流源 i_S 来表示，如图 1-39 所示。

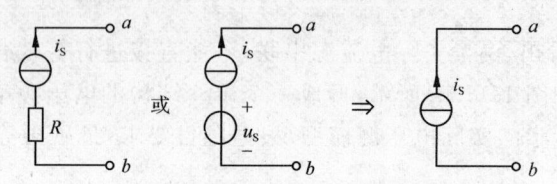

图 1-39　理想电流源与二端元件串联的等效电路

(4)两个电流值不同的理想电流源不允许串联；只有电流值相等时才允许串联，并且串联

以后仍等效于一个等值的电流源。

(5) 同样,两个电压值不同的理想电压源不允许并联;只有电压值相等时才允许并联,并且并联以后仍等效于一个等值的电压源。

(6) 等效化简过程中参考方向的问题,要特别注意。

三、弥尔曼定理

在实际工程中,经常会遇到具有两个节点、多条支路的电路。这种电路又称为单节点偶电路。

将如图 1-40(a)所示电路中的电压源等效变换为电流源后,如图 1-40(b)所示。选节点 b 为参考节点,那么设独立节点 a 的电压为 u_a,根据 KCL 方程得到

$$\left(\frac{1}{R_1}+\frac{1}{R_2}+\frac{1}{R_3}\right)u_a + i_S + \frac{u_{S2}}{R_2} = \frac{u_{S1}}{R_1}$$

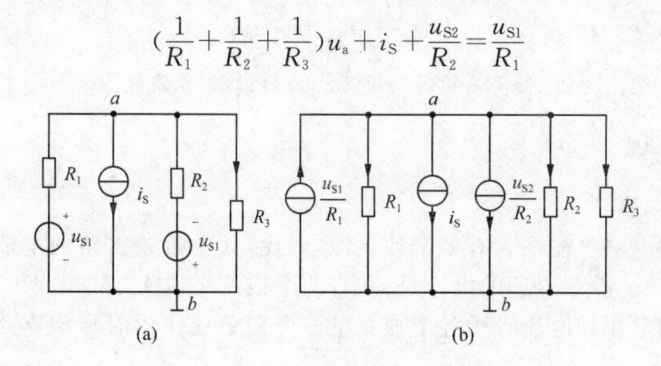

图 1-40 具有两个节点的电路

整理得

$$u_a = \frac{\dfrac{u_{S1}}{R_1} - \dfrac{u_{S2}}{R_2} - i_S}{\dfrac{1}{R_1}+\dfrac{1}{R_2}+\dfrac{1}{R_3}}$$

即

$$u_a = \frac{G_1 u_{S1} - G_2 u_{S2} - i_S}{G_1 + G_2 + G_3} \tag{1-25}$$

式中,各电流源电流流入节点 a 时取"+"号,流出时取"−"号。

推广到一般形式

$$u_{ab} = u_a = \frac{\sum G_i u_{Si} + \sum i_{Sj}}{\sum G_k} \tag{1-26}$$

这就是弥尔曼定理。其中分子为所有电流源电流代数和;分母为两节点间所有支路电导之和。电流源(或电压源等效变换来的电流源)的电流流入节点 a 时取"+"号,流出时取"−"号。利用弥尔曼定理可以很方便地分析两节点电路中各支路电流。

例 1-16 电路如图 1-41 所示,用弥尔曼定理求电流 I_1、I_2、I_3。

解 由式(1-26)得

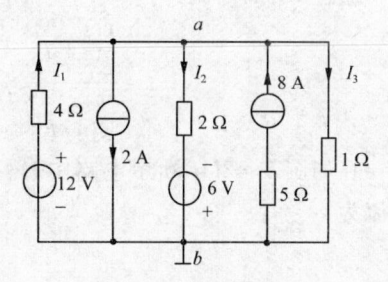

图 1-41 例 1-16 图

$$U_a = \frac{\frac{12}{4} - 2 - \frac{6}{2} + 8}{\frac{1}{4} + \frac{1}{2} + \frac{1}{1}} = \frac{24}{7} \text{ V}$$

各支路电流为

$$I_1 = \frac{12 - U_a}{4} = \frac{12 - \frac{24}{7}}{4} = \frac{15}{7} \text{ A}$$

$$I_1 = \frac{6 + U_a}{2} = \frac{6 + \frac{24}{7}}{2} = \frac{33}{7} \text{ A}$$

$$I_1 = \frac{U_a}{1} = \frac{\frac{24}{7}}{1} = \frac{24}{7} \text{ A}$$

注意：本例中与理想电流源串联的 5 Ω 电阻，必须以短路替代。

四、叠加定理

1. 叠加定理的内容

在复杂电路中，电路里往往含有多个独立源，因此，其中每条支路的电流或电压都是这些电源共同作用的结果。叠加定理的内容是：在有两个或两个以上独立电源共同作用的线性电路中，任一支路中的电压和电流等于各个独立电源分别单独作用时在该支路中产生的电压和电流的代数和。

通过下面的例子来说明叠加定理的正确性。

如图 1-42(a)所示电路是一个含有两个独立源的电路。根据弥尔曼定理，求得 R_2 的电压为

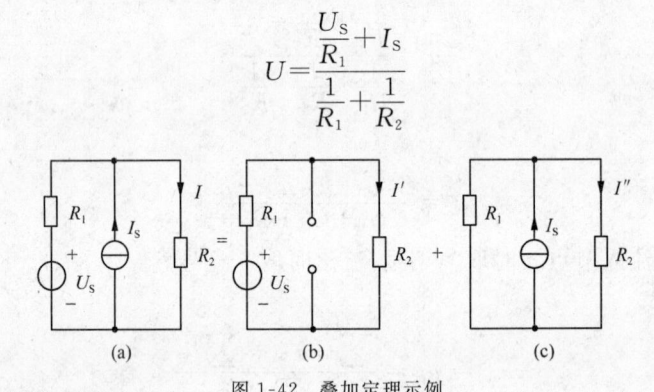

$$U = \frac{\frac{U_S}{R_1} + I_S}{\frac{1}{R_1} + \frac{1}{R_2}}$$

图 1-42 叠加定理示例

通过 R_2 的电流为

$$I = \frac{\frac{U_S}{R_1} + I_S}{\frac{1}{R_1} + \frac{1}{R_2}} \times \frac{1}{R_2} = \frac{U_S + R_1 I_S}{R_1 + R_2} = \frac{U_S}{R_1 + R_2} + \frac{R_1 I_S}{R_1 + R_2}$$

在如图 1-42(b)所示电路中，只有一个电压源作用，而没有其他电源作用，得到通过 R_2 的电流为

$$I' = \frac{U_S}{R_1 + R_2}$$

在如图 1-42(c)所示电路中，只有一个电流源作用，而没有其他电源作用，得到通过 R_2 的电流为

$$I'' = \frac{R_1 I_S}{R_1 + R_2}$$

比较以上三个电路的计算结果,得到

$$I = I' + I''$$

即两个电源共同作用的电路中,在支路中产生的电流等于它们分别单独作用于电路时,在该支路产生的电流的叠加。这种叠加的性质可以推广到任何线性电路。叠加定理不仅是电路分析的基础,而且线性电路的许多定理和方法也是由叠加定理导出的。

在应用叠加定理时,一定要正确理解它的含义并正确处理独立源单独作用的情况。一个独立源单独作用就意味着其他电源不作用(电源不作用又称为电源置零),电压源不作用是指电压源的电压为零,电流源不作用是指电流源的电流为零。在具体应用时,就是将不作用的电压源用短路来代替,但电压源的内阻要保留;不作用的电流源用开路来代替,其内阻同样要保留在电路中。

如果电路中含有受控源,由于受控源不具备独立供电的能力,因此,在分析此类电路时,受控源保留在电路中,不用进行短路或开路处理。

2. 应用叠加定理的解题步骤

应用叠加定理分析多独立电源的线性电路的一般步骤如下:

(1) 设定所求支路电流、电压的参考方向,并标示于电路图中。

(2) 分别作出每一独立电源单独作用时的电路,这时其余所有独立电源置零,即电压源短路,电流源开路。若含有受控源,每一独立电源单独作用时,受控源均应保留。

(3) 分别计算出每一独立电源单独作用时待求支路的电流或电压。这时它们的参考方向最好保持不变。

(4) 进行叠加,计算每一独立电源单独作用时待求支路电流或电压的代数和,这就是我们所求支路的电流或电压了。

叠加定理适用于多电源的线性电路分析,而且只适用于计算电流或电压,而不能直接用来计算功率。也就是说,功率不能叠加,因为功率与电流或电压不是线性关系。如果要计算功率,必须用叠加后的总电压、总电流来计算。

在应用叠加定理时要标明参考方向。在进行电压或电流叠加时,当分电压(或电流)与总电压(或电流)方向相同时取正值,方向相反时取负值。

例 1-17 电路如图 1-43(a)所示,应用叠加定理计算电流 I。

解 根据叠加定理的解题步骤,先将如图 1-43(a)所示原电路分解为各独立源单独作用的电路,注意参考方向的标定。

8 V 电压源单独作用的电路:将 6 A 电流源开路,10 V 电压源短路,如图 1-43(b)所示;

6 A 电流源单独作用的电路:将 8 V 和 10 V 电压源分别短路,如图 1-43(c)所示;

10 V 电压源单独作用的电路:将 6 A 电流源开路,8 V 电压源短路,如图 1-43(d)所示。

由图 1-43(b)得

$$I' = \frac{\frac{8}{4}}{\frac{1}{4} + \frac{1}{2} + \frac{1}{2}} \div 2 = 0.8 \text{ A}$$

由图 1-43(c)得

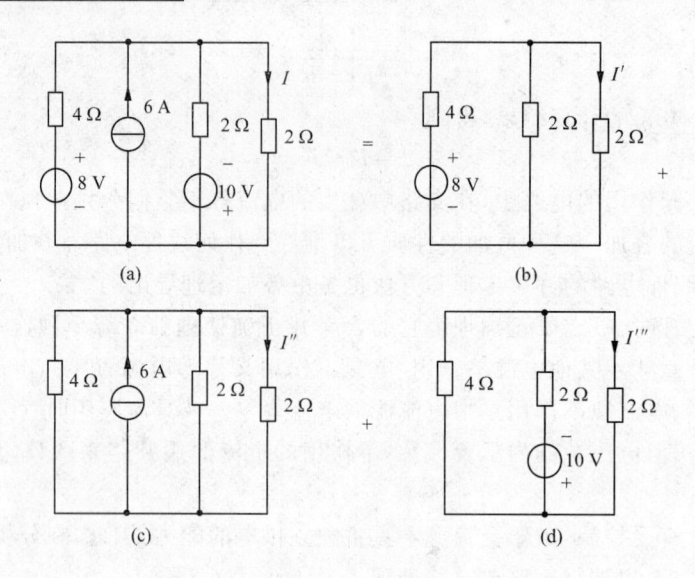

图 1-43 例 1-17 图

$$I''=\frac{6}{\frac{1}{4}+\frac{1}{2}+\frac{1}{2}}\div 2=2.4\text{ A}$$

由图 1-43(d)得

$$I'''=\frac{-\frac{10}{2}}{\frac{1}{4}+\frac{1}{2}+\frac{1}{2}}\div 2=-2\text{ A}$$

因为各分电路的电流参考方向与总电流的参考方向一致，所以，叠加后的总电流为各分电流之和。即

$$I=I'+I''+I'''=0.8+2.4-2=1.2\text{ A}$$

五、戴维宁定理

1. 戴维宁定理

戴维宁定理的内容：任何一个线性有源二端网络，对端口及端口外部电路而言，都可用一个电压源与电阻的串联的等效电路来代替。其中等效电压源的电压等于有源二端网络端口的开路电压 U_{OC}；串联电阻等于二端网络内部所有独立电源置零（电压源短路，电流源开路）时网络端口的等效电阻 R_0，该电阻又称为入端电阻。

也就是说，如图 1-44(a)所示电路为有源二端网络，对外电路来说，可以等效为如图 1-44(b)所示的一个实际电压源。电压源的电压等于如图 1-44(c)所示电路的开路电压，入端电阻为如图 1-44(d)所示的对应无源二端网络的端口电阻。

所以电压源 U_{OC} 与电阻 R_0 串联的等效电路，称为戴维宁等效电路。那么戴维宁等效电路就可以用来代替任何线性有源二端网络。

一个有源二端网络应用戴维宁定理，求它的戴维宁等效电路，就是计算端口的开路电压 U_{OC} 和端口的输入电阻 R_0。

求 U_{OC}，就是将有源二端网络端口开路，应用电源等效化简、网孔电流法、节点电压法以及叠加定理等前面学过的方法计算得出。

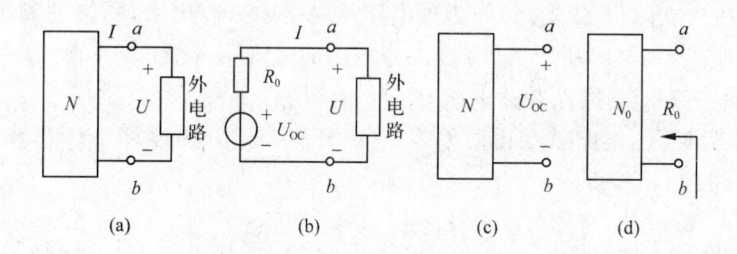

图 1-44 戴维宁定理示例

求 R_0 有三种方法：

(1)通过等效化简求 R_0。有源二端网络中所有独立电源置零后的无源二端网络，应用电阻串联、并联或星形-三角形变换等进行等效化简，求出端口的输入电阻 R_0。

(2)伏安法。如图 1-45 所示，将有源二端网络中所有独立电源置零后，在无源二端网络端口外加电压 U（或电流 I），计算或测量输入电流 I（或端口电压 U），求出端口电压 U 与电流 I 的伏安关系方程，则端口的输入电阻 $R_0 = \dfrac{U}{I}$。

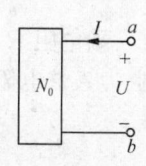

图 1-45 用伏安法求等效电阻

(3)开路电压和短路电流法。如图 1-46 所示，分别用计算方法计算出或用测量方法测出有源线性二端网络的开路电压 U_{OC} 和短路电流 I_{SC}，则端口的输入电阻 $R_0 = \dfrac{U_{OC}}{I_{SC}}$。

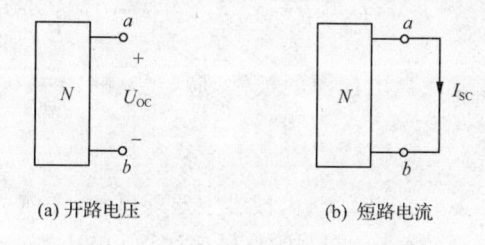

(a) 开路电压　　　　(b) 短路电流

图 1-46 用开路、短路法求等效电阻

例 1-18 应用戴维宁定理求如图 1-47(a)所示电路中 1 Ω 电阻的电流 I。

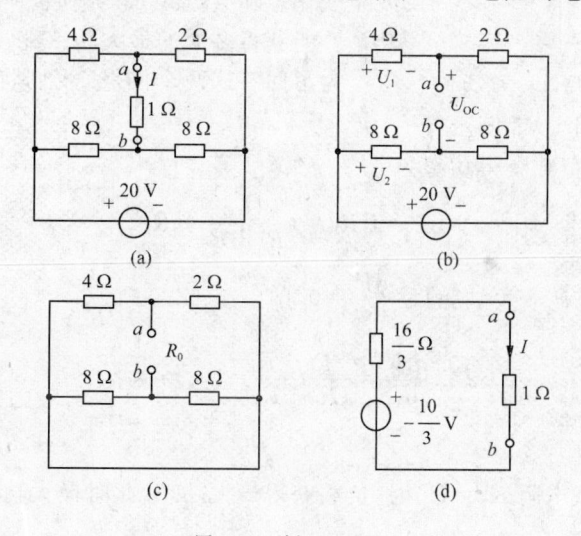

图 1-47 例 1-18 图

解 (1)将所求支路(1 Ω 支路)作为外电路从网络中分离出来,网络的剩余部分就是一个有源二端网络,如图1-47(b)所示,计算该部分电路的戴维宁等效电路。

(2)求开路电压 U_{OC}。选择开路电压 U_{OC} 的参考方向如图1-47(b)所示。

由于 1 Ω 支路断开,电路就变得简单多了,由分压公式分别计算 4 Ω 和 8 Ω 电阻的电压,然后根据 KVL 得到 U_{OC}。即

$$U_1 = \frac{20}{4+2} \times 4 = \frac{40}{3} \text{ V}$$

$$U_2 = \frac{20}{8+8} \times 8 = 10 \text{ V}$$

所以

$$U_{OC} = -U_1 + U_2 = -\frac{40}{3} + 10 = -\frac{10}{3} \text{ V}$$

(3)求入端电阻 R_0。将电源置零(电压源短路)后,如图1-47(c)所示,二端网络端口 a-b 的等效电阻为入端电阻 R_0,即

$$R_0 = R_{ab} = 2//4 + 8//8 = \frac{16}{3} \text{ Ω}$$

(4)作戴维宁等效电路并将外电路(1 Ω 支路)接到端口 a、b 之间,如图1-43(d)所示电路就是如图1-47(a)所示原电路的等效电路,并求出支路电流,即

$$I = \frac{U_{OC}}{R_0 + R} = \frac{-\frac{10}{3}}{\frac{16}{3} + 1} = -\frac{10}{19} \text{ A}$$

作戴维宁等效电路时,要注意电压源的极性,应与步骤(2)中 U_{OC} 的正方向相符合。故图1-47(d)中电源的极性是 a 点为"+",b 点为"−"。

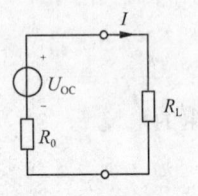

2. 最大功率传输定理

图1-48 戴维宁等效电路最大功率分析

由戴维宁定理可知,任何一个线性有源二端网络,都可以等效为一个实际电压源。在端口处接一个负载 R_L,如果负载 R_L 变化,那么负载从实际电源获得的功率也会发生变化。那么负载 R_L 为何值时,可从电源处获得最大功率?能获得多大的最大功率呢?

为了回答这两个问题,我们将有源二端网络等效成戴维宁电源模型,如图1-48所示。

由图1-48可知,负载获得功率为

$$P = I^2 R_L = \left(\frac{U_{OC}}{R_0 + R_L}\right)^2 R_L$$

若 R_L 变化,要使 P 最大,应满足 $\frac{dP}{dR_L} = 0$,即

$$\frac{dP}{dR_L} = \frac{R_0 - R_L}{(R_0 + R_L)^2} U_{OC}^2 = 0$$

$$R_L = R_0$$

由此得出,当负载电阻 $R_L = R_0$ 时,负载获得最大功率,此时最大功率为

$$P_{max} = I^2 R_L = \frac{U_{OC}^2}{4R_0}$$

因此,我们称 $R_L=R_0$ 为负载获得最大功率的条件,此时负载获得了最大功率,也就意味着电源发出了最大功率,所以又称为最大功率传输定理。

$R_L=R_0$ 时的工作状态,称为负载与电源匹配。匹配状态时,负载电阻与电源内阻相等,说明内阻消耗的功率与负载一样大,电源的传输效率只有 50%,其中一半的功率让电源内阻给消耗了。在电信工程中,由于信号一般很弱,常要求从信号源获得最大功率,因此必须满足匹配条件。在电力工程中,由于电力系统输送功率很大,传输效率显得非常重要,就必须避免匹配现象产生,应使电源内阻远远小于负载电阻。

任务实施

(1)以 4~6 人为小组,每组有一个组长,负责整理实训器材、分发和收集任务资料、提供教学反馈意见等。

(2)教学任务的展开分六个步骤进行,分别为:

资讯→计划→决策→实施→检查→评估

资讯阶段包括下发任务书、描述任务学习目标、交代任务内容、发放相关学习资料、提供学习资源、回答学生提问等。

计划阶段包括任务分组,以小组为单位制订任务执行计划,讨论直流电路安装与测试方案等。

决策阶段包括让学生制订直流电路的安装方案,制作实施自查表,选择相关安装工具、仪器仪表、实施场地,制订工具清单等。

实施阶段包括直流电路的安装与测试、故障排除等,分组进行。

检查阶段包括指定小组对所做任务过程及结果进行演示和汇报,教师对学生完成结果进行检查、学生填写检查单等。

评估阶段包括学生自评、互评,教师评价,学生填写评价表,进行资料整理等。

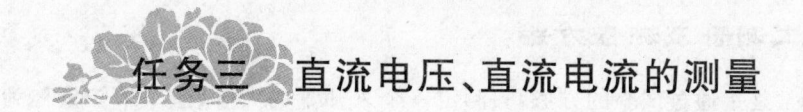

任务三 直流电压、直流电流的测量

教学目标

知识目标:
(1)掌握测量的基本知识和基本方法。
(2)了解直流电压表、直流电流表的构成原理。

能力目标:
(1)直流电路识图、绘图能力。

(2)直流电压表、直流电流表、万用表(直流电压挡、直流电流挡)的正确使用能力。
(3)直流电压、直流电流的测量能力。
(4)测量数据的处理能力。
(5)资料收集整理能力。
(6)项目管理应用的能力。

任务描述

用直流电压表、直流电流表或万用表的直流电压挡和直流电流挡对任务二所安装的直流电路进行电流电压、直流电流的测量。

任务准备

课前预习"相关知识"部分。根据任务描述,对所安装的直流电路进行直流电压、直流电流测量,并且对测量过程中出现的问题能够独立排查,并独立回答下列问题:
(1)说出直流电压表、直流电流表、万用表的表盘标记的意义。
(2)说出直流电压表、直流电流表、万用表的直流电压挡和直流电流挡刻度盘的特点。
(3)直流电压表、万用表的直流电压挡测量电压时如何接线?
(4)直流电流表、万用表的直流电流挡测量电流时如何接线?
(5)滑线变阻器阻值发生变化时,观察灯泡亮度变化,此时灯泡的电压值、电流值如何变化?
(6)根据安装的电路,当电路发生某种状态变化(如灯泡短路)时,电路中的电流如何变化?

相关知识

一、电工测量及测量方法

测量,通常是指通过试验的方法,去测定一个未知量的大小,这个未知量称为被测量。各种电量和磁量的测量,统称为电工测量。

1. 测量的过程

(1)准备阶段

首先要明确测量的内容,如是进行电流还是电压测量,通过测量要达到什么目的,然后确定测量方法及选择相适应的测量仪器。

(2)测量阶段

在测量仪器、仪表具备了所必需的测量条件时进行测量,按规范进行操作,认真记录测量数据。

(3)数据处理阶段

根据记录的数据、图形及曲线进行数据的处理、分析,求得测量结果或测量误差,从而达到测量的目的。

2. 测量的方法

(1) 直接测量

直接测量是将被测量与标准量进行比较,即不必测量与被测量有函数关系的其他量,就能直接从测量的数据中得到被测量值的测量。直接测量所用的方法可以是直读测量法,也可以是比较测量法。

① 直读测量法:直读测量法是根据仪表显示的数或指针的偏转格数直接读取被测量数值。直读测量法实际上是用标准量具与被测量进行间接比较。使用电测量指示仪表(电测仪表)或数字仪表测量电流、电压、电阻等都属于直读测量法。这种测量方法具有设备简单、方法简捷等优点,因而得到了广泛的应用。其缺点是测量的准确度受到仪表准确度的限制,使得测量的结果中含有仪表的误差。

② 比较测量法:比较测量法是指测量过程中需要标准量具直接参与,并通过比较仪器确定被测量数据的测量方法。在使用比较测量法进行测量时,因为有标准量具的直接参与,所以与直读测量法相比,比较测量法具有更高的准确度。但是,比较测量法对测量仪器和测量条件的要求都较高,操作也比较麻烦,故通常在要求测量准确度高时采用。

(2) 间接测量

间接测量是指通过对与被测量有一定函数关系的其他量的测量,得到被测量值的测量方法。例如,测量电阻两端的电压 U 和流过的电流 I,然后计算 $R=\dfrac{U}{I}$,求得电阻 R 的大小。

(3) 组合测量

组合测量是通过测量与被测量具有一定函数关系的其他量,根据直接测量和间接测量所得的数据,解一组联立方程而求出各未知量值来确定被测量的大小,这种方法称为组合测量。这种方法多用于精密测量和科学实验中。

二、仪表的误差及准确度

电测量用仪器仪表,无论制造工艺及性能质量如何高超,它的指示值与被测量的实际值之间,总会存在着一定的偏差,这种偏差就称为仪表的误差。仪表的误差是客观存在的,没有误差的测量结果是没有任何意义的。但仪表的误差越小,仪表的测量就越准确。因此,仪表的准确度也是用误差的大小来表示的。它说明的是仪表的指示值与实际值之间的接近程度,而并不是仪表的误差。如准确度为 0.5 级的仪表,其最大允许误差规定为 ±0.5%,而该仪表在实际测量中的误差可能是 +0.4%,也可能是 −0.3%,所以 ±0.5% 只是指该级仪表所允许的最大误差值。

1. 仪表误差的分类

根据仪表产生误差原因的不同,电测仪表的误差可分为基本误差和附加误差。

(1) 基本误差

基本误差是指仪表和附件在规定的正常工作条件下,由于在结构、工艺等方面不够完善而产生的误差。因此,基本误差是仪表本身所固有的误差,是不可能被完全消除的。

(2) 附加误差

附加误差是仪表在偏离了规定的正常工作条件下使用时,所产生的额外误差。

造成附加误差的主要因素有以下几个方面:

① 温度附加误差:因周围环境温度偏离了规定条件,造成仪表内部零部件的变化而产生的

误差。

②频率误差:频率的变化导致回路中的电抗发生变化,使测量机构和测量线路的电流所产生的磁通变化,从而产生误差。

③外界电场引起的附加误差:外界电场造成附加力矩,从而产生误差。

④外界磁场引起的附加误差:外界磁场使仪表产生附加力矩,从而产生误差。

2. 误差的表示形式

仪表误差的表达方式有绝对误差、相对误差和引用误差三种。

(1)绝对误差

仪表的指示值 A_X 和被测量的实际值 A_0 之间的差值,称为绝对误差。以 Δ 表示,则

$$\Delta = A_X - A_0 \tag{1-27}$$

计算时,被测量的实际值 A_0 可以用标准表(用来检验工作仪表的高准确度仪表)的指示值来代替。

例 1-19 用一只标准电压表检定甲、乙两只电压表时,读得标准电压表的指示值为 100 V,甲、乙两表的读数各为 101 V 和 99.8 V,求它们的绝对误差。

解 由式(1-27)得

甲表的绝对误差 $\Delta_1 = A_X - A_0 = 101 - 100 = +1$ V

乙表的绝对误差 $\Delta_2 = 99.8 - 100 = -0.2$ V

上例说明,在测量同一个量时,我们可以用绝对误差 Δ 的绝对值来说明不同仪表的准确程度,$|\Delta|$ 越小的仪表,测量结果越准确。

计算绝对误差时,要注意以下几点:

①一定要把实际值 A_0 放在减数的位置。

②不要把多次测量同一值中的两次读数之差当作绝对误差。

③不要把绝对误差同修正值相混淆。修正值又称更正值或校正值,它与绝对误差大小相等,符号相反。用 C 表示,即

$$C = -\Delta = A_0 - A_X \tag{1-28}$$

应用修正值后,就可以对仪表指示值进行校正。

④绝对误差有量纲,有正号或负号的量值。

⑤在测量不同量时,不可用绝对误差表示不同仪表的准确程度。

(2)相对误差

如上所述,在测量不同大小的被测量时,不能简单地用绝对误差来判断其准确程度。例如,甲表在测 100 V 电压时,绝对误差为 $\Delta_1 = +1$ V,乙表在测 10 V 电压时,绝对误差为 $\Delta_2 = +0.5$ V。从这里的绝对误差来看,$|\Delta_1| > |\Delta_2|$,即甲表误差大于乙表,但是从仪表误差对测量结果的相对影响来看,却正好相反。因为甲表的误差只占被测量的 1%,而乙表的误差却占被测量的 5%,既乙表误差对测量结果的相对影响更大。所以工程上通常采用相对误差来比较测量结果的准确程度。

相对误差就是绝对误差 Δ 与被测量的实际值 A_0 的比值,通常用百分数来表示,以 γ 表示,则

$$\gamma = \frac{\Delta}{A_0} \times 100\% = \frac{A_X - A_0}{A_0} \times 100\% \tag{1-29}$$

例 1-20 已知甲表测 100 V 电压时,$\Delta_1 = +1$ V,乙表测 10 V 电压时,$\Delta_2 = +0.5$ V,求它们的相对误差。

解 由式(1-29)得到

甲表的相对误差 $\gamma_1 = \dfrac{\Delta_1}{A_0} \times 100\% = \dfrac{+1}{100} \times 100\% = +1\%$

乙表的相对误差 $\gamma_2 = \dfrac{\Delta_2}{A_0} \times 100\% = \dfrac{+0.5}{100} \times 100\% = +5\%$

则说明乙表的相对误差较大。

因为被测量的实际值和仪表的指示值通常相差不大,所以在工程上,当不能确定实际值 A_0 时,常用仪表的指示值 A_X 近似地代替 A_0 进行计算,即

$$\gamma = \frac{\Delta}{A_X} \times 100\% = \frac{A_X - A_0}{A_X} \times 100\% \tag{1-30}$$

(3) 引用误差

相对误差可以表示测量结果的准确程度,但不能说明仪表本身的准确度。例如,一只测量范围为 0~250 V 的电压表,在测量 200 V 电压时,绝对误差 $\Delta_1 = +1$ V,则其相对误差 $\gamma_1 = \dfrac{+1}{200} \times 100\% = +0.5\%$;同一只电压表用来测量 10 V 电压时,如绝对误差 $\Delta_2 = +0.9$ V,则其相对误差 $\gamma_2 = \dfrac{+0.9}{10} \times 100\% = +9\%$。比较 γ_1、γ_2 可以看出,随着被测量的变化,相对误差随之变化,γ_1 与 γ_2 相差很大,且随着被测量的减小,相对误差随之增大。这就使仪表在标度尺的不同部位,相对误差不是一个常数,而且变化很大。显然,相对误差反映不了仪表的准确度。

引用误差可以较好地反映仪表的基本误差,所谓引用误差,是指绝对误差 Δ 与仪表测量上限 A_m 比值的百分数,用 γ_n 来表示,则

$$\gamma_n = \frac{\Delta}{A_m} \times 100\% \tag{1-31}$$

3. 仪表的准确度

在引用误差中,虽然仪表的测量上限 A_m 是一个常数,但随着被测量的改变,绝对误差 Δ 也将随之发生改变,故不能确切地表示仪表的准确度。因此,规定以最大引用误差来表示仪表的准确度。也就是说,仪表的准确度等级 K 的百分数,就是由最大绝对误差 Δ_m 所决定的最大引用误差。即

$$\pm K\% = \frac{\Delta_m}{A_m} \times 100\% \tag{1-32}$$

按照国家标准的规定,在正常工作条件下使用仪表时,仪表的实际误差应小于或等于该表准确度等级(在仪表标度盘上注明)所允许的基本误差范围。各级仪表的基本误差允许值见表 1-2。

表 1-2 各级仪表的基本误差允许值

仪表的准确度等级	0.1	0.2	0.5	1.0	1.5	2.5	5.0
基本误差允许值/%	±0.1	±0.2	±0.5	±1.0	±1.5	±2.5	±5.0

例 1-21 用准确度为 0.5 级、量程为 15 A 的电流表测量 5 A 电流时,其最大可能的相对误差是多少?

$$\Delta_m = \frac{\pm K \times A_m}{100} = \pm 0.075 \text{ A}$$

测量 5 A 电流时有

$$\gamma = \frac{\Delta_m}{A_x} \times 100\% = \frac{\pm 0.075}{5} \times 100\% = \pm 1.5\%$$

由此可见,测量结果的准确度即其最大相对误差,并不等于仪表准确度所表示的允许基本误差。因此,在选用仪表时不仅要考虑适当的仪表准确度,还要根据被测量的大小,选择相应的仪表量程,才能保证测量结果具有足够的准确性。

三、电测仪表及附件的标志符号

1. 电测仪表的分类

电测仪表的种类很多,如按测量对象分,有电流表、电压表、功率表、电能表、功率因数表、绝缘电阻表以及多用途的万用表等;按仪表的工作原理分,有磁电系仪表、电磁系仪表、电动系仪表、感应系仪表以及整流系仪表等;按使用方法分,有可携式仪表和安装式仪表(盘表)两种。不同种类的电测仪表,具有不同的技术特性。为了使用方便和易于选择,通常把这些技术特性用不同的符号标示在仪表的标度盘(面板上)上,称为仪表标志。根据国家标准,每块仪表标度盘上应标明:测量对象的单位、准确度等级、工作原理系列、使用条件、绝缘强度、仪表型号、工作位置、防外磁场能力及各种额定值等。

2. 电测仪表的编号

电测仪表的产品型号可以很直观地反映出仪表的工作原理和用途。产品型号是按规定的标准编制的。对于安装式和可携式仪表的型号各有不同的编制规定。

安装式仪表型号编制规定如图 1-49 所示,其含义如下:①是第一代号(用数字表示),按仪表面板形状最大尺寸编制;②是第二位代号(用数字表示,如为 0 则可省略),按外壳形状尺寸特征编制;③是系列代号(用汉语拼音字母表示),按测量机构的系列编制,如磁电系代号为"C",电磁系代号为"T"等;④是设计序号(用数字表示);⑤是用途号,是国际的通用符号。例如,16T9-A 型号交流电流表,按形状代号"16"可从有关生产厂家标准中查出仪表的外形和尺寸,"T"表示该表是电磁系仪表,"9"是设计序号,"A"表示该表用来测量电流,且量程为安培级。

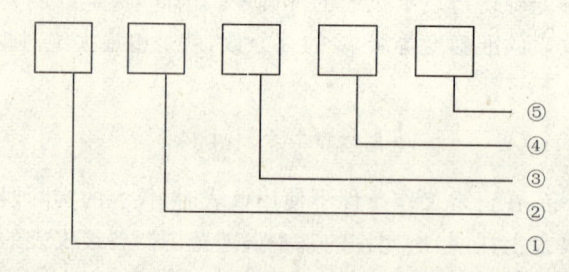

图 1-49 安装式仪表型号编制规定

对于可携式仪表的型号组成,则可省略安装式仪表型号中的形状代号,其余部分的组成形式和安装式仪表相同。例如,T62-V 型电压表,"T"表示该表是电磁系仪表,"62"是设计序号,而"V"则表示该表用来测量电压。

3. 常见电工仪表的表面标记符号

仪表的表面有各种标记符号,以表明它的基本技术特性。根据国家规定,每一只仪表应有测量对象的电流种类、单位、工作原理的系别、准确度等级、工作位置、外界条件、绝缘强度、仪表型号以及额定值等的标志。常见的标记符号的意义见表 1-3。

表 1-3　　　　　　　　　　　常见电工仪表的表面标记符号

分 类	符 号	名 称
电流种类	—	直流
	~	交流
	≃	交、直流两用
测量单位	A	安培
	V	伏特
	W	瓦特
	var	乏
	Hz	赫兹
	mA	毫安
	kV	千伏
工作原理	⌒	磁电系仪表
	⌒×	磁电系比率表
	(电磁符号)	电磁系仪表
	(电动符号)	电动系仪表
	⊙	感应系仪表
	(静电符号)	静电系仪表
准确率等级	1.5	以标尺量程的百分数表示
	①.5	以指示值的百分数表示
工作位置	⊥	标尺位置垂直
	⊓	标尺位置水平
	∠60°	标尺位置与水平面呈 60°角
外界条件	⌒	Ⅰ级防外磁场（磁电系）
	(静电防护符号)	Ⅰ级防外电场（静电系）
	Ⅱ　[Ⅱ]	Ⅱ级防外磁场及电场
	Ⅲ　[Ⅲ]	Ⅲ级防外磁场及电场
	Ⅳ　[Ⅳ]	Ⅳ级防外磁场及电场
	△A	A组仪表
	△B	B组仪表
	△C	C组仪表

续表

分 类	符 号	名 称
绝缘强度	☆	不进行绝缘耐压试验
	☆2	绝缘强度耐压试验 2 kV
端钮标记	+	正极性端钮
	−	负极性端钮
	*	公共端钮
	∼	交流端钮
	⊙	与屏蔽相连接端钮
	⏚	与外壳相连接端钮
	⏛	接地用的端钮
	↷	调零器

四、直流表头(磁电系测量机构)

1. 直流表头的结构

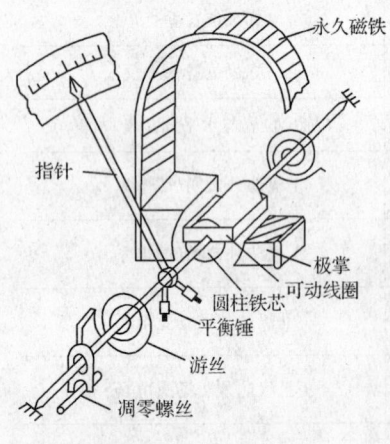

图 1-50 磁电系测量机构

磁电系测量机构是利用永久磁铁的磁场对载流线圈产生作用力的原理制成的,如图 1-50 所示。

测量机构由两部分组成:固定部分、可动部分。

固定部分是磁路系统,它包括永久磁铁、圆柱形铁芯。

可动部分由绕在铝框上的可动线圈(简称动圈)、游丝、指针等组成。铝框和指针都固定在转轴上,转轴有上下两个半轴构成。两个游丝的螺旋方向相反,它们的一端也分别固定在转轴上,并分别与线圈的两个端头相连。下游丝的另一端固定在支架上,上游丝的另一端与调零器相连。所以游丝不但用来产生反作用力矩,并且用来作为将电流导入动圈的引线。在转轴上还装有平衡锤,用来平衡指针的重量。整个可动部分通过轴尖支承于宝石轴承中。

2. 直流表头的工作原理

当电流 I 通过动圈时,动圈就会受到磁场 B 的作用而发生偏转。动圈每边导线所受到的电磁力为 $F=NBAI$,其中 N 为匝数。动圈所受到的转动力矩为

$$M=2F\frac{b}{2}=NBILb=NBAI$$

式中,B 为动圈宽度;A 为动圈的面积;L 为一边的长度。

在转动力矩的作用下,可动部分发生偏转,如图 1-50 所示。引起游丝扭转而产生反作用力矩 M_a,此力矩与扭紧的程度成正比。故有

$$M_a = D\alpha$$

式中,α 为动圈的偏转角;D 为游丝的弹性系数。

当转矩与反作用力矩平衡时,指针将停留在某一位置,此时有

$$M = M_a$$
$$NBAI = D\alpha$$
$$\alpha = \frac{NBA}{D}I = SI$$

所以

$$S = \frac{NBA}{D}$$

式中,S 是磁电系仪表机构的灵敏度,它是一个常数,所以磁电系测量机构的指针偏转角 α 与通过动圈的电流 I 成正比。因此,标尺的刻度是均匀的(即线性标尺)。

磁电系测量机构利用铝框产生阻尼力矩,当可动部分在平衡位置左右摆动时,铝框因切割磁力线而产生感应电流,此电流受磁场作用而产生作用力,方向总是与铝框摆动的方向相反,从而阻止可动部分来回摆动,使之很快地静止下来。

3. 直流表头的特点

(1) 优点

标度均匀,灵敏度和准确度较高,读数受外界磁场的影响小。

(2) 缺点

表头本身只能用来测量直流量(当采用整流装置后也可用来测量交流量),过载能力差。

(3) 使用磁电式仪表的注意事项

测量时,电流表要串联在被测的支路中,电压表要并联在被测电路中;使用直流表,电流必须从"+"极性端进入,否则指针将反向偏转;一般的直流仪表不能用来测量交流电,仪表误接交流电时,指针虽无指示,但可动线圈内仍有电流通过,若电流过大,将损坏仪表;磁电式仪表过载能力较低,注意不要过载。

五、直流电流表、直流电压表

1. 直流电流表

由于直流表头只能通过约 50 mA 的电流,为了扩大磁电系测量机构的量程,以测量较大的电流,可用一个电阻与动圈并联,使大部分电流从并联电阻中流过,而动圈只流过允许的流过。这个电阻称为分流电阻,用 R_S 表示。如图 1-51 所示,图中 Ⓐ 表示测量机构,r_0 为测量机构的内阻。并联分流电阻后,通过测量机构的电流 I_1 可由分流公式求得,即

$$I_1 = \frac{R_S}{r_0 + R_S}I$$

可见,通过测量机构的电流与被测电流成正比。因而仪表的标尺可以用被测电流来刻度。被测电流 I 与通过测量机构的电流 I' 之比称为电流量程扩大倍数,用 n 来表示,即

$$n = \frac{I}{I'} = \frac{R_S + r_0}{R_S} = 1 + \frac{r_0}{R_S}$$

如果电流量程扩大倍数 n 为已知,则分流电阻为

$$R_S = \frac{r_0}{n-1}$$

磁电系电流表可以制成多量程,如图 1-52 所示为具有两个量程的电流表电路。I_2 挡的分流电阻为 $R_{S1}+R_{S2}$。通过分析可以得到:$I_1 R_{S1} = I_2(R_{S1}+R_{S2})$。表明各量程的电流与其分流电阻的乘积相等。此结论也适用于三量程或四量程电流表。

例 1-21 如图 1-52 所示双量程电流表电路,已知表头满偏电流 $I_0=0.5$ mA,内阻 $r_0=280$ Ω,量程 $I_1=10$ mA,$I_2=1$ mA,求分流电阻 R_{S1}、R_{S2}。

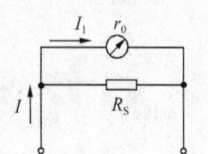

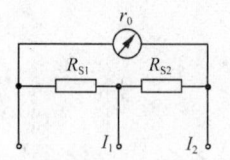

图 1-51 电流表量程扩大　　　　图 1-52 双量程电流表电路

解 总分流电阻为

$$R_{S1}+R_{S2} = \frac{r_0}{n-1} = \frac{280}{\frac{1}{0.5}-1} = 280 \text{ Ω}$$

因为　　　　$I_1 R_{S1} = I_2(R_{S1}+R_{S2}) = 1 \times 10^{-3} \times 280 = 0.28$ V

则　　　　$R_{S1} = \frac{0.28}{I_1} = \frac{0.28}{10 \times 10^{-3}} = 28$ Ω

$$R_{S2} = 280 - R_{S1} = 280 - 28 = 252 \text{ Ω}$$

当电流表需测量 50 A 以上的大电流时,为保证热稳定,不致因过热而改变测量电路各并联支路的阻值,应使分流器有足够大的散热面积。一般因尺寸较大,做成单独的外附分流器。

2. 直流电压表

磁电系测量机构的两端接被测电压 U 时,测量机构中的电流为 $I=U/r_0$,它与被测电压成正比,所以测量机构的偏转可以用来指示电压。但测量机构的允许电流很小,因而直接作为电压表使用只能测量很小的电压,一般只有几十毫伏。为测量较高的电压,通常用一个大电阻与测量机构串联,以分走大部分电压,而使测量机构只承受很小一部分电压。这个电阻称为附加电阻,用 R_d 表示。如图 1-53 所示,串联附加电阻后,测量机构的电流 I 为

$$I = \frac{U}{r_0 + R_d}$$

它与被测电压 U 成正比,所以指针偏转可以反映被测电压的大小,若使标尺按扩大量程后的电压刻度,便可直接读取被测电压值。

电压表的量程扩大为 U,它与被测量机构的满偏电压 U_0 之比称为电压量程扩大倍数,用 m 表示,即

$$m = \frac{U}{U_0} = \frac{r_0 + R_d}{r_0}$$

若 m 已给定,则可求出附加电阻 R_d,即

$$R_d = (m-1)r_0$$

电压表也可制成多量程,只要串联几个附加电阻就可以,如图 1-54 所示。

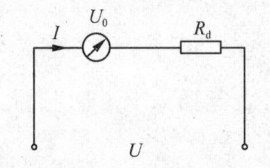

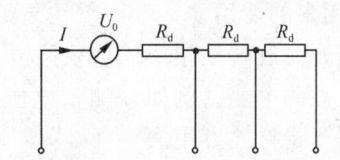

图 1-53　电压表量程扩大　　　　图 1-54　多量程电压表电路

六、电流、电压的测量

1. 电流的测量

(1)电流表的使用

在测量电路电流时,一定要将电流表串联在被测电路中。磁电式仪表一般只用于测量直流电流,测量时要注意电流接线端的"+"、"-"极性标记,不可接错,以免指针反打,损坏仪表。对于有多个量程的电流表,使用时要看清楚接线端量程标记,根据被测电流大小选择合适的量程。

(2)电流表常见的故障及处理方法

电流表比较常见的故障是表头过载。当被测电流大于仪表的量程时,往往使表中的线圈、游丝因过热而烧坏或使转动部分受撞击损坏。为此,可以在表头的两端并联两只极性相反的二极管,以保护表头。

2. 电压的测量

(1)电压表的使用

用电压表测量电路电压时,一定要使电压表与被测电压的两端并联,电压表指针所示为被测电路两点间的电压。

(2)电压表的选择和使用注意事项

电压表及其量程的选择方法与电流表相同,量程和仪表的等级要合适。

电压表必须与被测电路并联。直流电压表还要注意仪表的极性,表头的"+"端接高电位,"-"端接低电位。

3. 用万用表测量直流电流、直流电压

万用表是一种多用途的仪表,一般的万用表可用来测量直流电压、直流电流、电阻及交流电流、交流电压等。本学习情境主要是简单介绍万用表的直流电流、直流电压的测量方法,其余功能、原理将在后面学习情境中进行详细介绍。万用表分为指针式万用表和数字万用表。

(1)指针式万用表的使用方法

将红表笔插入"+"插孔,黑表笔插入"-"插孔。

量程转换开关必须正确选择被测量电量的挡位,不能放错;禁止带电转换量程开关;切忌用电流挡或电阻挡测量电压。

在测量电流或电压时,如果被测量的电流、电压的大小不确定,则应先选最大量程,然后再换到合适的量程上测量。

测量直流电压或直流电流时,必须注意极性。

测量电流时,必须把电路断开,将表串接于电路中;测量电压时,并联在电路中。

每次使用完后,应将转换开关拨到空挡或交流电压最高挡,以免造成仪表损坏;长期不使用时,应将万用表中的电池取出。

(2) 数字万用表的使用

将功能选择开关旋转到相应的量程挡位。

将表笔接入被测电路。例如在测量电压时,将黑表笔插入"COM"插孔,红表笔插入"V"插孔。测量方法与指针式万用表一样。

读取液晶显示器上的被测值。

七、电测仪表的选择

要想使一项试验或测量取得满意的结果,首先必须明确试验或者测量的具体要求,并且能够根据这些要求合理地选择测量方法、测量线路和测量仪表。

合理地选择仪表,就是在保证测量要求的前提下,确定仪表的形式、仪表的准确度及仪表的测量量程等。

1. 类型的选择

仪表的类型可以根据被测量的参数性质分为直流和交流。对于直流电量的测量,可广泛采用磁电系仪表和整流系仪表。

2. 准确度的选择

从提高测量精度的观点考虑,测量仪表的准确度越高越好,但高准确度仪表的造价高,而且对外界使用条件的要求也高,所以仪表准确度的选择要从测量的实际要求出发,既要满足测量的要求,又要本着合理的原则。

通常将 0.1 级、0.2 级及以上等级的仪表作为标准仪表进行精密测量;0.5 级和 1.0 级仪表作为实验室测量用表;1.5 级及以下等级的仪表作为一般工程测量用表。另外,与仪表配套使用的扩大量程装置,如分流器、附加电阻、电流互感器等,它们准确度的选择,要求比测量仪表高 1~3 级。这样考虑是因为被测量的误差为仪表基本误差和扩大量程装置误差两部分之和。仪表与扩大量程装置的配套使用及准确度关系见表 1-4。

表 1-4 仪表与扩大量程装置的配套使用及准确度关系

仪表等级	分流器或附加电阻等级	电压或电流互感器等级
0.1	不低于 0.05	
0.2	不低于 0.1	
0.5	不低于 0.2	0.2(加入更正值)
1.0	不低于 0.5	0.2(加入更正值)
1.5	不低于 0.5	0.5(加入更正值)
2.5	不低于 0.5	1.0
5.0	不低于 1.0	1.0

3. 量程的选择

仪表准确度只有在合理的量程下才能发挥其作用,否则,如果量程选择不合理,标度利用得就不够充分,测量误差就会很大。

例 1-22 用量程为 150 V、0.5 级的电压表,测量 100 V 和 20 V 的电压,计算其最大相对误差。

解 测量结果中可能出现的最大绝对误差为

$$\Delta m = \pm K\% \times A_m = \pm 0.5\% \times 150 = \pm 0.75 \text{ V}$$

测量 100 V 电压的相对误差为

$$\gamma_1 = (\Delta m/A_{X1}) \times 100\% = (\pm 0.75 \div 100) \times 100\% = \pm 0.75\%$$

测量 20 V 电压的相对误差为

$$\gamma_2 = (\Delta m/A_{X2}) \times 100\% = (\pm 0.75 \div 20) \times 100\% = \pm 3.75\%$$

计算结果显而易见，γ_2 是 γ_1 的 5 倍之多，故测量误差不仅与仪表准确度有关，而且与量程的使用范围有密切关系，切不可把仪表准确度与测量结果的误差混为一谈。

为了利用仪表的准确度，一般按标度尺使用在后 1/4 段来选择量程。可以认为，标度尺前 1/4 段测量等于准确度基本误差的 4 倍，因此应力求避免使用标度尺的前 1/4 段量程。

总之，仪表量程的选择，一定要遵守仪表额定量程（如额定电流、额定电压等）要大于或等于被测量值的原则，同时应使被测量值范围在标度尺全长的后 1/4 段。

4. 内阻的选择

选择仪表时，还必须根据测量对象的阻抗大小来选择仪表的内阻，否则将对测量结果带来不能容许的误差。

内阻的大小反映了仪表本身功率的消耗。为使仪表接入回路后，不改变原来的工作状态和减小表耗功率，对不同的仪表有不同的要求。对电压表或者功率表的并联线圈内阻要求尽量大些，且量程越大，内阻越大；对电流表或者功率表的串联线圈内阻则要求尽量小些，且量程越大，内阻越小。

有时由于电压表内阻太小，尽管电压表的准确度很高，但测量误差却很大。这说明在某种情况下，仪表内阻对测量误差的影响将远远超过仪表准确度对测量误差的影响。

为了使得电压表在接入时，不致影响电路的工作状态，规定电压内阻 r_V 与负载电阻 R 的关系为 $r_V \geqslant 100R$。

电压表的内阻大小，由表头灵敏度决定，灵敏度越高的仪表，其内阻就越大。

对于磁电系或者整流系电压表的表头，内阻都很大，而电磁系、电动系仪表的灵敏度很低，表头内阻都较小。只有电子管电压表及数字式仪表的输入阻抗才可能达到几兆欧，所以用它来测量小容量信号源电压是最理想的。

对于电流表，则要求内阻尽量小，否则将带来很大的测量误差。

例 1-23 用 0.5 级、内阻为 1 000 Ω 的毫安表，测量电路电流。电路的电压为 60 V，负载电阻为 400 Ω，求内阻影响所导致的相对测量误差。

解 电路的电流为

$$I = U/R = 60 \div 400 = 150 \text{ mA}$$

接上毫安表后的电流为

$$I' = 60 \div (1\ 000 + 400) = 43 \text{ mA}$$

$$\gamma = [(43 - 150) \div 150] \times 100\% = -71.3\%$$

为了使电流表在接入时不致改变电路的工作状态，要求电流表的内阻 r_A 与负载电阻 R 的关系为 $r_A \leqslant 1/100R$。

电流表的内阻同样与表头灵敏度有关。

例如，磁电系表头灵敏度很高，故表头所需的满偏电流很小，而用分流器扩大量程时，使用的分流电阻就要更小，因而磁电系电流表的内阻都比较小。

5. 工作条件的选择

正确选择和使用仪表还要考虑仪表使用环境和工作条件，例如，应该考虑是在实验室使用,还是安装在开关板上;考虑周围环境温度、湿度、机械振动情况以及外界电磁场的强弱等。

总之,选择仪表时,对仪表的类型、准确度、频率范围、内阻、量程等项既要全面考虑,又要善于抓住主要矛盾。

任务实施

(1)以 4~6 人为小组,每组有一个组长,负责整理实训器材、分发和收集任务资料、提供教学反馈意见等。

(2)教学任务的展开分六个步骤进行,分别为:

资讯→计划→决策→实施→检查→评估

资讯阶段包括下发任务书、描述任务学习目标、交代任务内容、发放相关学习资料、提供学习资源、回答学生提问等。

计划阶段包括任务分组,以小组为单位制订执行计划,讨论直流电压、直流电流测量方案等。

决策阶段包括让学生制订直流电压、直流电流测量方案,制作实施自查表,选择相关安装工具、仪器仪表、实施场地,制订工具清单等。

实施阶段包括直流电压和直流电流测量、故障排除等,分组进行。

检查阶段包括指定小组对所做任务过程及结果进行演示和汇报、教师对学生完成结果进行检查、学生填写检查单等。

评估阶段包括学生自评、互评,教师评价,学生填写评价表,进行资料整理等。

学习情境总结

直流电路的安装与测试是电气工程技术人员必须掌握的基本知识与基本技能。本学习情境包括电路的基本概念和基本定律的认知、直流电路的安装和直流电压、直流电流的测量三个任务。本学习情境除了学习了电路的基本概念、基本定律以及电路的基本分析方法外,还重点让同学们按照六步教学法,根据提供的电气设备自己进行电路图的绘图、电路安装,并对所安装的电路进行测试。在这个过程中同学们的积极性、主动性得到了完美展现,成功后的喜悦难以言表。通过各项任务的完成,使同学掌握了直流电路的理论知识,同时也了解到在实施过程中操作的规范性、严谨性,学会了直流电流、直流电压的测量方法,并学会了一些简单的故障处理方法,提高了同学们分析问题、解决问题的能力,同时也锻炼了同学们的资料收集能力。本学习情境学习完后同学们进行了 PPT 汇报,显示出了同学们的综合能力。由于各任务是团队共同完成,增强了同学间的合作协调精神,为同学们以后继续学习和从事电气工作打下扎实的岗位技能基础。

习 题

一、填空题

1.1.1 已知电路中 a、b 两点,电位分别为 $V_a=3\text{ V},V_b=7\text{ V}$,则 a、b 间的电压 $U_{ab}=$ _____。

1.1.2 如图 1-55 所示,$U_{ab}=$ _____。

1.1.3 220 V、40 W 的灯泡,每天工作 5 h,则一个月(按 30 天计)耗 _____ 度电。

图 1-55 习题 1.1.2 图

1.1.4 6 A 和 8 A 的理想电流源并联后,其等效电流源的电流值可为 _____ 或 _____。

1.1.5 某支路 AB 有一元件,已知 $U_{BA}=220\text{ V},I_{BA}=-10\text{ mA}$,元件的功率 $P=$ _____ W。

二、单项选择题

1.2.1 电流的正方向规定为 _____。
A. 电荷运动的方向 B. 正电荷运动的方向
C. 负电荷运动的方向

1.2.2 实际电压源的模型为 _____。
A. 理想电压源与内阻串联 B. 理想电压源与内阻并联
C. 不需要考虑内阻

1.2.3 磁电系电流表的刻度为 _____。
A. 前密后疏 B. 前疏后密 C. 均匀刻度

1.2.4 用直流电压表进行测量时,电压表必须 _____ 在被测电路中。
A. 串联 B. 并联 C. 串联或并联

1.2.5 电阻 $R_1=10\text{ }\Omega,R_2=20\text{ }\Omega$,并联后接在 3 A 直流电流源上,则 R_1、R_2 的电流分别为 _____。
A. 1.5 A、1.5 A B. 1 A、2 A C. 2 A、1 A

三、判断题

1.3.1 电流总是从电压源的正极出发,回到电压源的负极。( )

1.3.2 电阻元件是消耗电能的元件。( )

1.3.3 两只额定功率均为 25 W、额定电压分别为 220 V 和 36 V 的白炽灯并联工作时(电压小于 36 V),220 V 的白炽灯消耗功率较大。( )

1.3.4 叠加定理适用于线性电路中电压、电流的叠加计算。( )

1.3.5 电路中某两点的电位越高,则它们之间的电压也一定越高。( )

四、计算题

1.4.1 将一只 110 V、40 W 的灯泡接在 220 V 电源上,要使灯泡正常工作,需要串联一个多大的电阻?并求该电阻的功率。

1.4.2 计算如图 1-56 所示电路在开关 S 断开和闭合时 A 点的电位 φ_A。

1.4.3 用弥尔曼定理求如图 1-57 所示电路中的各支路电流 I_1、I_2、I_3、I_0。

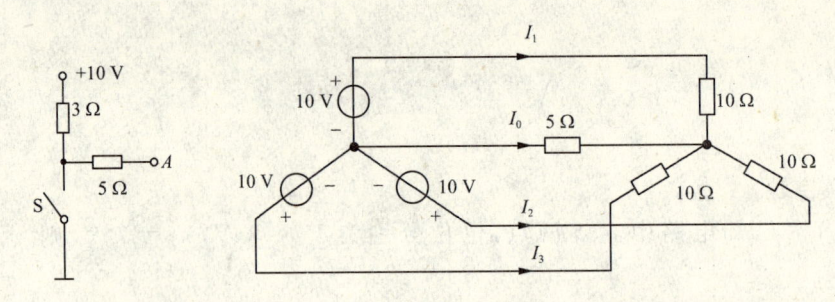

图 1-56 习题 1.4.2 图　　　　图 1-57 习题 1.4.3 图

1.4.4 用叠加定理求如图 1-58 所示电路中的电压 U。

1.4.5 用戴维宁定理求如图 1-59 所示电路中的电流 I。

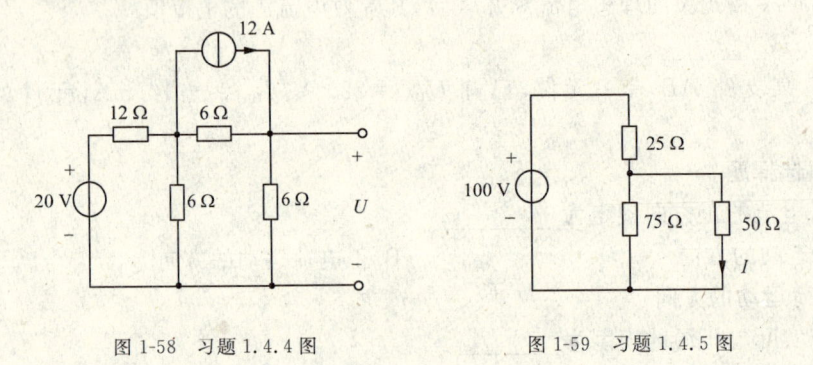

图 1-58 习题 1.4.4 图　　　　图 1-59 习题 1.4.5 图

学习情境二

电阻的测量

任务书

任务总述

了解万用表、直流单臂电桥、双臂电桥和兆欧表的基本结构、使用方法和注意事项。现提供万用表、直流电桥、兆欧表及被测对象等,请正确使用各仪器仪表对相关参数进行测量。

(1)用伏安法测量滑线变阻器和空芯线圈的电阻,并总结大小不同的电阻各应采取哪种连接方式。

(2)自己设计一个简单的电路并连接实物电路图,用万用表测量其电路中各元件的直流电压、直流电流。

(3)用万用表测量交流电压源的电压,并测量一个已坏电阻箱各挡的电阻,并判断电阻箱的哪挡的第几个以后的电阻可能已坏。

(4)用直流单臂电桥测量空芯线圈的电阻。

(5)用直流双臂电桥测量一段硬导线的电阻。

(6)用兆欧表测量电压互感器高压侧线圈绕组对地的绝缘电阻和高、低压侧线圈绕组间的绝缘电阻,并分别计算吸收比,以判断电压互感器绕组的绝缘状况。

对本学习情境的实施,要求根据引导文2进行。同时,进行以下基本技能的过程考核:

(1)在规定的时间内完成以上各表计对相应各元件电阻的测量结果。

(2)口述万用表、直流电桥、兆欧表的使用方法及使用时的注意事项。

已具备资料

(1)电阻的测量自学资料:学生手册、引导文。

(2)电阻的测量教学资料:多媒体课件、教学视频。

(3)电阻的测量复习(考查)资料:习题。

工作单

相关任务描述	(1)掌握万用表的使用方法 (2)了解直流单臂电桥的使用方法 (3)了解直流双臂电桥的使用方法 (4)掌握兆欧表的使用方法 (5)了解如何用伏安法测量电阻
相关学习资料的准备	电阻的测量自学资料、教学资料
学生课后作业的布置	电阻的测量习题
对学生的考核方法	过程考核 作业检查
采用的主要教学方法	多媒体、实验实训教学手段 情境启发式、任务驱动式、自主探究式、协作学习式等教学方法
教学及实验实训场所	电工测量一体化多媒体教室
教学及实验实训设备	电压表、电流表、万用表、直流单臂电桥、直流双臂电桥、兆欧表、直流稳压电源、滑线变阻器、空芯线圈、电阻箱、电压互感器、电工操作台等
教学日期	
备 注	

引导文

引导文 2	电阻的测量引导文	姓　名	页数：

一、任务描述

　　了解万用表、直流单臂电桥、直流双臂电桥和兆欧表的基本结构、使用方法及注意事项。提供万用表、直流电压表、直流电流表、直流单臂电桥、直流双臂电桥、兆欧表等，根据任务书的要求，正确使用各仪器仪表测量滑线变阻器、空心线圈、导线等元件的电阻及电压互感器高压侧绕组对地的绝缘电阻和高、低压侧线圈绕组间的绝缘电阻。

二、任务资讯

　　(1) 对于未知数值的待测电阻，如何确定用伏安法的哪一种测量电路？如何选择电源电压的大小？

　　(2) 能否用万用表测量带电电路中的电阻？为什么？

　　(3) 万用表使用完毕后，应将转换开关旋至何处？为什么？

　　(4) 如何用万用表判断电路的故障？用万用表测量电压、电流时，能否带电换挡？

　　(5) 标出如下所示 QJ23 型单臂电桥面板中各序号的名称。

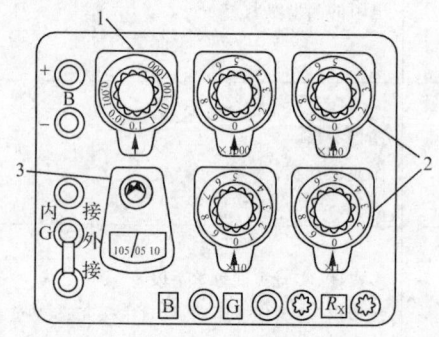

　　(6) 使用单臂电桥时，连接被测电阻为什么要采用粗而短的连接导线？

　　(7) 使用直流电桥测量电阻，测量前，为什么先按电源按钮 B，再按检流计的按钮 G？测量结束后，为什么要先断检流计按钮，再断电源按钮？

　　(8) 标出如下所示直流双臂电桥面板中各序号的名称。

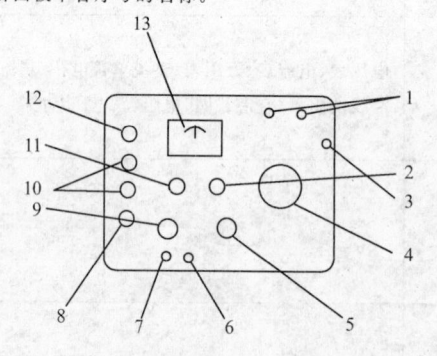

　　(9) 为什么电流接线柱应接在被测电阻的外侧，电位接线柱应接在被测电阻的内侧？

　　(10) 双臂电桥刚开始测量时，灵敏度应置于什么位置？测量时，灵敏度最后应达到什么要求？

　　(11) 兆欧表的选择准则是什么？

　　(12) 如何检测兆欧表的好坏？

　　(13) 兆欧表上的两个小圆点是什么含义？读数时能否将手柄停下来读数？

三、任务计划

(1)测量 20 Ω 左右的电阻应选用 QJ23 型还是 QJ44 型直流电桥?比例臂应选多少?QJ23 型直流电桥测量的过程中,四个比较臂为什么都要用上?

(2)选择相关仪器、仪表,制订设备清单。

(3)简述使用直流单臂电桥测量电阻的操作步骤。

(4)简述使用双臂电桥测量电阻的操作步骤。

(5)简述使用兆欧表测量电阻的操作步骤。

(6)简述万用表使用时的注意事项。

(7)制作任务实施情况检查表,包括小组各成员的任务分工、任务准备、任务完成、任务检查情况的记录,以及任务执行过程中出现的困难和应急情况处理等。(单独制作)

四、任务决策

(1)分小组讨论,分析阐述各自计划和测量方案。

(2)教师指导测量方案的实施。

(3)每组选派一位成员阐述各电阻测量步骤及测量过程中注意事项。

五、任务实施

(1)整个测量过程中出现了什么问题?你是如何解决的?

(2)直流单、双臂电桥使用时应该注意什么?

(3)如何提高测量速度?

(4)如果双臂电桥指针总是摇摆不定,不能调到平衡,怎么办?

(5)根据测量的绝缘电阻,得出电压互感器的绝缘电阻是否符合要求的结论性判断。

(6)总结不同阻值的电阻测量方法,归纳它们是一种什么样的测量方法。

(7)对整个任务的完成情况进行记录。

六、任务检查

(1)学生填写检查单。

(2)教师填写评价表。

(3)学生提交实训心得。

七、任务评价

(1)小组讨论,自我评述完成情况及操作中发生的问题,小组共同给出处理和提高方案。

(2)小组准备汇报材料,每组选派一位成员进行汇报。

(3)教师对方案评价说明。

学习资料

学习情境描述

各种电气设备的导电部分都有电阻,称为导电电阻;绝缘部分也有电阻,称为绝缘电阻。根据电阻值的大小,电阻通常分为三类:低值电阻(1 Ω 以下)、中值电阻(1~0.1 MΩ)和高值电阻(0.1 MΩ 以上)。不同大小的电阻,其测量方法和使用的仪器也不相同,或者说同一电阻因测量结果精度要求的不同,所选用的仪器不同。

本学习情境要求:引导学生掌握测量电阻的主要方法,并熟悉电阻的测量仪表——万用表、直流电桥、兆欧表的使用方法及注意事项,同时掌握用万用表进行故障排除的分析能力等,从而为今后的工作打下扎实的基础。

教学环境

整个教学在电工测量一体化多媒体教室中进行,教室内应有学习讨论区、操作区,并必须配置多媒体教学设备,同时提供任务中涉及的所有仪器仪表和所有被测对象。

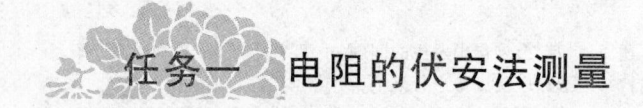

任务一 电阻的伏安法测量

教学目标

知识目标:
(1)掌握用伏安法测量电阻的方法及注意事项。
(2)掌握伏安法测量电阻两种接线方式与负载的对应关系。

能力目标:
(1)能熟练地用电压表、电流表测量电阻。
(2)能根据被测电阻的大小,熟练地选择电阻伏安法测量的连接方式(电压表前接或后接)。

任务描述

在电力系统中,测量大型发电机或变压器绕组的直流电阻多采用伏安法。由于大电机绕组的电感量很大,若采用直流电桥来测量电阻,检流计很难快速稳定,故一般采用伏安法,且采用 0.2 级仪表,以提高测量结果的准确程度。本任务是在小组组长的带领下,教师引导各成员认真学习伏安法测量电阻的学习资料,用伏安法分别测量空芯线圈和 1 kΩ 滑线变阻器的电阻,通过采取两种接线方式的测量,以测量结果验证电阻值不同的电阻应采取其中一种合适的连线方式(电压表前接或后接)。

任务准备

课前预习"相关知识"部分。根据电阻测量的伏安法,结合测量过程中的注意事项,经讨论后制订用伏安法测量电阻的操作步骤,并独立回答下列问题:
(1)测量空芯线圈和滑线变阻器的电阻时,直流稳压电源的输出电压能调至一样大吗?
(2)电压表、电流表应如何连接到电路之中?
(3)较大电阻与较小电阻是如何判别的?
(4)为什么大型机组的直流电阻采用伏安法测量?
(5)两个阻值相差较大的电阻,如何确定其正确的接线方式?

相关知识

一、伏安法简介

伏安法测量电阻的范围为 $10^{-3} \sim 10^5$ Ω,是一种间接测量电阻的方法,即用电压表和电流表测量电路的电压和电流,然后通过计算求出电阻。在伏安法中,因为电流表的内阻 R_A 不可能等于零,电压表的内阻 R_V 不可能等于无穷大,所以接入电流表和电压表后会产生测量误差。无论是电压表前接还是后接,所测电阻 R_X 的大小都等于电压表与电流表读数之比,即 $R_X = Ⓥ/Ⓐ$。

电压表前接,如图 2-1(a)所示,则Ⓐ读数即通过 R_X 的电流,而Ⓥ读数包含了电流表内阻 R_A 的电压降 U_A,计算电阻包含了电流表的内阻,计算所得电阻为

$$R'_X = \frac{U}{I_X} = \frac{U_A + U_X}{I_X} = \frac{I_X R_A + I_X R_X}{I_X} = R_A + R_X$$

测量结果偏大,即测量或计算结果多包含了电流表的内阻 R_A,这种测量方法所引起的相对误差为

$$\gamma_1 = \frac{R'_X - R_X}{R_X} = \frac{R_A}{R_X} \times 100\%$$

要减小误差，必须使得测量值接近于真实值，根据串联电路中的分压原理或从相对误差 γ_1 可知，如图 2-1(a)所示的这种连接方式适合于被测电阻 R_X 较大的电路。

(a) 电压表前接   (b) 电压表后接

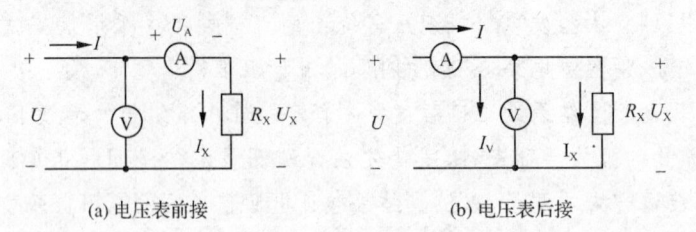

图 2-1 读数伏安法测量电阻电路

电压表后接，如图 2-1(b)所示，则 Ⓥ 读数为电阻 R_X 的电压，而 Ⓐ 读数为 $I_V + I_X$，即测量电流多包含了通过电压表内阻 R_V 的电流。于是计算电阻为

$$R''_X = \frac{U_X}{I} = \frac{U_X}{I_V + I_X} = \frac{1}{\frac{I_X}{U_X} + \frac{I_V}{U_X}} = \frac{R_V R_X}{R_V + R_X}$$

测量结果偏小，即测量或计算结果为所测电阻 R_X 与电压表内阻 R_V 两个电阻并联后的等效电阻，这种测量方法引起的相对误差为

$$\gamma_2 = \frac{R''_X - R_X}{R_X} \times 100\% = -\frac{R_X}{R_X + R_V} \times 100\%$$

要减小误差，必须使得测量值接近于真实值。根据并联电路中的分流原理或从相对误差 γ_2 可以看出，如图 2-11(b)所示这种连接方式适合于所测电阻 R_X 较小的电路。

被测电阻 R_X "较大"或"较小"，以与 $\sqrt{R_V R_A}$ 相比较为准。电流表的内阻 R_A 和电压表的内阻 R_V，由仪表的表面和产品说明书查找。

伏安法的优点在于被测电阻能在工作状态下进行，这对非线性电阻的测量有实际的意义。另一个优点是适合于对大容量变压器一类具有大电感的线圈电阻的测量。

二、相关仪器仪表的介绍

1. 直流稳压电源

如图 2-2 所示为直流稳压电源面板。直流稳压电源是将 220 V 的交流电压通过整流、滤波后，使其输出为直流电压的设备。

使用直流稳压电源之前，检查开关是否在"OFF"处，电压粗、微调旋钮是否在零处。然后插上稳压源的电源插头，将电源开关拨至"ON"，先调节粗调开关，再调节微调开关。一般直流稳压电压的输出为 0～30 V，粗调开关的调节范围为 0～27 V，细调开关的调节范围为 0～3 V。例如，要使稳压源的输出为 10 V，应先将电源开关拨至"ON"，调节粗调开关，使其数显区的读数为 8～9 V，然后调节微调开关，使其读数为 10 V。

注意：直流稳压电源使用过程中，注意接线夹不能同时碰到外壳，以免造成短路。

直流稳压电压使用完毕，应将输出粗、微调旋钮旋至"0"处，再把电源开关置于"OFF"处，最后拔掉电源插头。

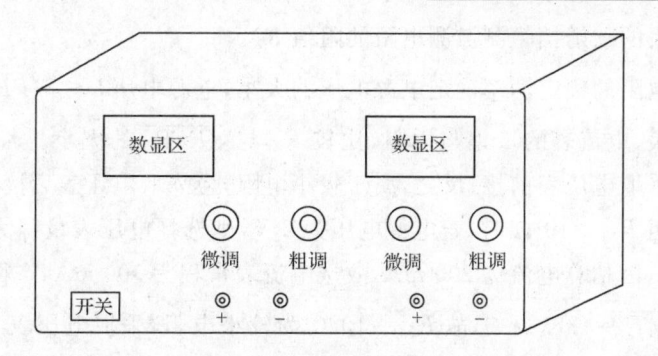

图 2-2　直流稳压电源面板

2. 电压表、电流表

电流表的内阻较小,其应串联到被测支路中。要使电流表指针正偏,电流应从"＋"极流入,"－"极流出。所选量程应使指针偏转在满刻度的 1/2～2/3 范围内。

电压表的内阻较大,应并联到被测元件或某一支路的两端,其他与电流表一致。

注意:千万不能将电流表作为电压表使用,否则会造成短路,烧毁电流表。

3. 滑线变阻器

如图 2-3 所示,滑线变阻器一般有 3 个接线柱:左右下端的接线柱称为固定端,如图 2-3(b)中的 A 端与 B 端;滑竿一头的接线柱称为滑动端,如图 2-3(b)中的 C 端。滑线变阻器的用法有以下几种:

(1) 作为固定电阻使用。即固定端 A、B 直接接入电路中。

(2) 作为可调电阻使用。即将固定端 A 或 B 和滑动端 C 接入电路中,移动滑片,即改变了电阻的大小。

(3) 作为调压器使用。接线时应将固定端 A、B 直接接电源,若 A 端接在电源的"＋"极性上,B 端接在电源的"－"极性上,则输出端就应接在 B、C 两端。当滑片置于 B 端时,输出电压为 0 V,将滑片逐渐向 A 端移动时,输出电压增大。

本学习情境中的滑线变阻器是作为固定电阻使用的。

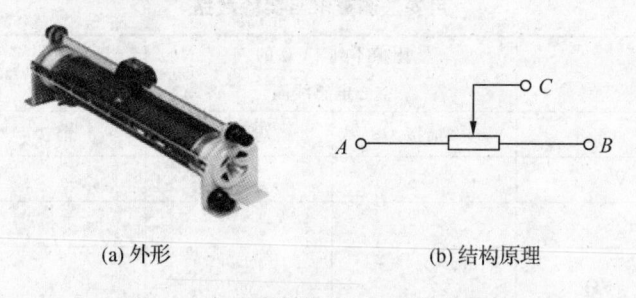

(a) 外形　　　　　　　　(b) 结构原理

图 2-3　滑线变阻器的外形及其结构原理

任务实施

本任务要求分别用两种接线方法测量阻值不同的电阻,以测量结果验证不同阻值的电阻只能采取其中一种较准确的接线方法。而实际上电阻应采取的准确接线方式判别如下:

(1) 先用万用表的欧姆挡粗测被测电阻的阻值 R_X。

(2) 根据被测电阻的额定功率确定电源电压的大小,电源电压 $U \leqslant \sqrt{PR_X}$。

(3) 根据电压表、电流表的量程与内阻,比较 R_X 与 $\sqrt{R_V R_A}$ 的大小。若 $R_X > \sqrt{R_V R_A}$,R_X 属于较大电阻,应采取电压表前接;反之,属于较小电阻,应采取电压表后接。

例如,测量电阻 $R_{X1}=10\ \Omega$ 时,若电源电压为 2 V,则选择电压表量程为 3 V,查得电压表内阻 $R_{V1}=3\ 000\ \Omega$,因估算电流为 200 mA,故选电流表量程为 300 mA,查得电流表内阻 $R_A=0.249\ \Omega$,计算 $\sqrt{R_{V1} R_A}=27.33\ \Omega$,故 $R_{X1}=10\ \Omega$ 为较小电阻,采取电压表后接测量结果更准确。又如,测量电阻 $R_{X2}=1\ 000\ \Omega$ 时,若电源电压为 10 V,则选择电压表量程为 12 V,查得电压表内阻 $R_{V2}=12\ 000\ \Omega$,因估算电流为 10 mA,故选电流表量程为 15 mA,查得电流表内阻 $R_A=4.67\ \Omega$,计算 $\sqrt{R_{V2} R_A}=236.7\ \Omega$,故 $R_{X1}=1\ 000\ \Omega$ 为较大电阻,采取电压表前接测量结果更准确。

实施步骤如下:

(1) 测量空芯线圈的电阻时,电源电压输出为 2 V;测量滑线变阻器的电阻时,电源电压输出为 10 V。分别选择好电压表与电流表的量程,查找它们对应量程的内阻 R_V 和 R_A,并计算 $\sqrt{R_V R_A}$ 填于表 2-1 中。

表 2-1　　　　　　　　　　电压表、电流表内阻数据

电源电压 /V	电压表		电流表		计算 $\sqrt{R_V R_A}$	R_X
	量程/V	内阻/Ω	量程/A	内阻/Ω		
2						
10						

(2) 用两种测量电路分别测量空芯线圈和滑线变阻器的电阻,并将空芯线圈和滑线变阻器的标示电阻 R_X 作为真值,计算测量结果的方法误差,测量数据填于表 2-2 中。

(3) 将测量结果与标示值进行比较,验证用伏安法测量电阻的两种电路的适用情况。

表 2-2　　　　　　　　　　用安法测量电阻实验数据

被测元件 R_X		阻值不到 14 Ω 的空心电感线圈		1 kΩ 的滑线变阻器	
电压表接法		前接	后接	前接	后接
测量值	U/V				
	I/mA				
计算值	$R'_X=\dfrac{U}{I}$/Ω				
	$\gamma=\dfrac{R'_X - R_X}{R_X}\times 100\%$				
分析结果		应采取_____		应采取_____	

任务二　万用表的使用

教学目标

知识目标：
(1) 掌握万用表的结构与功能。
(2) 掌握万用表的使用方法及使用注意事项。

能力目标：
(1) 能熟练、规范地用万用表测量交、直流电压，交、直流电流，电阻等。
(2) 能用万用表判断元件的通断或排除电路中的故障。

任务描述

万用表是日常生活与工作中使用最频繁的仪表，通常用它对电路进行交、直流电压，交、直流电流，电阻的测量等，根据测量的结果对电路的状态进行分析与判断。本任务是在小组组长的带领下，教师引导各成员认真学习万用表的使用方法及注意事项后，设计一个简单的直流电路，根据电路图连接实物电路图，用万用表的直流电压挡测量稳压源的电压输出及电路中各元件的电压，用万用表的直流电流挡测量电路中的电流，然后再用万用表的交流电压挡测量交流电源的 220 V 电压，最后用万用表的欧姆挡测量一个已坏电阻箱各挡的电阻，根据测量的结果，判断电阻箱的哪挡电阻中的第几个以后的电阻可能烧坏，以此掌握万用表的使用。

任务准备

课前预习"相关知识"部分，根据万用表的使用方法及注意事项，经讨论后制订用万用表测量交、直流电压，测量直流电流，测量电阻箱电阻和判别电阻箱好坏的操作步骤，并独立回答下列问题。

(1) 测量不同的电量时，转换开关应如何处理？
(2) 数字万用表在测量各电量时，如结果显示为"1"，是什么原因？
(3) 用万用表测量电压、电流时，能否带电换挡？
(4) 指针式万用表使用与数字万用表有什么区别？
(5) 能否用万用表测量带电电路中的电阻？为什么？
(6) 测量电阻的过程中，能否两只手同时接触被测电阻的两端，为什么？
(7) 如何用万用表判断电路的故障？

(8)万用表使用完毕后,应将转换开关旋至何处？为什么？

相关知识

万用表又称为万能表或复用表,是电工经常使用的多用途、多量程的直读式仪表。它有携带方便、使用灵活等优点。可以用来测量交、直流电压,交、直流电流,电阻,判断电路通断等,是工厂、实验室、无线电爱好者及家庭使用的理想工具。

万用表的类型很多,但根据其显示方式的不同,一般可分为指针式万用表和数字万用表。

一、指针式万用表的结构

通常指针式(又称机械式)万用表由一个表头(测量机构)和不同的测量线路合成,利用转换开关对测量线路进行切换,可实现对不同电量的多量程的测量。因此,任何形式的万用表,都是由表头、测量线路和转换开关三大部分组成。在面板上,装有标尺、转换开关、测量插孔及电阻测量挡的调零旋钮等。

表头多采用满刻度偏转电流(满偏电流)为几十微安、灵敏度很高的磁电系测量机构,它是万用表的主要部件,其作用是用来显示被测量的数值,且满偏电流越小,意味着灵敏度越高,测量电压时的内阻就越大,表头的灵敏度是用电压灵敏度来衡量。

$$电压灵敏度 = \frac{电压挡内阻}{电压挡量程}$$

电压灵敏度的单位是 Ω/V 或 $k\Omega/V$,该值一般都标在表头刻度盘上,其值越高,内阻就越大,其对被测电路工作状态的影响就越小,相应的测量误差也越小。此外,万用表灵敏度越高,表内功耗越小,使万用表欧姆挡的电池越耐用。

测量线路是万用表的主要部分,万用表仅用一只表头就能测量多种不同量程的电量,靠的是不同测量线路的变换。

转换开关一般都采用多刀多掷的转换开关(刀是可动触点,掷是固定触点),当转换开关置于不同位置时,就接通了不同的测量线路,所以转换开关起着切换不同测量电量与量程的作用。

二、数字万用表的使用介绍

由于现在数字万用表使用广泛,下面以DT9203A型数字万用表为例,介绍万用表的面板及其使用,如图2-4所示。

数字万用表在使用前,首先注意检查9V电池,将电源开关3的ON/OFF键按下,如果电量不足,则显示屏左上方会出现 符号,还要注意测试表笔插孔旁符号,这是警告要留心测试电压和电流不要超出指示数字。此外在使用前,要先将量程设置在测量需要的挡位上(其中,表笔插孔5为公共的接线端)。

1. 直流电压的测量

(1)将黑色表笔插入表笔插孔5,红色表笔插入表笔插孔4。

(2)将转换开关置于DCV量程范围,选择好合适的量程,并将表笔并联在被测负载或信号源上,在显示电压读数时,同时会指示出红表笔的极性。

使用注意事项：①如果不知被测电压范围,应将转换开关置于最大量程并逐渐下降；②当

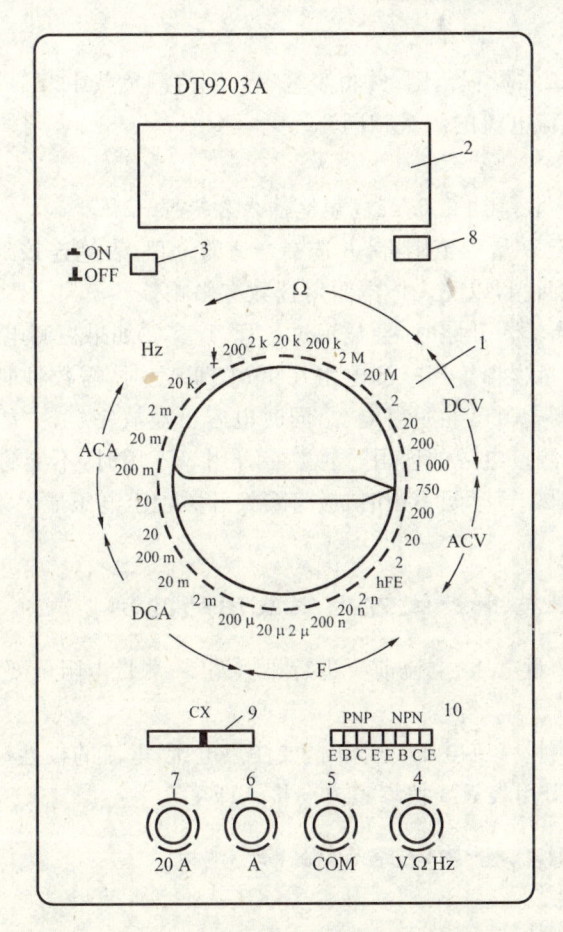

图 2-4 DT9203A 型数字万用表的面板
1—转换开关；2—数字显示屏；3—电源开关；4、5、6、7—表笔插孔
8—读数锁定开关；9—电容输入插孔；10—三极管插孔

有高位显示"1"时，说明已超出量程，须调高量程挡；③当电压量程较大时，不能带电切换量程；④不要测量高于 1 000 V 的电压，虽然有可能有读数，但会损坏内部电路。

2. 交流电压的测量

(1)将黑色表笔插入表笔插孔 5，红色表笔插入表笔插孔 4。

(2)将转换开关置于 ACV 量程范围，选择好合适的量程，并将表笔并联在被测负载或信号源上。

使用注意事项：①同直流电压的测量使用注意事项①～③；②不要测量高于 750 V 的电压，虽然有可能有读数，但会损坏内部电路。

3. 直流电流的测量

(1)将黑色表笔插入表笔插孔 5，当被测电流在 200 mA 以下时，红色表笔插入表笔插孔 6；当被测电流在 200 mA 以上时，则将红色表笔插入表笔插孔 7。

(2)将转换开关置于 DCA 量程范围，并将表笔串入被测电路中，严禁在测量时拨动转换开关选择量程。

使用注意事项：①如果不知被测电流范围，应将转换开关置于最大量程并逐渐下降；②当有高位显示"1"时，说明已超出量程，必须调高量程挡；③表笔插孔 6 输入时，过载会将内部保险丝熔断，需更换，表笔插孔 7 无保险丝，测量时间须小于 15 s。

4. 交流电流的测量

将转换开关置于 ACA 量程范围,并将表笔串入到待测负载中。

使用注意事项与交流电流的测量相同。

5. 电阻的测量

(1)将黑色表笔插入表笔插孔 5,红色表笔插入表笔插孔 4。

(2)将转换开关置于 Ω 量程范围上,并选择合适的量程,表笔连接到待测电阻上。测量时不能用手同时触及电阻两端,以免人体电阻对读数有影响。

使用注意事项:①当输入开路时,会显示过量程"1"。②如果被测电阻超出所用量程,将显示过量程"1",需换用高量程挡。当被测电阻在 1 MΩ 以上时,需数秒时间稳定读数。③检测在线电阻时,需确定被测电阻已经脱离电源,同时电容已被放完电,方能进行测量。绝不可用数字万用表的欧姆挡去测量电源的内阻。④数字万用表不用时,不能将转换开关置于电阻的量程上,这样易消耗电池。短时间不用时,应将转换开关置于电压最大量程处;若长时间不用,应将电池取出。

三、数字万用表与指针式万用表使用的区别

(1)指针式万用表测量电压、电流前要进行机械调零,测量电阻前要进行欧姆调零,而数字万用表不用。

(2)指针式万用表测量直流电压、电流时,要注意电压、电流的极性,只有按实际方向接入,指针才会正偏,而数字万用表只要按参考方向接入即可。

四、如何用万用表检测电路的故障

1. 电位检测法

以电路中某点为零电位点,测量电路中其他各点的电位,具体的情况与电路的结构和电路中的故障情况(电路中可能有两处以上的故障)有关。

2. 电阻检测法

用万用表的欧姆挡分别去测量各个元件的电阻,根据测量值的大小来判断元件是否正常或直接根据通断情况加以判断。同时测量电路中各条连接导线,根据其通断情况判断其好坏。

任务实施

(1)设计一个简单的电路并连接好线路,将万用表的转换开关旋至直流电压的范围及对应量程,测量直流的电压,并将测量结果记于表 2-3 中。

(2)将万用表的转换开关旋至直流电流的范围及对应量程,测量电路的直流电流,并将测量结果记于表 2-3 中。

(3)将万用表的转换开关旋至交流电压的范围及对应量程,测量交流电压源的电压,并将测量结果记于表 2-3 中。

(4)将万用表的转换开关旋至电阻的范围及对应量程,检测电阻箱,记下测量值,并判断电阻箱的各挡好坏情况,并将测量结果记于表 2-3 中。

表 2-3　　　　　用万用表测量直流电压、直流电流、交流电压、电阻数据表

被测量	直流电压/V	直流电流/mA	交流电压/V	电阻/Ω
测量值				
电阻箱判定结果				

注意：

(1)万用表使用的过程中,注意看清转换开关对应的量程,切不可将电流挡作为电压挡使用,或用直流的电压、电流挡去测量交流的电压、电流,甚至用万用表的欧姆挡去测带电电路中的电阻。测量电压、电流时,如果万用表显示"1",说明已超出量程,必须调高量程挡。测量电阻时,如果万用表显示"1",说明已超出量程,必须调高量程挡,当然,也有可能是电阻开路的情况导致的。

(2)表笔切不可插错插孔,黑色表笔始终插入"COM"插孔中。红色表笔在测量电压和电阻时,插入"VΩ　Hz"插孔中;测量电流时,插入"A"插孔中;被测电流大于 200 mA 时,插入"20 A"插孔中。

(3)使用完毕,应将万用表的转换开关置于电压的最大量程处。

电阻箱的通断判别引导:如图 2-5 所示是电阻箱的结构原理,从图中就可知电阻箱好坏的判别方法。例如,若将万用表的欧姆挡接在 0 和 99 999.9 之间,首先将 6 个旋钮都归零,按倍率从小到大的顺序,分别转动电阻箱的 6 个旋钮,就可检测它们的好坏情况。

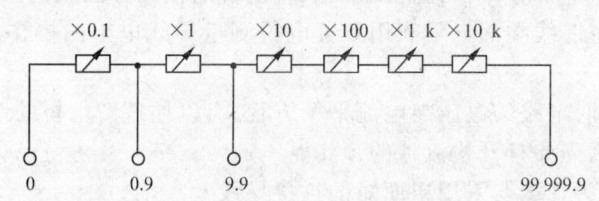

图 2-5　电阻箱的结构原理

任务三　直流电桥的使用

教学目标

知识目标：

(1)掌握直流电桥的简单工作原理。
(2)熟记面板图中各旋钮或开关的名称、功能。
(3)掌握直流电桥测量电阻的操作步骤及注意事项。

能力目标：

(1)能熟练地、规范地、安全地使用直流电桥测量电阻。
(2)根据测量的电阻值,判定设备的工作状态。

任务描述

电阻的测量在电气测量中占有重要的位置,为了得到较高的测量精度,应用较多的是比较测量方法,即用电桥测量。直流单臂电桥用来测量电机、变压器、各种电气设备的直流电阻,以进行设备出厂试验和故障分析,它是用来测量 $1\,\Omega$ 以上中值电阻的一种比较精密的测量仪器。但在工矿企业、实验室或车间现场,当测量的电阻较小时,实验中的连接线和接触电阻会对测量结果带来很大的影响,造成很大的误差,直接影响结论的判定。而直流双臂电桥正是为消除这一影响而设计的,它可以测量 $11\,\Omega$ 以下的电阻。为了使学生掌握直流电桥的使用,要求各成员在小组组长的带领下,通过教师引导学习资料后,用 QJ23 型直流单臂电桥测量空芯线圈的直流电阻,并将测量的电阻与其标称值进行比较,以此测量结果判断空芯线圈有无匝间短路;同时用 QJ44 型直流双臂电桥测量一根硬导线(或小型电流互感器高、低压侧线圈的直流电阻)的电阻,以此掌握直流双臂电桥的使用方法。

任务准备

课前预习"相关知识"部分。根据直流单、双臂电桥的使用方法及注意事项,经讨论后制订用直流单臂电桥测量空芯线圈的电阻和用双臂电桥测量导线电阻的操作步骤,并独立回答下列问题:

(1)讨论电桥平衡时电路的电压与电流平衡方程式,以便理解电桥的结构与测量原理。
(2)测量前,为什么先要打开检流计的锁扣?
(3)连接被测电阻为什么要采用粗而短的连接导线?
(4)使用直流电桥测量电阻,测量前,为什么先按电源按钮 B,再按检流计按钮 G?测量结束后,为什么要先断检流计按钮,再断电源按钮?
(5)直流单臂电桥平衡时,检流计的指针指零,能否说通过被测电阻的电流为零?
(6)直流单臂电桥不使用时,为什么应将检流计两端短接?
(7)直流双臂电桥的放大器电源开关 B1 打开多长时间后,才能检查调节检流计的零位?
(8)直流双臂电桥起初测量时,灵敏度应放在最低、中间还是最大位置?
(9)测量时,电流接线柱和电位接线柱应该分别连接在被测物的内侧还是外侧?
(10)初测平衡后,应再次调节灵敏度,能否不检测检流计是否在零位?

相关知识

直流电桥分为单臂电桥和双臂电桥两种,它们都是根据电桥平衡的原理而制作的,通过被测电阻与标准电阻进行比较获得测量结果,因此具有较高的准确度。单臂电桥又称为惠斯登电桥,可以用来测量中值电阻;双臂电桥又称为凯尔文电桥,通常用来测量低值电阻。

一、直流单臂电桥

1. 趣闻轶事

在测量电阻及其他实验时,经常会用到一种称为惠斯登电桥的电路,很多人以为这种电桥是惠斯登发明的,其实这是一个误会。惠斯登电桥是英国发明家克里斯蒂在1833年发明的,但因为惠斯登第一个用它来测量电阻,所以人们习惯上就把这种电桥称为惠斯登电桥。

2. 直流单臂电桥的分类

(1) 模拟式　其型号有很多种,如 QJ19、QJ23、QJ24 等。

(2) 数字式　型号有很多种,如 QJ83A、NTP-DB-Ⅱ、TC-DB-Ⅱ 等。

3. 直流单臂电桥的工作原理

直流单臂电桥的工作原理如图2-6所示。图中四边形 ab、bc、cd、da 称为电桥的桥臂,中间 bd 支路称为桥,在桥中间连接有检流计及接通检流计的按钮,在四边形的另两节点 ac 之间连接有直流电源 E 和电源按钮 B。在四边形的桥臂中,ab 间连接被测电阻 R_X,其余三个桥臂上均为标准电阻,其中 ad 间的标准电阻可以调节。

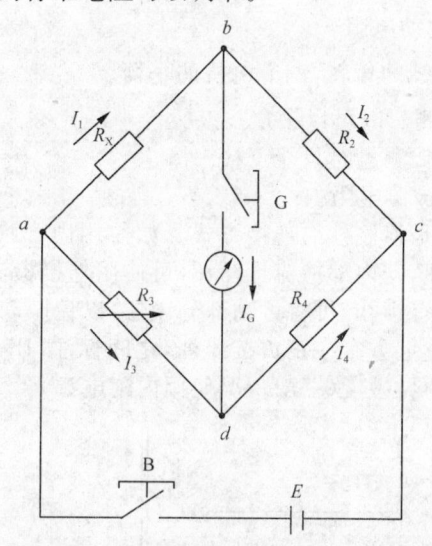

图 2-6　直流单臂电桥的工作原理

在接通电源按钮 B 和检流计按钮 G 后,调节桥臂电阻 R_3,直至检流计指针指零(即 $I_G = 0$ A),此时称电桥平衡,平衡时因为 $I_G = 0$,所以 $U_{bd} = 0$,即 $V_b = V_d$。于是有 $U_{ab} = U_{ad}$,$U_{bc} = U_{dc}$。即

$$I_1 R_X = I_3 R_3 \tag{2-1}$$

$$I_2 R_2 = I_4 R_4 \tag{2-2}$$

因为 $I_G = 0$,由 KCL 得 $I_1 = I_2$,$I_3 = I_4$。

于是将式(2-1)÷式(2-2)得

$$\frac{I_1 R_X}{I_2 R_2} = \frac{I_3 R_3}{I_4 R_4}$$

即

$$\frac{R_X}{R_3} = \frac{R_2}{R_4} \tag{2-3}$$

所以

$$R_X = \frac{R_2}{R_4} R_3 \tag{2-4}$$

式(2-3)和式(2-4)就是电桥的平衡条件。从式(2-4)可以看出,电桥平衡时,被测电阻 R_X

等于电阻 R_2 与 R_4 之比与另一桥臂电阻 R_3 的乘积。因此,通常我们将 R_2、R_4 电阻称为比例臂,R_3 电阻称为比较臂。

为了读数方便,通常将 R_2 与 R_4 的比值做成可调的十进制倍率,如 0.1、1、10、100 等,因此使用时,只要比例臂调到一定的比例,然后调节比较臂的电阻,直至电桥平衡,则被测电阻就可以很快地得到读数。从上面的分析可知,电桥平衡时与所加电压无关。为了保证电桥足够灵敏,通常电源电压设为 4.5 V,即 3 节 1.5 V 的 1 号干电池。并且制作电桥时,若能保证比例臂与比较臂电阻的准确度,则被测电阻的准确度也就得到保证,因此直流单臂电桥是一个精度很高的仪表。

4. 直流单臂电桥的结构

下面,以 QJ23 型直流单臂电桥为例,介绍直流单臂电桥的结构。

如图 2-7、如图 2-8 所示分别是 QJ23 型直流单臂电桥的结构原理和面板。其组成为:

(1)比例臂　由 8 个固定电阻组成,由转换开关分成 $\times 10^{-3}$、$\times 10^{-2}$、$\times 10^{-1}$、$\times 1$、$\times 10$、$\times 10^2$、10^3 7 个倍率。

(2)比较臂　由 $(1\sim 9)\times 10^3$、$(1\sim 9)\times 10^2$、$(1\sim 9)\times 10$、$(1\sim 9)\times 1$ 4 个电阻箱构成,可以得到 $0\sim 9\,999\ \Omega$ 范围内的变动电阻。

(3)检流计　根据指针的偏转,调节电桥的平衡。

(4)按钮 B　电源按钮,测量时可以锁定。

(5)按钮 G　检流计按钮,测量时只能点接。

(6)接线端 R_X　用来接被测电阻。

(7)内、外接线柱　指的是检流计的连接方式。如使用内部检流计,则用金属片将"外接"两接线柱用金属片短接;同理,若内部检流计已坏,可使用外接检流计,此时应将"内接"两接线柱用金属片短路。检流计装有锁扣,可将可动部分锁住,以免搬动时损坏内部检流计指针。

(8)外接电源接线柱　左上方有一正负接线柱,之间标注"B",可用来接外接电源,为的是测量较大电阻时,产生足够的灵敏度(一般情况使用内附电源)。

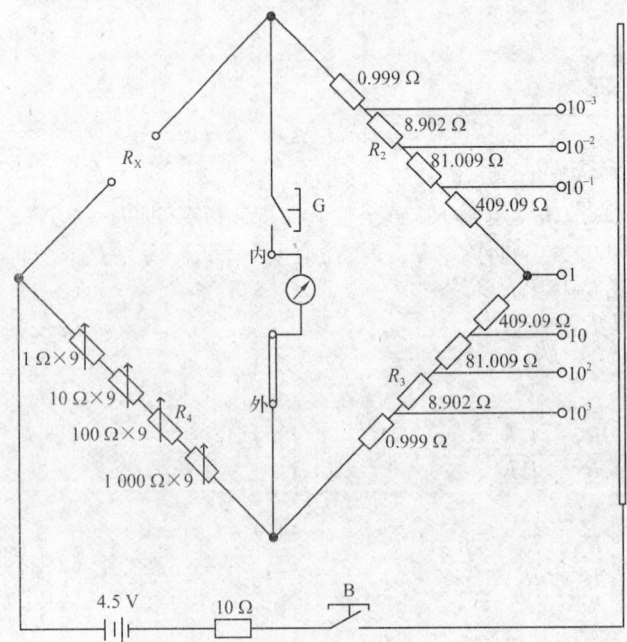

图 2-7　QJ23 型直流单臂电桥结构原理

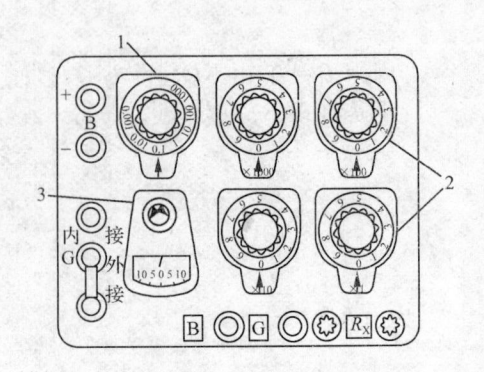

图 2-8　QJ23 型直流单臂电桥面板
1—倍率旋钮;2—比较臂旋钮;3—检流计

5. 直流单臂电桥的使用方法与注意事项

(1)直流单臂电桥在使用时,应根据被测电阻的大小,参照产品说明书的要求选择合适的比例臂比率,被测电阻的范围与倍率位置选择按表2-4选取,并将4个比较臂的4个读数盘都加以利用,以提高测量的准确度。

表2-4　　　　　　　　　　　被测电阻与倍率的对照表

序　号	倍　率	被测电阻的范围/Ω
1	×0.001	0.1～9.999
2	×0.01	10～99.99
3	×0.1	100～999.9
4	×1	1 000～9 999
5	×10	10 000～99 990
6	×100	100 000～999 900
7	×1000	1 000 000～9 999 000

(2)测量前,现将检流计的锁扣打开,并调节调零器,使指针位于机械零点,以免产生误差。

(3)测量接线柱与被测电阻的连线,应尽量使用截面较大的短接导线,避免采用线夹,以提高测量的准确度和防止损坏检流计的指针。

(4)连接时,应将接线柱拧紧,以减小连接线的电阻与接触电阻;接头的接触应良好,否则不仅接触电阻大,而且还会使电桥的平衡处于不稳定状态,严重时甚至损坏检流计。

(5)测量时先接通电源按钮B(可以锁定),再按检流计按钮G(点接)。待调到电桥接近平衡时,才可锁定检流计按钮进行细调。否则,检流计指针可能因猛烈撞击而损坏。操作时先选比例臂比率,再调比较臂电阻。当检流计向"+"方向偏转,则应增大比例臂比率或比较臂电阻;反之,如果指针向"-"方向偏转,则应减小比例臂比率或比较臂电阻,直至电桥平衡。

(6)读取数据:被测电阻 R_X = 比例倍率×比较臂读数。

(7)测量完毕,应先断开检流计的按钮,再切断电源,以免绕组的感应电动势损坏检流计。

(8)电桥使用完毕,应先切断电源,然后拆除被测电阻,将检流计的锁扣锁上,以防止搬移过程中震断悬丝。

(9)电池电压不足会影响电桥的灵敏度,若电池电压太低,应及时更换电池;采用外接电源时,应注意极性,并在电源电路中串联一个可调保护电阻,以便降压。

(10)直流单臂电桥不宜用来测 0.1 Ω 以下的电阻,当用来测量 1 Ω 以下的电阻时,应相应地降低电压和缩短测量时间,以免桥臂过热而损坏。

(11)如果电桥外接检流计接线柱,最好通过 5 000～10 000 Ω 的保护电阻接入外接检流计,且此时应先将内接检流计用短路片短路。

(12)电桥的比例臂可作为电阻使用,但使用时电流不得超过桥臂的最大允许电流。

二、直流双臂电桥

在测量低值电阻时,若使用单臂电桥,则接线电阻和接触电阻与被测电阻相比,已不能忽略,会给测量结果带来很大的误差,直流双臂电桥是在单臂电桥的基础上增加了特殊结构,以消除测量时连接线和接线柱的接触电阻对测量结果的影响而设计的,因此在测量 11 Ω 以下的低值电阻时,应使用直流双臂电桥。

1. 直流双臂电桥的类型与参数

常用的直流双臂电桥型号有 QJ28、QJ44、QJ101 等。其中,QJ44 型为实验室和工矿企业常用的直流双臂电桥,可用来测量金属导体的导电系数,接触电阻,电动机、发电机绕组的电阻值,以及其他各类直流低值电阻。其参数如下。

(1)准确度等级:0.2 级。

(2)使用温度范围:5~45 ℃。

(3)测量范围:0.000 01 Ω~11 Ω;基本量程:0.01~11 Ω。

(4)内附晶体管检流计具有足够的灵敏度。在基本量程内,当滑线读数盘刻度变化 4 小格,检流计指针偏离零位不小于 1 格时,灵敏度就满足测量要求。

(5)电桥的工作电压:1.5~2 V(内附电源为 6 节 1.5 V 的 1 号电池并联)。晶体管检流计的工作电压:9 V(内附电源为 2 节 9 V 的 6F22 型电池并联)。

(6)外形尺寸:300 mm×255 mm×150 mm。

2. 直流双臂电桥的结构

以 QJ44 型直流双臂电桥为例,进一步说明直流双臂电桥的结构,如图 2-9 所示。

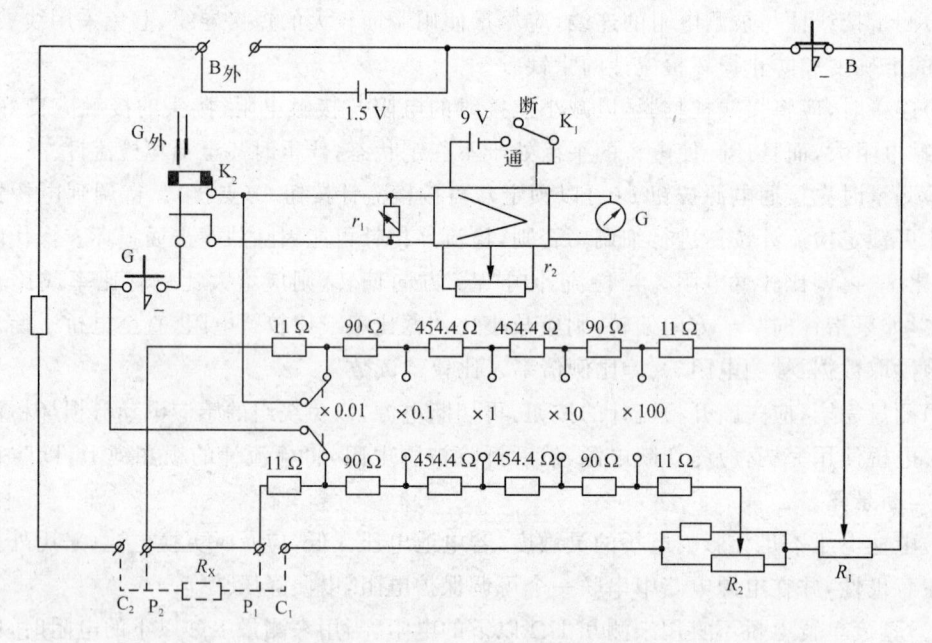

图 2-9 QJ44 型直流双臂电桥内部结构

QJ44 型直流双臂电桥用来测量 0.000 1~11 Ω 的直流电阻。比例臂由 12 个均大于 10 Ω 的固定电阻组成,两两联轴后分成 5 个比率,并且联轴电阻相同,5 个比率分别是 0.01、0.1、1、10 和 100,即由如图 2-10 所示面板中倍率旋钮 11 切换完成。全部量程由 5 个倍率和步进读数盘 5 及滑线读数盘 4 组成,其内附检流计和电源,故不需任何附件即可投入测量工作,且为配合外接高灵敏度检流计及大容量电源需要,电桥设有外接检流计插座 14 及外接电源接线柱 1。当外接检流计插入插座时,内附检流计即时断开。而内附检流计包括电源开关 3、一个调制型放大器、一个调零旋钮 12 及一个中央零位的表头 13。表头上备有机械调零装置,测量前,可预先调准零位,当放大器接通电源后,若检流计指针不在中央零位,可用调零电位器,调整表针至中央零位。在检流计和电源回路中设有可锁住的检流计按钮 6 和电源按钮 7、接线柱及检流计等仪器的部件均安装在一块金属板上。表头读数清晰,并有灵敏度调节,其抗振强度高,整个仪表装入带盖的金属箱内,携带方便。

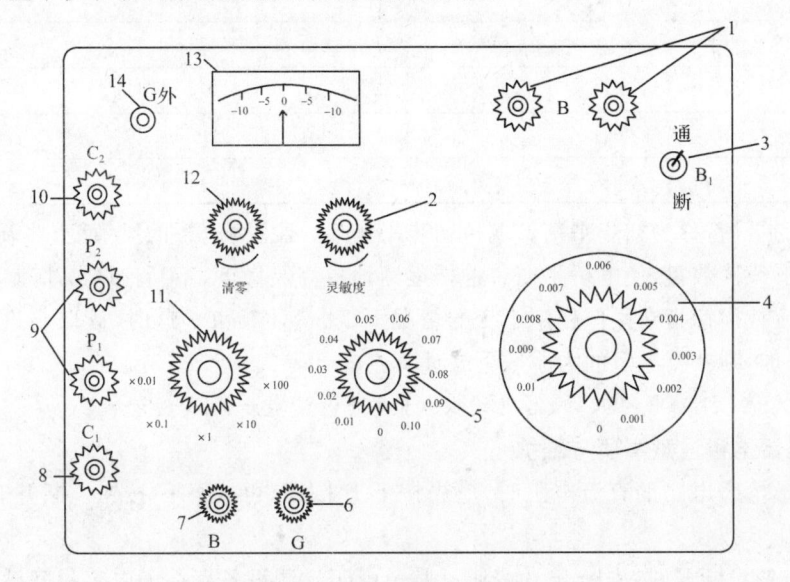

图 2-10 QJ44 型直流双臂电桥面板

1—外接电源接线柱;2—检流计灵敏度调节旋钮;3—内附检流计电源开关;4—滑线读数盘;5—步进读数盘;
6—检流计按钮;7—电源按钮;8、10—被测电阻电流端接线柱;9—被测电阻电位端接线柱;11—倍率旋钮;
12—检流计调零旋钮;13—内附检流计表头;14—外接检流计插座

3. 直流双臂电桥的使用方法

(1)将电桥放置于平整位置,放入电池。

测量前,在外壳的底部的电池盒内,装入 6 节 1.5 V 的 1 号电池并联使用和 2 节 9 V 的 6F22 型电池并联使用。若用外接直流电源 1.5~2 V 时,电池盒内的 1.5 V 电池应预先全部取出。

(2)B_1 开关接到"通"位置时,晶体管放大电源接通,等待 5 min 后,调节检流计指针指在零位上。

(3)检查灵敏度旋钮,使其放在最低位置。

(4)应使用 4 根接线连接被测电阻,不得将电位接头与电流接头接于同一点,否则测量结果会产生误差,其连接方法如图 2-11 所示。即实验引线 4 根,由 C_1、C_2 与被测电阻构成电流回路,接在被测电阻的外侧;而 P_1、P_2 则是电位采样,供检流计调平衡使用,接在被测电阻的内侧。目的是避免将 C_1、C_2 的引线电阻与被测电阻连接处的接触电阻排除在测量电阻之外。

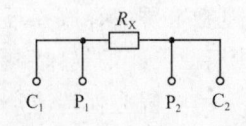

图 2-11 被测电阻连接

(5)估计被测电阻的大小,选择适当的倍率,被测电阻的范围与倍率位置选择按表 2-5 选取,先按下 B 按钮,对被测电阻 R_X 进行充电,至少 10 s 后,再按下 G 按钮。根据检流计指针的偏转方向,逐渐增大或减小步进读数开关和滑线盘的电阻数值,使检流计指针指向零位。

表 2-5　　　　　　　　　　　　　被测电阻与倍率的对照表

序　号	倍　率	被测电阻的范围/Ω
1	×100	1.1～11
2	×10	0.11～1.1
3	×1	0.011～0.11
4	×0.1	0.001 1～0.011
5	×0.01	0.000 11～0.001 1

(6)上述的平衡,称为初步平衡。电桥初步平衡后,要提高电桥的灵敏度,并调节检流计零位,再次调节滑线读数盘,使电桥平衡。这样逐渐地提高灵敏度,不断地调节平衡,直至灵敏度达到最高,检流计指针指在零位稳定不变的情况下,测量才结束。这时,读取步进盘读数和滑线盘读数并相加,则被测电阻的大小按下式计算:

$$被测电阻 R_X = 倍率读数 \times (步进盘读数 + 滑线盘读数)$$

4. 直流双臂电桥注意事项与维护

(1)在测量电感电路的直流电阻时,应先按下 B 按钮,再按下 G 按钮。断开时,应先断开 G 按钮,再断开 B 按钮。

严禁 G 按钮没断开时,先断开 B 按钮。避免由于被测设备存在大电感瞬间感应的感应电动势对电桥反击,烧坏检流计。

(2)在测量 0.1 Ω 以下阻值时,B 按钮应间歇使用。

(3)在测量 0.1 Ω 以下阻值时,C_1、P_1、P_2、C_2 接线柱到被测电阻之间的连接导线电阻为 0.005～0.01 Ω。测量其他阻值时,连接导线电阻可不大于 0.05 Ω。

(4)电桥使用完毕后,G 与 B 按钮应松开,B_1 开关应放在"断"位置,避免浪费检流计放大器工作电源。

(5)直流双臂电桥的工作电流很大,测量时操作要快,以免耗电过多,测量结束后应立即切断电源。

(6)如电桥长期搁置不用,应将电池取出。

(7)如电桥长期搁置不用,在接触处可能产生氧化,造成接触不良。为使接触良好,应涂上一层无酸性凡士林,予以保护。

(8)电桥应存放在环境温度 5～45 ℃、相对湿度 25%～80% 的环境内,室内空气中不应含有能腐蚀仪器的气体和有害杂质。

(9)电桥应保持清洁,并避免直接阳光暴晒和剧烈振动。

(10)电桥在使用中,如发现灵敏度显著下降,可能因电池寿命将尽引起,应更换新的电池。

5. 直流双臂电桥能够测量低值电阻的分析

直流双臂电桥的原理电路如图 2-12 所示,图中 G 为检流计,B 为电源开关,E 为电源(干电池),R_n 为标准电阻,R_X 为被测电阻,其中 R_n 与 R_X 均有两对接头,外侧的 C_{n1} 和 C_{n2} 及 C_1 和 C_2 分别为一对电流接头,内侧的 P_{n1} 和 P_{n2} 及 P_1 和 P_2 分别为一对电位接头,R'_1、R'_2、R_1、R_2 为电桥的桥臂,他们分别与 R_n、R_X 的电位接头相连,且 R'_1 与 R_1、R'_2 与 R_2 是通过机械联动装置来调节,且使 $R_1 = R'_1$,$R_2 = R'_2$,也就是使 R_1 和 R'_1,R_2 和 R'_2 同样变化,标准电阻 R_n 与被测电阻 R_X 的电流接头之间用一根粗而短的导线连接(其电阻用 r 表示),将两电阻 R_n、R_X 和电源构成一个闭合回路。被测电阻只包含在电位接头 P_1、P_2,从而排除和减少连接电阻和接触电阻对测量结果的影响。

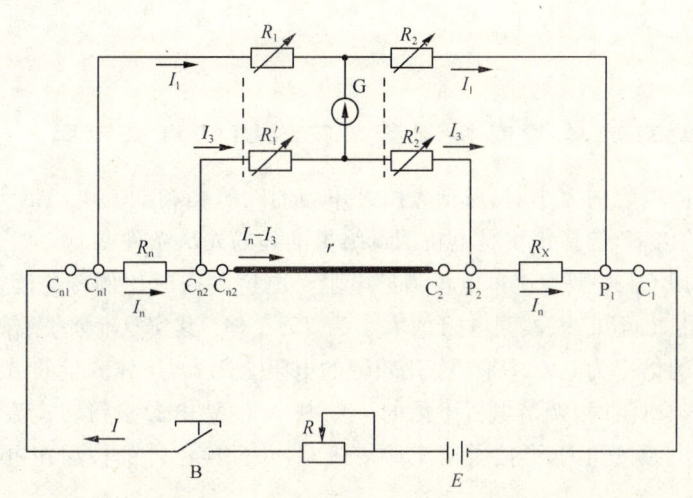

图 2-12 直流双臂电桥的原理电路

电桥平衡时,被测电阻的大小

$$R_X = \frac{R_2}{R_1}R_n + \frac{rR_2}{r+R_1'+R_2'}\left(\frac{R_1}{R_1'} - \frac{R_2}{R_2'}\right) \tag{2-5}$$

被测电阻 R_X 的大小由两项组成,第一项 $\frac{R_2}{R_1}R_n$ 与单臂电桥形式上相同,第二项 $\frac{rR_2}{r+R_1'+R_2'}\cdot\left(\frac{R_1}{R_1'} - \frac{R_2}{R_2'}\right)$ 与电桥平衡、接线电阻和接触电阻有关。为使被测电阻读数方便,应想方设法使第二项等于 0,只含第一项。即

$$R_X = \frac{R_2}{R_1}R_n \tag{2-6}$$

要使第二项为 0,则就必须维持电桥平衡和消除接触与接线电阻,为此:

(1)若能保证 $\frac{R_1}{R_1'} = \frac{R_2}{R_2'}$,则不论接触电阻 r 的大小如何变化,总能使第二项为 0。因此,在制造双臂电桥时,把 R_1 与 R_1',R_2 与 R_2' 做成一对同轴调节的电阻,且使 $R_1 = R_1'$,$R_2 = R_2'$,也就是使 R_1 和 R_1',R_2 和 R_2' 同样变化,这样就保持了第二项为 0。

(2)事实上,由于受到电桥检流计灵敏度的限制,不可能绝对保证 $\frac{R_1}{R_1'} = \frac{R_2}{R_2'}$,则接触电阻与接线电阻 r 的大小应尽可能使其小,为此:

①R_n 与 R_X 之间的连线必须用粗而短的导线,且各连接导线尽可能采用导电性能良好的导线,使 r 尽可能接近 0。

②标准电阻 R_n 与被测电阻 R_X 采用电位接头与电流接头后,应将电流接头置外,电位接头置内,这样排列,则 R_n 与 R_X 电流接头的电阻,只对总的工作电流 I 有影响,对电桥的平衡无影响。所以,这部分接线电阻和接触电阻对测量结果的影响就排除了,而两对电位接头的接线、接触电阻则分别包括在相应的桥臂支路中。同时,制造电桥时,桥臂电阻 R_1、R_1'、R_2、R_2' 都选择在 10 Ω 以上,因为接线、接触电阻($10^{-4} \sim 10^{-2}$ Ω)与这个数值相比较,可以完全忽略,同样地减少了这部分接线、接触电阻对测量结果的影响。

任务实施

一、QJ23型直流单臂电桥测量空芯线圈的直流电阻

(1)在不知被测电阻的大小时,可预先用万用表的欧姆挡初测其电阻的大小,以确定直流单臂电桥比例臂的倍率,选择倍率是电桥测量结果准确的先决条件。

例如,某同学用QJ23型直流单电桥测量电阻。电桥平衡时比例臂的读数为0.1,比较臂的读数为756 Ω,由此可知,该被测电阻的大小为75.6 Ω。其实这个测量结果其实还可以改进,若选择比例臂的倍率为0.01,将4个比较臂的电阻全用上,这样测量的结果将更准确。

(2)在测量被测电阻时,调节电桥平衡的过程中,要注意电源按钮和检流计按钮接通的先后顺序,即先接通电源按钮B,再接通检流计按钮G,并且检流计的按钮在电桥未平衡之前只能点接,不能固定。

(3)测量完毕,同样要注意电源按钮和检流计按钮断开的先后顺序,操作顺序与接通时相反,同时要锁定检流计,以免指针在搬动的过程中损坏。

二、QJ44型直流双臂电桥测量一根硬导线(或小型电流互感器原边与副边)的电阻

(1)被测电阻接入电桥时,一定要将电位接线柱连接在被测物体之内,电流接线柱连接到被测物体之外,如图2-13所示,且连接导线一定要用粗而短的导线。

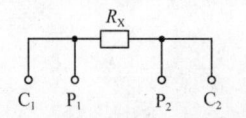

图 2-13 QJ44型电桥测量电阻接线

(2)开始测量时,检查电桥的灵敏度是否在最低位置,电桥平衡后要逐步提高灵敏度,提高灵敏度时,一定要记得检流计再次调零。这样多次反复调节电桥平衡,直至检流计的灵敏度达到最高,测量才算结束。双臂电桥检流计按钮与电源按钮的操作顺序与单臂电桥相同。

(3)将测量结果填入表2-6中。

表 2-6　　　　　用直流单臂电桥、直流双臂电桥测量电阻实验数据

测量仪表	直流单臂电桥		直流双臂电桥		
被测量	倍率	比较臂读数	倍率	步进盘读数	滑线盘读数
记录值					
测量值					

任务四 绝缘电阻的测量

教学目标

知识目标：
(1)掌握兆欧表的选择原则。
(2)掌握兆欧表使用前的检测方法。
(3)掌握兆欧表正确操作步骤及维护。

能力目标：
(1)能熟练地、规范地、安全地使用兆欧表检测电气设备的绝缘电阻。
(2)根据测量的电阻值，能分析判定设备的绝缘状态。

任务描述

现代生活日新月异，人们一刻也离不开电，在用电过程中就存在着用电安全问题。电气设备如电机、电缆、家用电器等正常运行的保证条件之一就是其绝缘材料的绝缘程度，即绝缘电阻的数值。当受热和受潮时，绝缘材料便会老化，其绝缘电阻便降低，从而造成电气设备漏电或短路事故的发生。为了避免事故发生，就要求经常测量各种电气设备的绝缘电阻，判断其绝缘程度是否满足设备需要。兆欧表是测量绝缘电阻最常用的仪表，测量既方便又可靠，但是如果使用不当，将给测量带来不必要的误差，因此我们必须正确使用兆欧表对绝缘电阻进行测量。为了使学生掌握兆欧表的正确使用方法，本任务要求学生用兆欧表测量电压互感器高压侧绕组线圈对地的绝缘电阻和高、低压侧线圈绕组之间的绝缘电阻，并根据测量的绝缘电阻，判断电压互感器的绝缘状况。

任务准备

课前预习"相关知识"部分。根据兆欧表的正确使用方法及注意事项，经讨论后制订用兆欧表测量绝缘电阻的操作步骤，并独立回答下列问题：
(1)完成本次任务需选择哪种型号的兆欧表？能不能用 1 000 V 绝缘电阻表测量？为什么？
(2)兆欧表使用前，要进行指针调零吗？

(3)使用兆欧表前如何鉴别它的好坏？
(4)使用兆欧表时如何接线？什么情况下才需连接G端？
(5)测量电压互感器绕组对地绝缘电阻和绕组间的绝缘电阻，应如何接线？
(6)可否用万用表和直流单臂电桥测量绝缘电阻？

相关知识

在电气设备与电力线路中，绝缘电阻的高低标志着其绝缘性能的好坏，而电气设备常在工作时因受热、受潮、污染、老化等原因，使其绝缘电阻下降，因此，必须定期对它们进行检测。专门用来测量绝缘电阻的仪表称为兆欧表。兆欧表又称摇表、迈格表、高阻计、绝缘电阻测定仪等，是用来测量大电阻（主要是电气设备的绝缘电阻）的直读式仪表。兆欧表的标尺以 MΩ 为单位，它的最大测量范围为 1 000～5 000 MΩ。若为晶体管高阻测量仪，测量最大值可高达 10^9 MΩ。

一、兆欧表结构

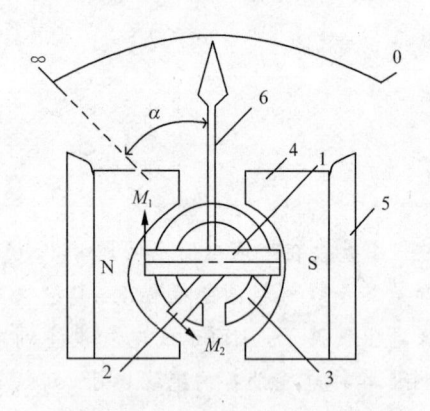

图 2-14　磁电系比率表结构
1、2—可动线圈；3—带缺口的圆柱形铁芯；
4—极掌；5—永久磁铁；6—指针

兆欧表与欧姆表不同，它测量的对象是以 MΩ 为单位的高电阻，这就要求其本身要有一个电压很高且方便携带的电源，同时又希望电压的波动不影响测量结果，所以，兆欧表主要由手摇发电机和磁电系比率表两大部分组成。根据手摇发电机所发出最高直流电压的不同，兆欧表按其电压划分为 200 V、500 V、1 kV、2.5 kV 和 5 kV 等几类，并且电压越高，能测量的绝缘电阻就越大。磁电系比率表是一种特殊形式的磁电系测量机构，其基本结构如图 2-14 所示。其固定部分由永久磁铁 5、极掌 4 和带缺口的圆柱形铁芯 3 组成，两个极掌的形状不对称，目的是为了产生不均匀磁场，这是和一般仪表结构不同的地方。可动部分由两个可动线圈 1 与 2 及指针 6 构成，两个可动线圈相交成一固定角度，并连同指针固定在同一转轴上。磁电系比率表没有产生反抗力矩的游丝，可动线圈的电流是用柔软的金属丝引入，称为导丝，所以测量机构不通电时，指针可停留在任意位置。

二、兆欧表的工作原理简介与特点

如图 2-15 所示是兆欧表的工作原理电路和实物图。可动线圈 1 经内附电阻 R_C 与被测绝缘电阻 R_j 串联成一支路，可动线圈 2 与内附电阻 R_U 串联成一支路，两条支路并联后接到手摇发电机的两端，承受相同的电压。

当接通被测绝缘电阻 R_j，摇手摇发电机F时，两可动线圈有电流流过，指针的偏转角与两个可动线圈的电流的比值成正比，即

(a) 工作原理电路　　　　(b) 实物图

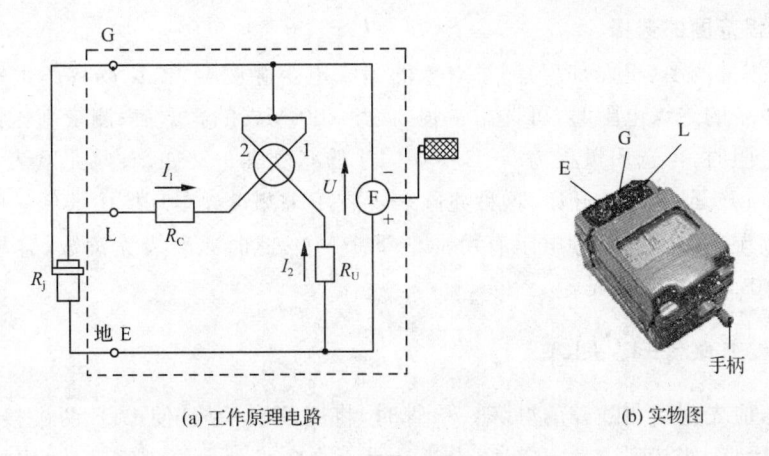

图 2-15　兆欧表的工作原理电路和实物图

$$\alpha = F\left(\frac{I_1}{I_2}\right) = F\left(\frac{\dfrac{U}{r_1+R_C+R_j}}{\dfrac{U}{r_2+R_U}}\right) = F\left(\frac{r_2+R_U}{r_1+R_C+R_j}\right) = F(R_j) \tag{2-7}$$

式(2-7)中，r_1、r_2、R_U、R_C 为定值，所以活动部分的偏转角与被测绝缘电阻 R_j 的大小成一定函数关系，同时可以看出：

(1)当被测电阻 $R_j=0$ 时，电流 I_1 为最大值，而 I_2 不变，所以可动部分的偏转角 α 最大，指针指在标尺右端"0"处。

(2)当被测电阻 $R_j=\infty$ 时，电流 $I_1=0$ 为最小，$M_1=0$，可动部分在 I_2 的作用下按逆时针方向旋转。当可动线圈 2 转到铁芯的缺口处时，由于可动线圈 2 处于最强的磁场位置，M_2 达到最大值，故可动线圈 2 不再转动，可动线圈停止下来，此时指针指在标尺的左端"∞"处。

(3)兆欧表的标尺刻度为不均匀反向刻度，表头刻度线上有两个小黑点，为准确读数测量区。

(4)因为兆欧表为比率系测量机构，停止测量时，指针可停留于任意位置，所以兆欧表没有调零旋钮。

(5)尽管手摇发电机的电压不稳定，与摇速有关，但由于磁电系比率表的读数只取决于两个可动线圈电流的比值，当电压较低时，两可动线圈的电流都减小，结果只要被测电阻 R_j 不变，则不管电压如何变化，而两个可动线圈的电流的比值总是不变，因此相应的偏转角 α 也保持不变。但是，需要注意的是：在兆欧表引入可动线圈电流的导丝中或多或少存在一点残余力矩，若手摇发电机的电压过低，使力矩较小，将导致残余力矩对测量结果带来一定的影响，因此有些兆欧表内部装有手摇发电机的离心调速装置，以使转速恒定而保持电压稳定。

三、选择兆欧表的原则

1. 额定电压的选择

兆欧表的额定电压应与被测电气设备或线路的工作电压相适应。例如，不能用电压过高的兆欧表来测量低压电气设备的绝缘电阻，以免设备的绝缘受到损坏；若兆欧表的电压选择过低，测量结果不能正确反映被测设备在工作电压下的绝缘电阻。通常额定电压在 500 V 以下的设备应选用 500 V 或 1 000 V 的兆欧表；额定电压在 500 V 以上的设备应选用 1 000 V 或 2 500 V 的兆欧表。

2. 电阻量程范围的选择

兆欧表的测量范围(量程)应与测量对象的绝缘电阻相吻合,以免读数产生较大误差。例如,测量低压设备的绝缘电阻时,可选用量程为 0～200 MΩ 的兆欧表;测量高压设备(如电缆、瓷瓶)的绝缘电阻时,可选用量程为 0～2 000 MΩ 的兆欧表。又如,有些兆欧表读数不是从 0 开始,而是从 1 MΩ 或 2 MΩ 开始,这种兆欧表不宜用来测量潮湿环境中的低压电气设备的绝缘电阻,因为潮湿环境下此绝缘电阻有可能低于 1 MΩ,此时兆欧表无读数,容易误认为设备的绝缘电阻为 0 而得出错误结论。

四、兆欧表的好坏判定

未接线前,应先判断兆欧表的好坏。检查时,将兆欧表平放,使 L、E 两个接线柱开路,摇手摇发电机的手柄,使其到达额定转速,看指针是否在"∞"处。停止摇动后,用导线短接 L、E 接线柱,再缓慢摇动手柄(以免电流过大而烧坏线圈),此时指针应迅速归"0"(注意在摇动手柄时不得让 L 和 E 短接时间过长,否则将损坏兆欧表)。如果指针不在"∞"或"0"刻度线上,应将兆欧表检修才能使用。

五、兆欧表的接线

兆欧表上有三个接线柱,分别称为屏蔽端(G)、线路端(L)和地端(E)。一般情况下,被测绝缘电阻 R_X 接于 L 端和 E 端之间。有时在测量时,由于所测设备的外壳不干净或表面已受潮,则在"线"与"地"之间存在漏电现象,而这一漏电电流的大小直接影响到测量结果。为了判别是电气设备内部绝缘缺陷还是表面泄漏电流的影响,必须将表面绝缘电阻与内部绝缘电阻分开。具体做法是:将一只金属遮护环(保护环)包在绝缘体表面,并用导线将金属环与兆欧表的 G 端相连,使绝缘体表面的泄漏电流不流过测量线圈,从而消除了泄漏电流的影响,所测量到的绝缘电阻就是设备本身的实际电阻。例如,测量电缆芯线和外皮的绝缘电阻时,应连接 G 端,如图 2-16 所示。

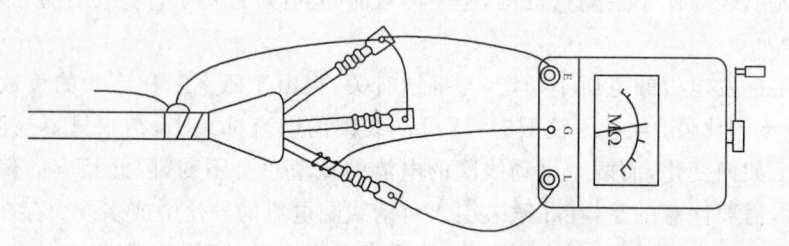

图 2-16 兆欧表测量 10 kV 电力电缆相对地绝缘电阻的接线

六、兆欧表的正确使用与维护

(1) 测量前,应切断被测设备的电源,对于容量较大的设备如大型变压器、电容器、电缆等,必须将其充分放电(约 3 min),以消除设备残存负荷。

(2) 测量前,被测电气设备表面应擦拭干净,不得有污物,以免漏电影响测量的准确度。

(3) 当用兆欧表测量电气设备的绝缘电阻时,一定要注意 L 和 E 两端不能接反。正确的接法是:L 端接被测设备的导体,E 端接接地的设备外壳,G 端接被测设备的绝缘部分。如果将 L 端和 E 端接反了,流过绝缘体内及表面的漏电流经外壳汇集到地,由地经 L 端流进测量线圈,使 G 端失去屏蔽作用而给测量带来很大误差。另外,因为 E 端的内部引线同外壳的绝缘程度比 L 端与外壳的绝缘程度要低,当兆欧表放在地上使用时,采用正确接线方式时,E 端对仪表外壳和外壳对地的绝缘电阻相当于短路,不会造成误差,而当 L 端与 E 端接反时,E 端对地的绝缘电阻与被测绝缘电阻并联,而使测量结果偏小,给测量带来较大误差。

(4)从兆欧表到被测设备的引线,应使用绝缘良好的单芯导线,不得使用双股线,两根导线不得绞缠在一起,最好不使导线与地面接触,以免因导线绝缘不良而引起误差。

(5)测量电容器、电缆、变压器等绝缘电阻时,要有一定的充电时间,电容器越大,充电时间越长,一般以兆欧表转动 1 min 后的读数为准。

(6)测绝缘电阻时,应由慢到快摇动手柄。若发现指针指零,表明被测绝缘电阻存在短路现象,此时不得继续摇动手柄,以防表内可动线圈发热而损坏。摇手柄时,不得忽快忽慢,以免指针晃动过大而引起误差,摇动速度一般为 120 r/min,但可在±20%范围内变动,最多不超过±25%。

(7)禁止在雷电天气或在邻近有带高压导体的设备处使用兆欧表测量。

(8)测量电容性电气设备的绝缘电阻时,应在取得稳定读数后,先停止摇手柄,再取下测量线,测完后立即将被测设备进行放电。

放电方法:将兆欧表的 E 端拆下,与被测设备短接一下即可。

(9)测量工作一般由两人完成,在兆欧表未停止转动和被测设备未放电前,不得用手触摸测量部分和兆欧表的接线柱或进行拆除导线等工作,以免发生触电等事故。

(10)兆欧表的表头刻度线上有两个小黑点,小黑点之间的区域为准确测量区。所以,测量时,应使设备的测量值在准确的测量范围内。

任务实施

(1)首先根据被测设备的电压等级选取兆欧表。一般情况下,测量低压电气设备绝缘电阻时,可选用测量电阻范围为 0~200 MΩ、电压为 500 V 的兆欧表。

(2)检查兆欧表的好坏情况,即将兆欧表做开路检查和短路检查。如果开路时指针指向"∞"Ω,短路时指针指向"0"Ω,则说明兆欧表完好,否则要送检修后方可使用。

(3)测量的接线提示:完成本学习情境任务,只需将被测物体连接到兆欧表的 L 端和 E 端上,G 端无须连接。

(4)测量。均匀地摇动兆欧表的手柄,使其最终速度达到 120 r/min,并分别记下 15 s 和 60 s 时兆欧表的读数,并记于表 2-7 中。

表 2-7　　　　　　　　用兆欧表测量绝缘电阻实验数据表

所选兆欧表的类型:		
测量对象与测量结果	电压互感器高压侧对地绝缘电阻	电压互感器高、低压侧之间的绝缘电阻
15 s 时的测量值		
60 s 时的测量值		
吸收比		
判断情况		

(5) 设备绝缘好坏的判别。对同一绝缘材料来说:受潮或有缺陷时的吸收曲线也会发生变化,这样就可以根据吸收曲线来判定绝缘的好坏,通常用兆欧表在 15 s 与 60 s 时的绝缘电阻之比值来进行判断(即吸收比,用 K 值来表示,$K = R_{60''}/R_{15''}$)。因为绝缘介质受潮程度增大时,漏导电流的增大比吸收电流起始值的增大大得多,表现在绝缘电阻上就是:兆欧表在 15 s 与 60 s 时的绝缘电阻基本相等,所以 K 值就接近于 1;当绝缘介质干燥时,由于漏导电流小,电流吸收相对大,所以 K 值就大于 1。根据经验:当 K 值大于 1.3 时,绝缘介质为干燥,这样通过测量绝缘介质的吸收比,可以很好地判定绝缘介质是否受潮,同时 K 为一个比值,它消除了绝缘结构的几何尺寸的影响,而且它为同一温度下测得的数值,无须经过温度换算,对比测量结果很方便。

学习情境总结

电阻的测量是从事电气工程技术人员必须掌握的基本知识与基本技能。本学习情境主要叙述了测量电阻的各种仪器仪表:万用表、直流电桥和兆欧表的结构、特性、原理、使用方法和注意事项。通过学习,使学生能够根据测量工作的需要正确地选择不同电阻的测量仪表和掌握正确的测量方法。本学习情境的每个学习任务,其实就是将来工作中可能面临的任务,通过任务的完成,使学生掌握电阻测量仪表操作的基本技能与技巧,为学生从事电气运行、电力检修与维护等工作打下坚实的技能基础。同时培养了学生主动收集和整理技术资料的能力,及在工作中遇到问题后及时分析问题、解决问题的能力。

电阻的每种测量方法,其适用范围不同,并且每种方法各有优劣,详细情况见表 2-8。

表 2-8 测量电阻的各种方法对比

测量方法	应用范围	优点	缺点
伏安法	低、中值电阻	能在给定工作条件下测量,可测量非线性电阻	要计算
万用表法	中值电阻	直接读数,操作方便	误差大
兆欧表法	高值电阻	直接读数,操作方便	误差大
单臂电桥法	中值电阻	直接读数,准确度高	操作麻烦
双臂电桥法	低值电阻	直接读数,准确度高	操作麻烦

习 题

一、填空题

2.1.1 用电压表前接的伏安法测量电阻时,测得电流为 2.0 A,电压为 56.8 V,已知电流表的内阻为 2.4 Ω,则被测电阻为_____Ω。

2.1.2 指针式万用表的欧姆挡每次测量电阻或更换倍率挡时,都要进行_____,方法是:将欧姆表表笔的两端_____,调节_____旋钮。

2.1.3 万用表由_____、_____、_____三大部分组成。

2.1.4 万用表的转换开关是切换_____与不同的_____的连接。转换开关箭头的所在区,不仅_____要选择正确,而且被测量的电量要选择正确。

2.1.5 直流电桥分为_____电桥和_____电桥,是根据电桥的_____制作的,即将被测电阻与_____进行比较获得测量结果,因此具有较高的_____。

2.1.6 直流单臂电桥又称为_____,适用于测量_____电阻;直流双臂电桥又称为_____,适用于测量_____电阻。

2.1.7 测量未知电阻时,可先用_____表测量电阻的大致数值,以选择合适的_____,倍率的选择应使电桥_____臂的_____个电阻全部用上,以提高测量结果的准确度,如被测数据在几十至一百范围内,倍率应选择_____。

2.1.8 电桥的准确度等级高,是因为_____电阻的准确度高,且检流计的_____高,可保证电桥处于精确的_____状态。

2.1.9 用单臂电桥测量电阻时,应先按_____按钮,再按_____按钮。测量结束,应先松开_____按钮,再松开_____按钮。

2.1.10 单臂电桥的_____电阻可作为电阻箱使用,但使用时电流不得超过桥臂的电流。

2.1.11 电桥使用完毕,应将内部_____的锁扣锁上,以防止电桥搬运的过程中震坏表头的_____。

2.1.12 直流单臂电桥不宜用来测量_____Ω以下的电阻。当用来测量1 Ω以下的电阻时,应相应地降低_____和缩短测量_____,以免桥臂过热而损坏。

2.1.13 3个待测电阻的阻值为0.006 3 Ω、0.063 Ω和0.63 Ω,用双臂电桥测量时,则这3个电阻的倍率应分别选择为_____、_____和_____。

2.1.14 直流双臂电桥可用来测量_____Ω以下的直流电阻。其被测电阻与标准电阻都有两对接线柱,即_____接线柱和_____接线柱,且_____接线柱在中间,_____接线柱在外侧,这样设计,是为了消除_____和_____的影响。

2.1.15 为了减小_____与_____的影响,双臂电桥除了标准电阻和被测电阻采用两对接线柱外,还将桥臂电阻选择大于_____Ω以上。

2.1.16 直流双臂电桥的工作电流比单臂电桥要_____,所以测量时操作要_____,以免耗电过多,测量结束后应立即切断_____。

2.1.17 若双臂电桥的比例倍率选择为10,测量时步进盘读数为0.045,滑线盘读数为0.007 5,则被测电阻的大小为_____Ω。

2.1.18 兆欧表采用_____测量机构,所以不测量时,指针可能停留于_____。

2.1.19 兆欧表由_____和_____两大部分组成。

2.1.20 兆欧表是一种用来测量电气设备的_____的直读式仪表。

2.1.21 兆欧表有三个接线柱,分别是_____、_____和_____,被测绝缘设备一般接在_____端与_____端之间。如果测量对地或设备外壳的绝缘电阻时,_____端应接地或接外壳。

2.1.22 选用兆欧表时,主要是选择它的_____和_____。额定电压在500 V以下的电气设备,一般应选用_____V或_____V的兆欧表。选用兆欧表的测量范围,应使指针指在刻度尺的工作部分,不应过多的超出被测_____值。

2.1.23 当空气潮湿或被测设备受潮时,必须接上兆欧表的_____端用来屏蔽_____电流。

2.1.24 测量绝缘电阻时,被测设备必须与_____断电后才能测量其绝缘电阻,对具有大容量的设备,还要进行_____。用兆欧表测量过的设备,也可能带有残余_____,也要在测量后及时_____。

二、单项选择题

2.2.1 万用表的转换开关是实现_____。
A. 各种测量种类及量程的开关　　　B. 万用表电流接通的开关
C. 万用表电压接通的开关　　　　　D. 接通被测物的测量开关

2.2.2 某万用表测量直流电压时,其电流灵敏度为 0.1 mA,则电压的灵敏度为_____。
A. 10 kΩ/V　　B. 1 kΩ/V　　C. 10 V/kΩ　　D. 1 V/kΩ

2.2.3 直流电桥测量臂中,以 10 的整数幂变化的桥臂称为_____。
A. 比例臂　　B. 比较臂　　C. 测量臂　　D. 读数臂

2.2.4 直流单臂电桥用来测量_____电阻。
A. 高值　　B. 中值　　C. 低值　　D. 中低值

2.2.5 用直流电桥测量直流电阻,所测数值的精度与准确度与电桥比例臂的位置选择_____。
A. 无关　　B. 有关　　C. 关系不大　　D. 不能确定

2.2.6 直流电桥是一种用来测量直流电阻的_____仪器。
A. 组合式　　B. 直读式　　C. 比较式　　D. 间接式

2.2.7 直流电桥不使用时,应将检流计两端_____。
A. 断开　　B. 短接　　C. 断开或短接　　D. 不能确定

2.2.8 直流单臂电桥的误差由_____所决定。
A. 比例臂的倍率　　　　　B. 比例臂的电阻
C. 比较臂的电阻　　　　　D. 已知的 3 个电阻桥臂的误差

2.2.9 用 QJ44 型直流双臂电桥测量,当比例臂选择为 0.1 时,电桥平衡时比较臂读数为 4 985 Ω,则被测电阻为_____Ω。
A. 4 985　　B. 498.5　　C. 49.85　　D. 49 850

2.2.10 _____Ω 的电阻应该用直流双臂电桥测量。
A. 0.45　　B. 75.5　　C. 132.5　　D. 3 500

2.2.11 直流双臂电桥基本上不存在_____的影响,所以测量小阻值电阻可获得比较准确的测量结果。
A. 测量误差　　B. 接触电阻　　C. 接线电阻　　D. 接触电阻和接线电阻

2.2.12 兆欧表是一种专用仪表,它是用来测量电气设备、供电线路等的_____。
A. 接地电阻　　B. 接触电阻　　C. 耐压　　D. 绝缘电阻

2.2.13 兆欧表输出的电压是_____。
A. 直流电压　　　　B. 正弦交流电压　　C. 脉动直流电压　　D. 非正弦交流电压
2.2.14 兆欧表的测量机构为_____。
A. 磁电系　　　　　B. 磁电比率系　　　C. 电磁系　　　　　D. 电动系
2.2.15 使用兆欧表时，一般采用_____后的读数为准。
A. 20 s　　　　　　B. 40 s　　　　　　C. 1 min　　　　　　D. 2 min
2.2.16 测量工作电压为 380 V 以下的电机绕组的绝缘电阻时，应选用_____V 兆欧表。
A. 500　　　　　　B. 1 000　　　　　　C. 2 500　　　　　　D. 5 000
2.2.17 兆欧表不测量时，它的指针停留在_____。
A. 最左边　　　　　B. 最右边　　　　　C. 中间位置　　　　D. 任意位置
2.2.18 兆欧表若连接上屏蔽端，是为了排除_____情况下的泄漏电流。
A. 表面不干净　　　　　　　　　　　　B. 湿度过高
C. 表面不干净或湿度过高　　　　　　　D. 表面不干净且湿度过高
2.2.19 兆欧表活动部分的偏转角与_____有关。
A. 两线圈的电流乘积　　　　　　　　　B. 两线圈电压的乘积
C. 两线圈的电流之比　　　　　　　　　D. 两线圈的电压之比
2.2.20 兆欧表手摇发电机的电压与_____成正比。
A. 转子的旋转速度　　B. 线圈的匝数　　C. 永久磁铁的磁场强度
D. 转子的旋转速度、线圈的匝数和永久磁铁的磁场强度

三、多项选择题

2.3.1 万用表的主要组成部分有_____。
A. 转换开关　　　　B. 表头　　　　　　C. 电源　　　　　　D. 测量电路
2.3.2 万用表的电路，一般包括多量程的_____及欧姆表等电路，并通过转换开关将它们组合成综合的电路。
A. 直流电流表　　　B. 直流电压表　　　C. 交流电流表
D. 交流电压表　　　E. 表头回路　　　　F. 以上都正确
2.3.3 单臂电桥不能测量小电阻的主要原因是_____。
A. 测量引线电阻影响大　　　　　　　　B. 桥臂电阻大
C. 检流计灵敏度不够　　　　　　　　　D. 接触电阻过大
E. 比较臂电阻太大　　　　　　　　　　D. 桥臂电阻小
2.3.4 直流电桥根据结构特点，又分为_____电桥。
A. 单臂　　　　　　B. 双臂　　　　　　C. 多臂
D. 单双两用　　　　E. 电容电桥　　　　F. 电感电桥
2.3.5 使用直流单臂电桥时应注意_____。
A. 电桥要保持清洁、干燥
B. 不能用于测量 0.1 Ω 以下的小电阻
C. 不能用于测量 0.01 Ω 以下的小电阻
D. 测量完毕，应先断检流计按钮，再断电源按钮
E. 测量完毕，应先断电源按钮，再断检流计按钮
F. 若电池不足，应及时更换

2.3.6 携带型直流双臂电桥测量 0.001 Ω 以下的电阻时,误差大的原因有_____。
A.跨线电阻的影响　　　　　　　　B.电位端导线电阻的影响
C.电源电压低　　　　　　　　　　D.灵敏度不够
E.检流计无法指示　　　　　　　　F.以上都正确

2.3.7 如果忽略直流双臂电桥测量电阻时的接触电阻、引线电阻,那么还有_____会给测量结果带来误差。
A.电桥的桥臂电阻阻值不准确　　　B.倍率选择不正确
C.检流计的灵敏度不高　　　　　　D.检流计出现错误指示
E.电源电压低　　　　　　　　　　F.以上都正确

2.3.8 判断绝缘电阻表是否正常,通常要做初步检查即开路、短路实验,其具体应是_____。
A.将 L 端和 E 端开路,摇动手柄至额定转速,指针应指向"∞"
B.将 L 端和 E 端开路,摇动手柄至额定转速,指针应指向"0"
C.将 L 端和 E 端短路,轻轻地摇动手柄,指针应指向"∞"
D.将 L 端和 E 端短路,轻轻地摇动手柄,指针应指向"0"
E.将 L 端和 G 端短路,摇动手柄,指针应指向"∞"
F.将 L 端和 G 端短路,摇动手柄,指针应指向"0"

2.3.9 使用兆欧表测量绝缘电阻时,应_____。
A.测量前必须对地放电,测量后不必放电　B.应该两人进行
C.测量线端应有绝缘套　　　　　　D.验证被测体无电压
E.放置平稳　　　　　　　　　　　F.以上都不正确

2.3.10 兆欧表按照结构可分_____。
A.手摇式　　　B.自动式　　　C.遥控式　　　D.数字式
E.集成电路式　F.晶体管式

2.3.11 兆欧表主要由_____组成。
A.直流高压电源　　　　　　　　　B.交流高压电源
C.磁电系测量机构　　　　　　　　D.磁电比率计测量机构
E.电动比率计测量机构　　　　　　F.以上都正确

四、判断题

2.4.1 万用表使用完毕,应将量程转换开关放至最大直流电流挡。　　　　　(　　)

2.4.2 使用指针式万用表时,测量中改变电阻量程,不必调节零欧姆调零旋钮。(　　)

2.4.3 欧姆表在使用 $R \times 1$ 挡进行零位调整时,发现不可能将指针调到零位,而在用其他倍率挡时,指针可以调到零位,原因是该量程的分流电阻烧坏。　　　　　(　　)

2.4.4 单臂电桥有 4 个臂,常用于测量阻值较高的电阻;双电桥有 6 个臂,常用于测量阻值较低的电阻。　　　　　　　　　　　　　　　　　　　　　　　(　　)

2.4.5 单臂电桥不能测量小电阻的原因是桥臂电阻过大。　　　　　　　　(　　)

2.4.6 用单臂电桥测量直流电阻,所测电阻不包括引线部分的电阻。　　　(　　)

2.4.7 直流电桥是一种用来测量直流电阻的比较式仪器。　　　　　　　　(　　)

2.4.8 直流电桥只有在搬运的过程中,才需将检流计的两端短接。　　　　(　　)

2.4.9 直流双臂电桥基本上不存在接触电阻与接线电阻的影响,所以测量小阻值电阻可获得比较准确的测量结果。　　　　　　　　　　　　　　　　　　　(　　)

2.4.10 直流单、双臂电桥,电源电压降低,其灵敏度将降低,测量误差将加大。（ ）
2.4.11 用电桥测量电阻时,应根据被测电阻值的范围及准确度选择电桥。（ ）
2.4.12 直流电桥不使用时,应将检流计两端短接,可使阻尼力矩增加很大,避免检流计晃动时震断悬丝。（ ）
2.4.13 单臂电桥测量时,若比较臂示值为120.45 Ω,比例臂示值为100,那么被测电阻为12 045 Ω。（ ）
2.4.14 使用兆欧表测量装置绝缘电阻之前,必须将被测装置对地放电,测量之后,不需将被测装置对地放电。（ ）
2.4.15 兆欧表屏蔽端的作用,是将测量机构电流回路与电源及机壳隔离,不使泄漏电流流入电流回路。（ ）
2.4.16 通过测量绝缘电阻可以有效地发现固体绝缘非贯穿性裂纹。（ ）
2.4.17 用兆欧表测量绝缘电阻时,E端接被测物,L端接地。（ ）
2.4.18 兆欧表与万用表都能测量绝缘电阻,基本原理是一样的,只是适用范围不同。（ ）
2.4.19 兆欧表的测量原理是采用流比计测量原理。（ ）
2.4.20 绝缘电阻表的表盘刻度尺分为3个区段,因此绝缘电阻表3个区段的测量准确度都相同。（ ）
2.4.21 对1 kV及以上的电力电缆的绝缘电阻测量应选用2 500 V兆欧表。（ ）

五、简答题

2.5.1 对于未知数值的待测电阻,如何确定用伏安法的哪一种测量电路？如何选择电源电压的大小？
2.5.2 用伏安法测量直流电阻的两种电路,各适用于什么情况？
2.5.3 用伏安法测量标称值为200 Ω的电阻,若电流表的内阻为50 Ω,电压表的内阻为5 kΩ,应采用哪种电路？说明理由。
2.5.4 万用表使用完毕后,应将转换开关旋至何处？为什么？
2.5.5 用万用表测量电阻时,为什么不能带电测量？
2.5.6 如何用万用表判断电路故障？
2.5.7 指针式万用表与数字万用表使用有何区别？
2.5.8 直流单臂电桥不使用时,为什么应将检流计两端短接？
2.5.9 使用直流电桥测量电阻,测量结束后,为什么要先断开检流计按钮,再断开电源按钮？
2.5.10 用QJ23型直流单臂电桥测量电阻。电桥平衡时比例臂的读数为0.1,比较臂的读数为756 Ω,求被测电阻是多少？这个测量结果有什么需要改进的地方？
2.5.11 直流单臂电桥平衡时,检流计的指针指零,能否说通过被测电阻的电流为零。
2.5.12 为什么测量小于1 Ω的电阻最好使用双臂电桥？
2.5.13 为什么直流双臂电桥被测电阻采取4个接线柱接线？
2.5.14 为什么兆欧表没有指针调零位螺丝？
2.5.15 兆欧表的G端的作用是什么？
2.5.16 为什么绝缘电阻的测量要用兆欧表,而不用万用表和电桥？
2.5.17 影响绝缘电阻测量的外界因素有哪些？
2.5.18 如何选用兆欧表？使用兆欧表时如何接线与拆线？
2.5.19 兆欧表使用前后,如何鉴别它的好坏？

学习情境三

单相交流电路的测量

任务书

任务总述

无论是生产用电还是生活用电,大多采用正弦交流电,即使某些应用直流电的情况也多是通过整流设备将交流电变换为直流电。因为交流电在日常生产和生活中应用极为广泛,所以我们必须了解正弦交流电的基本概念,理解正弦交流电的相量表示法,掌握正弦电路中的电阻、电感和电容元件的伏安关系。理解有功功率、无功功率、视在功率的概念。能够计算简单正弦交流电路的电压、电流和功率。掌握交流电压表、交流电流表的使用方法。掌握功率表的使用方法。

对本学习情境的实施,要求根据引导文3进行。同时,进行以下基本技能的过程考核:

(1)根据电路图,进行设备安装与连接。
(2)交流电压表、交流电流表的使用。
(3)单相有功功率表的使用。
(4)计算简单正弦交流电路的电压、电流和功率。
(5)分析感性电路、容性电路的特点。
(6)分析总功率和各元件消耗的功率之间的关系。

已具备资料

(1)单相交流电路测量自学资料:学生手册、引导文。
(2)单相交流电路测量教学资料:多媒体课件,交流电压表、交流电流表和功率表使用视频。
(3)单相交流电路复习(考查)资料:习题。

工作单

相关任务描述	(1)理解正弦量的有效值、角频率、周期、频率、初相、相位差、超前、滞后的概念 (2)掌握正弦量的相量表示法 (3)掌握基尔霍夫定律的相量形式 (4)掌握正弦电路中的电阻、电感和电容元件的伏安关系 (5)理解有功功率、无功功率、视在功率的概念 (6)能够计算简单正弦交流电路的电压、电流和功率 (7)熟练掌握交流电压表、交流电流表的使用方法 (8)掌握功率表的使用方法
相关学习资料的准备	单相交流电路的测量自学资料、教学资料
学生课后作业的布置	单相交流电路的测量习题
对学生的考核方法	过程考核 习题检查 PPT 汇报
采用的主要教学方法	多媒体、实验实训教学手段 情境启发式、任务驱动式、自主探究式、协作学习式等教学方法
教学及实验实训场所	电工测量一体化多媒体教室
教学及实验实训设备	常用电工工具、交流电压表、交流电流表、功率表、万用表、正弦交流电源、单相调压器、电感线圈、电容器、电阻箱、防护用品
教学日期	
备 注	

引导文

引导文 3	单相交流电路的测量引导文	姓　名		页数：

一、任务描述

交流电在日常生产和生活中应用极为广泛，请了解正弦交流电的基本概念，理解正弦交流电的相量表示法，掌握正弦电路中的电阻、电感和电容元件的伏安关系。理解有功功率、无功功率、视在功率的概念。能够计算简单正弦交流电路的电压、电流和功率。掌握交流电压表、电流表的使用方法。掌握功率表的使用方法。

二、任务资讯

(1)某正弦电压 $u_{ab}=220\sqrt{2}\sin(314t+30°)$ V，当参考方向改变时，其振幅、角频率有什么变化？写出此时的表达式。

(2)当计时起点改变（即纵轴移动）时，某一正弦量的初相是否会变化？两个同频率正弦量的相位差是否会变化？

(3)电容器的耐压是电容器长期、正常工作的最高允许电压。电容器工作时，若工作电压高于耐压，就可能导致介质击穿。已知某电容器的耐压为 250 V，它是否可以接在有效值为 220 V 的正弦电压上？

(4)有人说，平均功率是"有用"的功率，因而称其为有功功率；而无功功率是"无用"的功率。这个说法正确吗？为什么？

(5)线圈与电容器串联电路发生谐振，已知电源电压为 220 V，电容器电压为 100 V，则线圈的电压为多少？

三、任务计划

(1)画出实验电路图。

(2)选择相关仪器、仪表，制订设备清单。

(3)制作任务实施情况检查表，包括小组各成员的任务分工、任务准备、任务完成、任务检查情况的记录，以及任务执行过程中出现的困难和应急情况处理等。（单独制作）

四、任务决策

(1)分小组讨论，分析阐述各自计划，确定单相交流电路的测量实施方案。

(2)每组选派一位成员阐述本组单相交流电路的测量实施方案。

(3)经教师指导，确定最终的单相交流电路的测量实施方案。

五、任务实施

(1)在交流电路中，各元件电压的有效值是否满足 KVL？

(2)电容和电感元件是否消耗有功功率？

(3)RLC 串联电路会出现几种情况？

(4)任务完成过程中发现了什么问题？如何解决这些问题？

(5)对整个任务的完成情况进行记录。

六、任务检查

(1)学生填写检查单。

(2)教师填写评价表。

(3)学生提交实训心得。

七、任务评价

(1)小组讨论，自我评述完成情况及发生的问题，小组共同给出处理和提高方案。

(2)小组准备汇报材料，每组选派一位成员进行汇报。

(3)教师对方案评价说明。

学习资料

学习情境描述

通过对单相正弦交流电路的电压、电流和功率的测量,引导学生理解交流电路的基本概念,掌握正弦电路中的电阻、电感、电容元件的伏安关系,学会使用交流电工仪表,能进行基本的电气测量。

教学环境

整个教学在电工测量一体化多媒体教室中进行,教室内应有学习讨论区、操作区,并必须配置多媒体教学设备,同时提供任务中涉及的所有仪器仪表和所有被测对象。

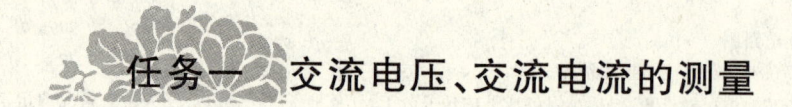

任务一 交流电压、交流电流的测量

教学目标

知识目标:
(1)理解正弦量的有效值、角频率、周期、频率、初相、相位差、超前、滞后的概念。
(2)掌握正弦量的相量表示法。
(3)掌握基尔霍夫定律的相量形式。
(4)掌握正弦电路中的电阻、电感和电容元件的伏安关系。

能力目标:
(1)能够分析计算简单正弦交流电路的电压、电流。
(2)能够根据电路图进行设备安装与连接。
(3)熟练掌握交流电压表、交流电流表的使用方法。

任务描述

无论是生产用电还是生活用电,大多采用正弦交流电,即使某些应用直流电的情况也多是通过整流设备将交流电变换为直流电。因为交流电在日常生产和生活中应用极为广泛,所以我们必须了解正弦交流电的基本概念,理解正弦交流电的相量表示法,掌握正弦电路中的电阻、电感和电容元件的伏安关系。能够计算简单正弦交流电路的电压、电流。掌握交流电压表、交流电流表的使用方法。

任务准备

课前预习"相关知识"部分。理解交流电路的基本概念,掌握正弦电路中的电阻、电感、电容元件的伏安关系,学会使用交流电压表、交流电流表,能进行基本的电气测量,并独立回答下列问题:

(1)正弦电流的瞬时值、最大值、有效值有什么不同?

(2)已知 $u_1=\sqrt{2}U_1\sin(314t+\psi_1)$ V,$u_2=\sqrt{2}U_2\sin(314t+\psi_2)$ V,求:

①什么时候它们和的有效值最大?等于多少?

②什么时候它们和的有效值最小?等于多少?

③什么时候它们和的有效值等于 $\sqrt{U_1^2+U_2^2}$?

(3)$i_1=5\sqrt{2}\sin314t$ A,$i_2=3\cos(100\pi t+\frac{\pi}{6})$ A,$u=220\sqrt{2}\sin(942t+90°)$ V,把以上正弦量表示成相量。u 能与 i_1、i_2 作在同一个相量图上吗?为什么?

(4)在电阻串联电路中,端电压一定大于其中任何一个电阻的电压。那么,在 RLC 串联正弦稳态电路中,端电压也一定大于其中任何一个元件的电压吗?为什么?

(5)在 R、L、C 三个元件并联的正弦稳态电路中,每个元件的电流的有效值一定小于总电流的有效值吗?为什么?

(6)写出电阻、电感、电容三种元件串联电路的谐振条件。

相关知识

一、正弦量的基本概念

大小和方向都随时间变化的电流或电压,称为交流电。若电流或电压随时间按正弦规律变化,则称为正弦交流电。在具有电阻元件、电感元件和电容元件的线性电路中,若所有激励都是同频率的正弦函数,则在稳定状态下的响应也都是与激励同频率的正弦函数。这样的电路称为正弦交流稳态电路,简称为正弦交流电路。

现在,不论是生产用电还是生活用电,大多都采用正弦交流电,即使某些应用直流电的场合,如电解、电车、各种电子仪器设备等,也多是通过整流设备把交流电变换为直流电的。正弦交流电之所以得到广泛应用,是由于它具有良好的性能。例如,交流发电机和交流电动机比直流电机的结构简单、造价低、运行可靠、维护方便;交流电可以直接通过变压器得到不同等级的电压,以满足高压输电和低压用电的要求。

1. 正弦量的三要素

一个正弦交流电压,在选择了参考方向后,其瞬时值解析式为

$$u = U_m \sin(\omega t + \psi) \tag{3-1}$$

该正弦量在整个变化过程中所能达到的最大数值为 U_m,称为最大值,也称为振幅。

式(3-1)中的 $(\omega t + \psi)$ 称为相位角,简称为相位。

相位随时间变化的速率

$$\frac{d}{dt}(\omega t + \psi) = \omega$$

称为角频率,也称为角速度。角频率的单位为 rad/s(弧度/秒),可简写为 1/s(或 s^{-1})。角频率 ω 是表示正弦量变化快慢的物理量。

表示正弦量变化快慢的物理量还有周期 T 和频率 f。正弦量变化一个循环需要的时间,称为正弦量的周期,用符号 T 表示,其 SI 单位为 s(秒)。

正弦量单位时间内循环变化的次数称为正弦量的频率,用符号 f 表示,其 SI 单位为 Hz(赫兹)。此外,还常用 kHz(千赫兹)和 MHz(兆赫兹)。我国工业用电的频率(简称工频)为 $f=50$ Hz,此时 $T=0.02$ s,$\omega=314$ rad/s。其他国家的工频有 50 Hz 的,也有 60 Hz 的。

频率与周期的关系为

$$f = \frac{1}{T}$$

正弦量在一个周期 T 的时间所经历的角度为 2π,所以正弦量的角频率 ω、T、f 三者的关系为

$$\omega = \frac{2\pi}{T}$$

$t=0$ 时的相位为 ψ,称为初相位,简称初相。初相的单位为 rad(弧度)或°(度)。通常规定初相的绝对值不超过 π,即

$$|\psi| \leqslant \pi$$

$t=0$ 瞬间为正弦量的计时起点,$t=0$ 时正弦量的值称为正弦量的初始值。式(3-1)的正弦量的初始值为

$$u(0) = U_m \sin\psi$$

正弦量的初相和初始值均与计时起点的选择有关。同一正弦量,计时起点选择不同,其初相和初始值也将不同。

我们把初相为零的正弦量称为参考正弦量。

一个正弦量的最大值、角频率和初相确定了,该正弦量也就确定了。所以,最大值、角频率、初相称为正弦量的三要素。

2. 正弦量的相位差

设有两个正弦量 $u_1 = U_{m1}\sin(\omega_1 t + \psi_1)$ 和 $u_2 = U_{m2}\sin(\omega_2 t + \psi_2)$,它们的相位之差 $\varphi = (\omega_1 t + \psi_1) - (\omega_2 t + \psi_2)$ 称为相位差。

在同一正弦交流电路中,各元件的电压、电流的角频率与电压源的角频率是相等的。此时

相位差为

$$\varphi = \psi_1 - \psi_2$$

即同频率的正弦量的相位差等于初相之差。

两个同频率正弦量之间存在相位差，表示它们在变化过程中到达零值或最大值的先后顺序不一致，先到达零值或最大值的称为超前，后到达零值或最大值的称为滞后。如果 $\varphi = \psi_1 - \psi_2 > 0$，如图 3-1 所示，则表明 u_1 比 u_2 超前 φ，或者说 u_2 比 u_1 滞后 φ。如果 $\varphi = \psi_1 - \psi_2 < 0$，则与上述情况相反，表明 u_1 比 u_2 滞后 $|\varphi|$，或者说 u_2 比 u_1 超前 $|\varphi|$。

为了使超前或滞后关系不发生混乱，规定相位差的绝对值不能超过 π，即相位差的取值范围为

$$|\varphi| \leqslant \pi$$

如果 $\varphi = \psi_1 - \psi_2 = 0$，则表明两个正弦量同时到达零值，且同时到达最大值，这种情况称为同相。如图 3-2 所示，u_1 与 u_2 同相。

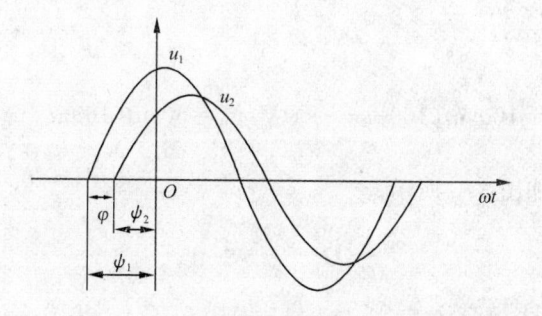

图 3-1　u_1 比 u_2 超前 φ

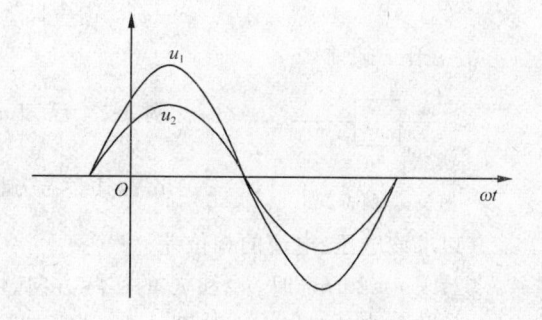

图 3-2　u_1 与 u_2 同相

如果 $\varphi = \psi_1 - \psi_2 = \pm \dfrac{\pi}{2}$，则表明当一个正弦量到达最大值时，另一个正弦量到达零值，这种情况称为正交。如图 3-3 所示，u_1 与 u_2 正交。

如果 $\varphi = \psi_1 - \psi_2 = \pm \pi$，则表明当一个正弦量到达正的最大值时，另一个正弦量到达负的最大值，它们各瞬间的值总是异号的，这种情况称为反相。如图 3-4 所示，u_1 与 u_2 反相。

图 3-3　u_1 与 u_2 正交

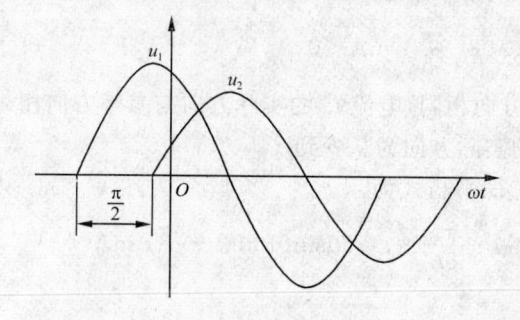

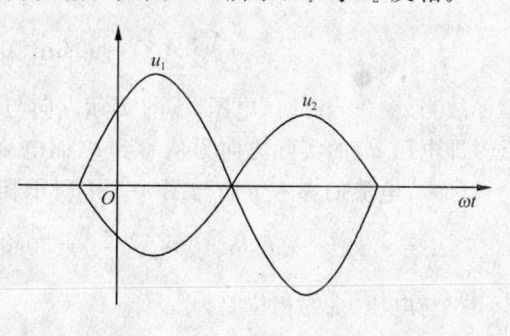

图 3-4　u_1 与 u_2 反相

例 3-1　已知正弦电流 $i = 5\sin(314t - 30°)$ mA。

(1) 指出其三要素，并求 T 和 f。

(2) 若某电压 $u = 120\sin(314t + 15°)$ V，说明 u、i 的相位关系。

解　(1) $i = 5\sin(314t - 30°)$ mA，其三要素分别为

最大值

$$I_m = 5 \text{ mA}$$

角频率
$$\omega = 314 \text{ rad/s}$$

初相
$$\psi = -30°$$

周期
$$T = \frac{2\pi}{\omega} = \frac{2 \times 3.14}{314} = 0.02 \text{ s}$$

频率
$$f = \frac{1}{T} = \frac{1}{0.02} = 50 \text{ Hz}$$

(2) $u = 120\sin(314t + 15°)$ V，$i = 5\sin(314t - 30°)$ mA，则
$$\psi_u = 15°, \psi_i = -30°$$
$$\varphi = \psi_u - \psi_i = 15° - (-30°) = 45° > 0$$

故 u 比 i 超前 $45°$。

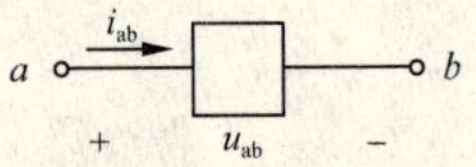

例 3-2 已知 $u_{ab} = 100\sin(100\pi t + \frac{\pi}{3})$ V，$i_{ab} = 50\sin(100\pi t - \frac{\pi}{6})$ mA，其参考方向如图 3-5 所示。

图 3-5 例 3-2 图

(1) 求该电压、电流的相位差。
(2) 求 $t = 20$ ms 时，u_{ab} 和 i_{ab} 的实际方向。
(3) 若电流的参考方向与图 3-5 中所示相反，写出 i_{ba} 的表达式，并求 i_{ba} 与电压 u_{ab} 的相位差及当 $t = 20$ ms 时 i_{ba} 的实际方向。

解 (1) 两者的相位差 $\varphi = \psi_u - \psi_i = \frac{\pi}{3} - (-\frac{\pi}{6}) = \frac{\pi}{2}$，即 u_{ab} 比 i_{ab} 超前 $\frac{\pi}{2}$。

(2) 当 $t = 20$ ms 时
$$u_{ab}(0.02) = 100\sin(100\pi \times 0.02 + \frac{\pi}{3}) \text{ V} > 0$$
$$i_{ab}(0.02) = 50\sin(100\pi \times 0.02 - \frac{\pi}{6}) \text{ mA} < 0$$

故当 $t = 20$ ms 时，电压 u_{ab} 的实际方向与参考方向相同，电流 i_{ab} 的实际方向与参考方向相反。即电压 u_{ab} 的实际方向为从 a 到 b，而电流 i_{ab} 的实际方向为从 b 到 a。

(3) 若电流的参考方向与图 3-5 中所示相反，i_{ba} 的解析式为
$$i_{ba} = -i_{ab} = -50\sin(100\pi t - \frac{\pi}{6}) = 50\sin(100\pi t - \frac{\pi}{6} + \pi) = 50\sin(100\pi t + \frac{5\pi}{6}) \text{ mA}$$

i_{ba} 与电压 u_{ab} 的相位差为
$$\varphi' = \psi_u - \psi_i' = \frac{\pi}{3} - \frac{5\pi}{6} = -\frac{\pi}{2}$$

即 u_{ab} 比 i_{ba} 滞后 $\frac{\pi}{2}$。

当 $t = 20$ ms 时
$$i_{ba}(0.02) = 50\sin(100\pi \times 0.02 + \frac{5\pi}{6}) \text{ mA} > 0$$

故 i_{ba} 的实际方向为从 b 到 a。

3. 有效值

因为正弦交流电压、交流电流的大小随时间变化，无法直观地由瞬时值或最大值看出交流电压、交流电流转换能量的能力大小，所以，引入有效值的概念。

(1) 周期量的有效值

有效值的定义：一个周期量和一个直流量，分别作用于相同的电阻，若在相同的时间内产生的热量相等，则这个直流量的数值为周期量的有效值。有效值用大写字母表示。

以电流为例，在两个阻值相同的电阻上，分别通入周期性交流电流 i 和直流电流 I，比较两者在相同时间内的发热量。若两者发热量相同，则称直流电流 I 的数值为周期性交流电流 i 的有效值。

一个周期性交流电流 i 和一个直流电流 I，分别作用于相同的电阻，若在相同的时间内产生的热量相等，就能量转换能力来说，这两个电流是等效的。因此，周期性交流电流的大小用有效值表示时，它与同样大小的直流电流具有相同的热效应，能清楚地表明交流电的实际作用。

周期性交流电流在一个周期 T 的发热量为

$$W_1 = \int_0^T i^2 R \, \mathrm{d}t$$

而直流电流在同一时间 T 内的发热量为

$$W_2 = I^2 RT$$

若两者相同，有

$$I^2 RT = \int_0^T i^2 R \, \mathrm{d}t$$

整理得

$$I = \sqrt{\frac{1}{T} \int_0^T i^2 \, \mathrm{d}t} \tag{3-2}$$

即周期性交流量的有效值等于该交流量瞬时值的平方的平均值的算术平方根，简称为方均根值。这个结论也适用于周期性交流电压。

(2) 正弦交流量的有效值

将正弦电流 $i = I_\mathrm{m} \sin(\omega t + \psi_\mathrm{i})$ 代入式(3-2)，得

$$I = \sqrt{\frac{1}{T} \int_0^T i^2(t) \, \mathrm{d}t} = \sqrt{\frac{1}{T} \int_0^T I_\mathrm{m}^2 \sin^2(\omega t + \psi_\mathrm{i}) \, \mathrm{d}t} = \frac{I_\mathrm{m}}{\sqrt{2}}$$

即

$$I = \frac{I_\mathrm{m}}{\sqrt{2}} \tag{3-3}$$

式(3-3)表明正弦量的有效值等于最大值的 $1/\sqrt{2}$。

日常所说的交流电压、交流电流的大小一般都是指有效值。如 220 V、100 W 的白炽灯是指该白炽灯的额定电压的有效值为 220 V。

例 3-3 某电阻 $R = 100\ \Omega$，两端电压 $u = 311\sin(314t + 35°)$ V，设该电阻的电压 u、电流 i 为关联参考方向，求 i 及电压、电流有效值，并说明电压、电流的相位关系。

解 关联参考方向下，电阻元件的电流为

$$i = \frac{u}{R} = \frac{311\sin(314t + 35°)}{100} = 3.11\sin(314t + 35°) \text{ A}$$

电压有效值为

$$U = \frac{U_m}{\sqrt{2}} = \frac{311}{\sqrt{2}} = 220 \text{ V}$$

电流有效值为

$$I = \frac{I_m}{\sqrt{2}} = \frac{3.11}{\sqrt{2}} = 2.2 \text{ A}$$

电压、电流的相位差为

$$\varphi = \psi_u - \psi_i = 35° - 35° = 0°$$

即电阻电压与电流同相。

二、正弦量的相量表示

在分析计算正弦交流电路时,必然会遇到正弦量的运算问题。例如,如图 3-6 所示正弦交流电路中,已知 $i_1 = 3\sqrt{2}\sin(100\pi t + 30°)$ A,$i_2 = 4\sqrt{2}\sin(100\pi t - 60°)$ A,求电流 i。

由基尔霍夫电流定律可知 $i = i_1 + i_2$,即求

$$i = i_1 + i_2 = 3\sqrt{2}\sin(100\pi t + 30°) + 4\sqrt{2}\sin(100\pi t - 60°)$$

正弦量既可以用三角函数式表示,也可以用正弦曲线表示,但是直接用正弦量的解析式和波形图去分析计算正弦交

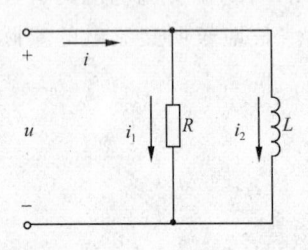

图 3-6 RL 并联正弦交流电路

流电路一般比较烦琐。

1. 正弦量的相量表示

一个正弦量的有效值、角频率和初相确定了,该正弦量也就确定了。在线性电路中,若激励是同频率的正弦量,则全部稳态响应都是与激励同频率的正弦量。也就是说,在一个线性正弦交流电路中,各电压、电流的频率等于电源的频率。若已知电源的频率,就可确定该电路所有电压、电流的频率。因此,正弦响应的三要素中,只有有效值和初相两个要素是待求的未知量。而复数也有模和辐角两个要素,所以,频率已知的正弦量与复数之间存在着对应的可能性。用复数来表示正弦量,其对应关系是:复数的模对应正弦量的有效值(或最大值),复数的辐角对应正弦量的初相。

表示正弦量的复数称为相量。相量用上面加一个圆点的大写字母表示。相量符号上加圆点,表明它是表示某个正弦量的复数,而不是一般的复数。

模等于正弦量的有效值,辐角等于正弦量的初相的相量,称为有效值相量,用 $\dot{U}$、$\dot{I}$ 等表示。模等于正弦量的最大值,辐角等于正弦量的初相的相量,称为最大值相量,用 $\dot{U}_m$、$\dot{I}_m$ 等表示。例如正弦电流 $i = I_m\sin(\omega t + \psi) = \sqrt{2}I\sin(\omega t + \psi)$,其有效值相量为 $\dot{I} = I\angle\psi$,最大值相量为 $\dot{I}_m = I_m\angle\psi$。如图 3-6 所示正弦交流电路中的电流 $i_1 = 3\sqrt{2}\sin(100\pi t + 30°)$ A 对应的有效值相量为 $\dot{I}_1 = 3\angle 30°$ A,最大值相量为 $\dot{I}_{m1} = 3\sqrt{2}\angle 30°$ A。电流 $i_2 = 4\sqrt{2}\sin(100\pi t - 60°)$ A 对应的有效值相量为 $\dot{I}_2 = 4\angle -60°$ A,最大值相量为 $\dot{I}_{m2} = 4\sqrt{2}\angle -60°$ A。

因为在实际问题的分析计算中,往往涉及的是正弦量的有效值,所以经常使用的是有效值相量。

2. 复数的基本知识

(1)复数的表示方式

①代数形式 $\sqrt{-1}$ 称为虚数单位,数学上用 i 表示。在电路分析中,为了区别电流 i,我们将虚数单位用 j 表示。一个实数与虚数单位相乘所得的数称为虚数,如 8j,0.49j 等。若将一个实数与一个虚数相加,则得复数,如 $5+6j$,$-0.35+7.6j$ 等,复数的这种表示方式称为代数形式,其一般式为

$$A = a + jb$$

式中,a 为复数的实部;b 为复数的虚部。

②矢量形式 每一个复数 $A=a+jb$,都可以用复平面上的一个矢量表示。如图 3-7 所示,矢量在实轴上的投影就是复数的实部 a,矢量在虚轴上的投影就是复数的虚部 b,矢量的长度 r 就是复数的模,矢量与正实轴的夹角 θ 就是复数的辐角。

③三角形式 由图 3-7 可知 $a=r\cos\theta$,$b=r\sin\theta$,复数 $A=a+jb$ 可写成

$$A = r(\cos\theta + j\sin\theta)$$

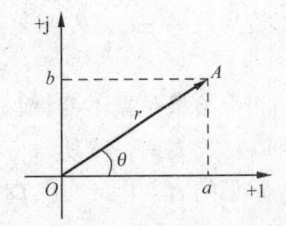

图 3-7 复数的矢量表示

复数的这种表示方式称为三角形式。复数的模 r、辐角 θ 与实部 a、虚部 b 的关系是

$$r = \sqrt{a^2 + b^2},\ \theta = \arctan\frac{b}{a}$$

④指数形式 根据欧拉公式 $e^{j\theta} = (\cos\theta + j\sin\theta)$,复数 $A = r(\cos\theta + j\sin\theta)$ 可写成

$$A = re^{j\theta}$$

复数的这种表示方式称为指数形式。

⑤极坐标形式 还常把复数 $A = re^{j\theta}$ 简写成

$$A = r\angle\theta$$

复数的这种表示方式称为极坐标形式。

(2)复数的四则运算

①复数相加减 将复数用代数形式表示便于进行加减运算。复数相加减时,实部与实部相加减,虚部与虚部相加减。例如,有两个复数 $A_1 = a_1 + jb_1$,$A_2 = a_2 + jb_2$,则

$$A_1 \pm A_2 = (a_1 + jb_1) \pm (a_2 + jb_2) = (a_1 \pm a_2) + j(b_1 \pm b_2)$$

将复数用矢量形式表示,也可以非常方便地进行加减运算。矢量相加,例如 $A_1 + A_2$,可运用平行四边形法则作图求出,如图 3-8(a)所示;矢量相减,例如 $A_1 - A_2$,可先作出 $-A_2$,再运用平行四边形法则作图求出,如图 3-8(b)所示。

当有多个矢量进行加减运算时,如采用平行四边形法则,需要在图上画出许多条作图线,这势必造成矢量图不清晰,因此建议采用更简便的多边形法则。例如,求 $A = A_1 + A_2 - A_3 + A_4$,则可先作出 A_1,接下来在 A_1 的末端作 A_2,然后在 A_2 的末端作 $-A_3$,再在 $-A_3$ 的末端作 A_4,最后连接 A_1 的始端到 A_4 的末端得到矢量 A,如图 3-8(c)所示。

②复数相乘除 将复数用指数形式或极坐标形式表示便于进行乘除运算。复数相乘时,模相乘,辐角相加;复数相除时,模相除,辐角相减。例如,有两个复数 $A_1 = r_1\angle\theta_1$,$A_2 = r_2\angle\theta_2$,则

$$A_1 \cdot A_2 = r_1\angle\theta_1 \cdot r_2\angle\theta_2 = r_1 r_2 \angle(\theta_1 + \theta_2)$$

$$\frac{A_1}{A_2} = \frac{r_1\angle\theta_1}{r_2\angle\theta_2} = \frac{r_1}{r_2}\angle(\theta_1 - \theta_2)$$

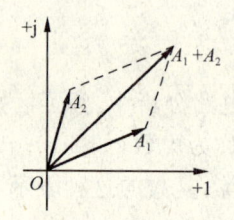

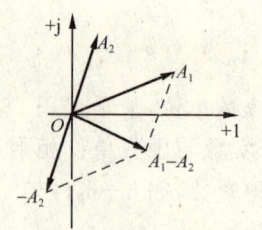

(a) 用平行四边形法则进行矢量相加　　(b) 用平行四边形法则进行矢量相减　　(c) 多边形法则

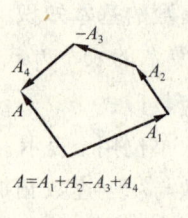

图 3-8　矢量相加减

若复数 $A=r_a\angle\theta_a$ 与复数 $B=1\angle\theta$ 相乘,则

$$A \cdot B = r_a\angle\theta_a \cdot 1\angle\theta = r_a\angle(\theta_a+\theta)$$

相乘结果是模不变,而辐角增大了 θ,这相当于将复数 A 在复平面上朝逆时针方向旋转了 θ,所以复数 $B=1\angle\theta$ 所对应的矢量在这里只起到一个旋转的作用,因此称其为旋转因子。

常见的有 90°、-90°、120°、-120°、180°的旋转因子,其代数形式要记牢:

$$1\angle 90° = 1(\cos 90° + j\sin 90°) = j$$

$$1\angle -90° = \cos(-90°) + j\sin(-90°) = -j$$

$$1\angle 120° = \cos 120° + j\sin 120° = -\frac{1}{2} + j\frac{\sqrt{3}}{2}$$

$$1\angle -120° = \cos(-120°) + j\sin(-120°) = -\frac{1}{2} - j\frac{\sqrt{3}}{2}$$

$$1\angle 180° = \cos 180° + j\sin 180° = -1$$

通过三角函数的运算,我们可以发现同频率正弦量直接运算的结果与对应的复数运算结果相对应。

综上所述,正弦量与相量具有一一对应关系,故可以用相量来表示正弦量。

应用以上结论,可以很快求出前面提到的如图 3-6 所示正弦交流电路中的电流 $i=i_1+i_2$。

① 先用相量表示各正弦量。

$$\dot{I}_1 = 3\angle 30° \text{ A}, \dot{I}_2 = 4\angle -60° \text{ A}$$

② 再求两相量之和。

$$\dot{I} = \dot{I}_1 + \dot{I}_2 = 3\angle 30° + 4\angle -60°$$
$$= (2.598 + j1.5) + (2 - j3.464) = 4.598 - j1.964 = 5\angle -23.1° \text{ A}$$

③ 把相量表示成正弦量。

$$i = 5\sqrt{2}\sin(100\pi t - 23.1°) \text{ A}$$

3. 相量图

将若干同频率正弦量所对应的相量画在同一复平面上所得到的图形称为相量图。为简化作图,实轴和虚轴通常可以省略不画,而用一条虚线表示正实轴方向。如图 3-9 所示。

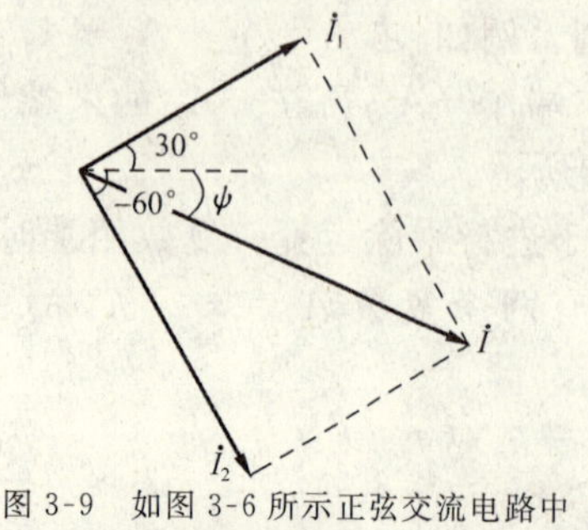

引入相量图后,我们可以利用相量图来解决一些正弦量的运算问题。例如图 3-6 所示正弦交流电路中的电流 $i=i_1+i_2$,还可以这样求出:

图 3-9　如图 3-6 所示正弦交流电路中电流的相量图

(1) 先用相量表示各正弦量：$\dot{I}_1 = 3\angle 30°$ A, $\dot{I}_2 = 4\angle -60°$ A。

(2) 在复平面上作出对应的相量 $\dot{I}_1$、$\dot{I}_2$，并作出两相量之和 $\dot{I} = \dot{I}_1 + \dot{I}_2$，如图3-9所示。

(3) 根据如图3-9所示相量图中三角形关系得

因为
$$\varphi = 30° - (-60°) = 90°$$

所以
$$I = \sqrt{I_1^2 + I_2^2} = \sqrt{3^2 + 4^2} = 5 \text{ A}$$

$$\psi = -(\arctan \frac{I_2}{I_1} - 30°) = -(\arctan \frac{4}{3} - 30°) = -(53.1° - 30°) = -23.1°$$

$$\dot{I} = 5\angle -23.1° \text{ A}$$

(4) 根据相量写出所对应的正弦量

$$i = 5\sqrt{2}\sin(100\pi t - 23.1°) \text{ A}$$

4. 相量形式的基尔霍夫定律

基尔霍夫定律是电路的基本定律，它适用于任何电路的任意瞬间，与电路元件的性质无关，因而基尔霍夫定律也适用于正弦交流电路。

基尔霍夫电流定律反映在正弦交流电路中为：任一瞬间，连接在正弦交流电路的任一节点的各支路电流的代数和为零。因为在同一正弦交流电路中，各电流均为与电源同频率的正弦量，可以用相量表示，因而可以表述为相量形式的基尔霍夫电流定律：任一瞬间连接在正弦交流电路的任一节点的各支路电流相量的代数和为零，即

$$\sum \dot{I} = 0 \tag{3-4}$$

应用式(3-4)时，若规定参考方向背离节点的电流相量取正号，则参考方向指向节点的电流相量就取负号。

基尔霍夫电压定律反映在正弦交流电路中为：任一瞬间正弦交流电路的任一回路的各元件电压的代数和为零。表述为相量形式的基尔霍夫电压定律：任一瞬间正弦交流电路的任一回路的各元件电压相量的代数和为零，即

$$\sum \dot{U} = 0 \tag{3-5}$$

应用式(3-5)时，先选定一个绕行方向，参考方向与回路的绕行方向相同的电压相量取正号，参考方向与回路的绕行方向相反的电压相量取负号。

例3-4 如图3-10所示电路为正弦交流电路的一部分，已知电阻电流为 $i_R = 3\sqrt{2}\sin 314t$ A，电感电流为 $i_L = 8\sqrt{2}\sin(314t - 90°)$ A，电容电流为 $i_C = 4\sqrt{2}\sin(314t + 90°)$ A，求总电流 i。

图3-10 例3-4图

解法一 根据相量形式的KCL得

$$\dot{I} = \dot{I}_R + \dot{I}_L + \dot{I}_C$$

因为

$$\dot{I}_R = 3\angle 0° \text{ A}, \dot{I}_L = 8\angle -90° \text{ A}, \dot{I}_C = 4\angle 90° \text{ A}$$

所以

$$\dot{I} = \dot{I}_R + \dot{I}_L + \dot{I}_C = 3 - j8 + j4 = 3 - j4 = 5\angle -53.1° \text{ A}$$

$$i = 5\sqrt{2}\sin(314t - 53.1°) \text{ A}$$

解法二 用相量图求解。根据相量形式的KCL得

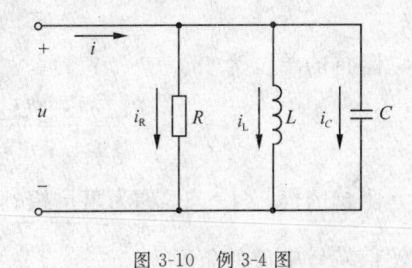

$$\dot{I} = \dot{I}_R + \dot{I}_L + \dot{I}_C$$

作相量图如图 3-11 所示。

由图可知

$$I = \sqrt{I_R^2 + (I_L - I_C)^2} = \sqrt{3^2 + (4-8)^2} = 5 \text{ A}$$

提示:由于 $\dot{I}_L$ 与 $\dot{I}_C$ 反相,其和 $\dot{I}_L + \dot{I}_C$ 的大小是 $|I_L - I_C|$,而不是 $|I_L + I_C|$。

$$\psi = \arctan \frac{I_L - I_C}{I_R} = \arctan \frac{-4}{3} = -53.1°$$

图 3-11 例 3-4 相量图

故 $i = 5\sqrt{2}\sin(314t - 53.1°)$ A。

三、电阻、电感、电容元件的伏安关系

1. 电阻元件

根据电阻元件的性质,在关联参考方向下,如图 3-12(a)所示,线性电阻元件的电压、电流关系为 $u=Ri$。设电阻的电流为 $i = I_m\sin(\omega t + \psi_i) = \sqrt{2}I\sin(\omega t + \psi_i)$,则关联参考方向下,电阻电压为

$$u = Ri = \sqrt{2}RI\sin(\omega t + \psi_i)$$

可见,电压也是正弦量,并且:①电压、电流有效值关系遵循欧姆定律;②电压、电流同频率;③电压、电流同相,即 $U=RI$,$\psi_u = \psi_i$。

将电压、电流表示成相量 $\dot{I} = I\angle\psi_i$,$\dot{U} = U\angle\psi_u$,有

$$\dot{U} = U\angle\psi_u = RI\angle\psi_i = R\dot{I}$$

因此,在关联参考方向下,电阻元件电压相量和电流相量存在以下关系:

$$\dot{U} = R\dot{I} \tag{3-6}$$

需要注意 $\dot{U} = R\dot{I}$ 中电压、电流是关联参考方向。而 $U=RI$ 与参考方向的选择无关。

在关联参考方向下,无源二端网络的端口电压相量与端口电流相量之比,称为该无源二端网络的复阻抗,简称阻抗。阻抗用符号 Z 表示,即

$$Z = \frac{\dot{U}}{\dot{I}} \tag{3-7}$$

阻抗的单位为 Ω。

$$Z = \frac{\dot{U}}{\dot{I}} = \frac{U\angle\psi_u}{I\angle\psi_i} = \frac{U}{I}\angle(\psi_u - \psi_i) = |Z|\angle\varphi$$

阻抗的模 $|Z| = \frac{U}{I}$,称为阻抗模;阻抗的辐角 $\varphi = \psi_u - \psi_i$,称为阻抗角。阻抗角等于端口电压超前端口电流的角度。

在关联参考方向下,无源二端网络的端口电流相量与端口电压相量之比,称为该无源二端网络的复导纳,简称导纳。导纳用符号 Y 表示,即

$$Y = \frac{\dot{I}}{\dot{U}} \tag{3-8}$$

导纳的单位为 S。

$$Y = \frac{\dot{I}}{\dot{U}} = \frac{I\angle\psi_i}{U\angle\psi_u} = \frac{I}{U}\angle(\psi_i - \psi_u) = |Y|\angle\theta$$

导纳的模 $|Y|=\dfrac{I}{U}$ 称为导纳模;导纳的辐角 θ 称为导纳角。导纳角 $\theta=\psi_i-\psi_u=-\varphi$,等于端口电流超前端口电压的角度。

由式(3-7)和式(3-8)可得

$$\dot{U}=Z\dot{I} \text{ 或 } \dot{I}=\dfrac{\dot{U}}{Z}=Y\dot{U} \tag{3-9}$$

式(3-9)称为欧姆定律的相量形式。

显然,电阻元件的阻抗等于 R,导纳等于 $1/R=G$。

如图 3-12(b)所示为电阻元件的相量模型。在相量模型图中,元件的电压、电流分别用其相量表示,元件的参数用元件的阻抗或导纳表示。

(a) 电阻元件的电路　　　　(b) 电阻元件的相量模型

图 3-12　电阻元件的电路和相量模型

如图 3-13 所示为电阻元件电压、电流波形图及相量图。

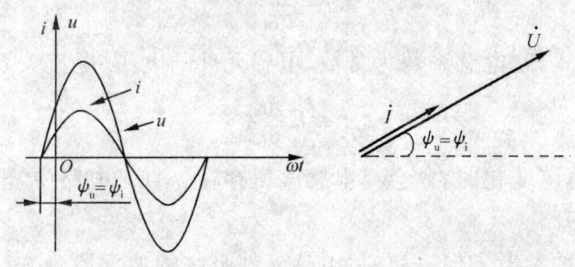

(a) 电阻元件电压、电流的波形图　　(b) 电阻元件电压、电流的相量图

图 3-13　电阻元件电压、电流波形图及相量图

例 3-5　将一个 10 kΩ 的电阻接到电压为 $u=220\sqrt{2}\sin(100\pi t+30°)$ V 的正弦交流电源上,求流过电阻的电流。

解法一　电压 $u=220\sqrt{2}\sin(100\pi t+30°)$ V 是正弦量,电流也是正弦量。在关联参考方向下,分别求出正弦电流的三要素,即

$$I=\dfrac{U}{R}=\dfrac{220}{10\times 10^3}=22\times 10^{-3}\text{ A}=22\text{ mA}$$

$$\omega=100\pi \text{ rad/s}$$

$$\psi_i=\psi_u=30°$$

由三要素写出电阻电流为

$$i=22\sqrt{2}\sin(100\pi t+30°)\text{ mA}$$

解法二　关联参考方向下,$\dot{U}=R\dot{I}$,则

$$\dot{I}=\dfrac{\dot{U}}{R}=\dfrac{220\angle 30°}{10\times 10^3}=22\angle 30°\text{ mA}$$

$$i=22\sqrt{2}\sin(100\pi t+30°)\text{ mA}$$

2. 电感元件

电感线圈在电路中的应用非常多。若直接将导线绕成线圈状,得到的是空心线圈;若将导线缠绕在铁芯上,则得到铁芯线圈。电感元件就是电感线圈的理想化电路模型。

我们知道,通电导线在其周围将产生磁场。将线圈通以电流 i,则每匝产生的磁通为 Φ(磁通方向与电流方向满足右手螺旋定则),N 匝的总磁通为其磁链 $\psi=N\Phi$。定义磁链和产生它的电流之比为电感系数,简称电感,用 L 表示,即

$$L=\frac{\psi}{i} \tag{3-10}$$

L 又称为自感系数,单位为 H(亨)。

相同电流下,线圈的截面越大、匝数越多、芯子的导磁性能越好,线圈交链的磁链就越大,电感系数也就越大。由此可知,电感系数的大小由线圈本身决定,与线圈是否通电无关。若电感系数是常数,称其为线性电感元件;否则,为非线性电感元件。空心线圈的电感系数是常数;铁芯线圈的电感系数比空心线圈大得多,且不是常数。通常若不加以说明,我们讨论的都是线性电感元件。

若线圈电流 i 交变,则产生的磁链也交变,根据法拉利电磁感应定律,在线圈两端将产生感应电压,这个电压即电感元件的电压。若选择电感电压与电流为关联参考方向,则有

$$u=\frac{\mathrm{d}\psi}{\mathrm{d}t}$$

将式(3-10)代入上式,若电感系数为常数,电感元件的电压、电流关系为

$$u=L\frac{\mathrm{d}i}{\mathrm{d}t} \tag{3-11}$$

显然,只有当电感电流变化时,才会有电感电压存在。直流电路中,电流不随时间变化,电感电压为零,将其视为短路。

当电感电压与电流的参考方向一致时,电感元件吸收的功率为

$$p=ui=Li\frac{\mathrm{d}i}{\mathrm{d}t}$$

在 $\mathrm{d}t$ 时间内,电感元件吸收的电能为

$$\mathrm{d}W_\mathrm{L}=p\mathrm{d}t=Li\mathrm{d}i$$

电感电流从 0 增大到 i 时,电感元件总共吸收的电能为

$$W_\mathrm{L}=\int_0^i Li\mathrm{d}i=\frac{1}{2}Li^2 \tag{3-12}$$

这些能量全部转换为磁场能量,储存于磁场中。式(3-12)是电感电流为 i 时的磁场储能。式(3-12)表明磁场能量的大小只与最终的电流值的平方成正比,与电流的建立过程无关;电感元件有电流就有磁场能量,与电压的大小及有无没有关系。

在关联参考方向下,如图 3-14(a)所示,当电感电流为正弦量时,设 $i=\sqrt{2}I\sin(\omega t+\psi_\mathrm{i})$,则电感电压

$$u=L\frac{\mathrm{d}i}{\mathrm{d}t}=\sqrt{2}\omega LI\sin(\omega t+\psi_\mathrm{i}+90°)$$

可见,当电感电流为正弦量时,电感电压也是正弦量,并且:①电压、电流的有效值成正比,即 $U=\omega LI$;②电压与电流同频率;③电压比电流超前 $90°$,即 $\psi_\mathrm{u}=\psi_\mathrm{i}+90°$。

令电感元件的电压、电流的有效值之比为

$$X_L = \frac{U}{I} = \omega L \tag{3-13}$$

X_L 称为感抗。感抗与电阻类似,均反映元件对电流的阻碍作用,它的单位也是 Ω。由 $X_L = \omega L$ 可知,不同频率下,同一电感元件的感抗不同,即同一电感元件对不同频率的交流电的阻碍作用不同。低频时,感抗小,电流易通过;高频时,感抗大,电流不易通过。电感具有"通低频,阻高频"的特性。在直流电路中,感抗为零,电感元件相当于短路,因此又可以说电感具有"通直流,阻交流"的特性。

在关联参考方向下,将电压、电流表示成相量,则

$$\dot{U} = U\angle\psi_u = X_L I \angle(\psi_i + 90°) = X_L I \angle\psi_i \cdot \angle 90° = jX_L \dot{I}$$

因此,在关联参考方向下,电感元件的电压相量、电流相量存在以下关系:

$$\dot{U} = jX_L \dot{I} \tag{3-14}$$

如图 3-14(b)所示为电感元件的相量模型。其阻抗为 $j\omega L$。

(a) 电感元件的电路 (b) 电感元件的相量模型

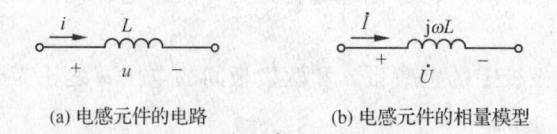

图 3-14 电感元件的电路和相量模型

如图 3-15 所示为电感元件电压、电流波形图和相量图。

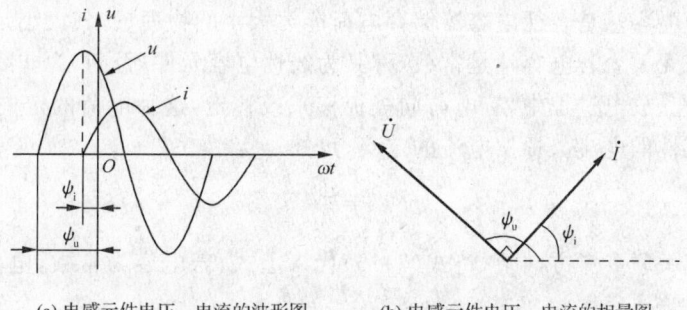

(a) 电感元件电压、电流的波形图 (b) 电感元件电压、电流的相量图

图 3-15 电感元件电压、电流波形图和相量图

例 3-6 某空心线圈的电阻很小(可忽略),其电感系数 $L = 0.0127$ H,将其接在 $u = 10\sqrt{2}\sin(100\pi t + 30°)$ V 的正弦电源上。
(1)求流过线圈的电流。
(2)若其他不变,仅电源频率变为 5 000 Hz,求线圈电流。

解法一 将空心线圈视为一个理想电感元件,已知其电压 $u = 10\sqrt{2}\sin(314t + 30°)$ V 是正弦量,电流也是正弦量。在关联参考方向下,分别求出电流三要素,即

$$I = \frac{U}{X_L} = \frac{U}{\omega L} = \frac{10}{100\pi \times 0.0127} = 2.5 \text{ A}$$

$$\omega = 100\pi \text{ rad/s}$$

$$\psi_i = \psi_u - 90° = -60°$$

由三要素写出线圈电流为

$$i = 2.5\sqrt{2}\sin(100\pi t - 60°) \text{ A}$$

解法二 关联参考方向下，$\dot{U}=jX_L\dot{I}$，则

$$\dot{I}=\frac{\dot{U}}{jX_L}=\frac{\dot{U}}{j\omega L}=\frac{10\angle 30°}{100\pi\times 0.0127\angle 90°}=2.5\angle-60°\text{ A}$$

$$i=2.5\sqrt{2}\sin(100\pi t-60°)\text{ A}$$

(2) **解** 当电源频率为 5 000 Hz 时，感抗为

$$X'_L=\omega'L=2\pi f'L=2\pi\times 5\,000\times 0.012\,7=400\text{ Ω}$$

所以

$$\dot{I}'=\frac{\dot{U}}{jX'_L}=\frac{10\angle 30°}{400\angle 90°}=0.025\angle-60°\text{ A}$$

$$i'=0.025\sqrt{2}\sin(10000\pi t-60°)\text{ A}$$

3. 电容元件

电容器是常用的电气器件，其规格和品种多样，但其基本结构都是由两块导体中间隔以绝缘材料构成，我们称两块导体为极板，称绝缘材料为介质。电容元件就是电容器的理想化电路模型。

定义电容元件每个极板上的电荷量 q 和两极板间的电压 u 之比为电容量，简称电容，用 C 表示，即

$$C=\frac{q}{u} \tag{3-15}$$

C 的单位为 F（法）。常用单位是 μF（微法）和 pF（皮法）。$1\,\mu F=10^{-6}\text{ F}$，$1\,pF=10^{-12}\text{ F}$。

由定义可知，电容量是表征电容器储存电荷能力大小的物理量，其大小是由电容器本身决定的，与是否带电无关。若电容量是常数，称其为线性电容元件；否则，为非线性电容元件。

在电容器的充、放电过程中，有电荷向极板移来或移走，这种电荷的定向移动就形成了电流，这就是电容元件的电流。根据电流的定义，可知

$$i=\frac{dq}{dt}$$

在电压、电流关联参考方向下，将式(3-15)代入上式，若电容为常数，电容元件的电压、电流关系为

$$i=C\frac{du}{dt} \tag{3-16}$$

显然，只有当电容电压变化时，才会有电容电流存在。直流电路中，电压 U 不随时间变化，电容电流为零，将其视为开路。

需要特别指出的是，这里所说的电容电流与电阻电流、电感电流是不同的。电阻电流、电感电流是从元件的一端穿过元件流到元件的另一端的，而电容器的介质是不导电的，故电容电流实质上是由于不断地充、放电而在电容器两极板和其他元件间移动的电荷形成的，是电容器所在支路的电流，并非流经电容器的电流。

当电感电压与电流的参考方向一致时，电容元件吸收的功率为

$$p=ui=Cu\frac{du}{dt}$$

在 dt 时间内，电容元件吸收的电能为

$$dW_C=pdt=Cudu$$

电容电压从 0 增大到 u 时，电容元件总共吸收的电能为

$$W_C = \int_0^u Cu\,\mathrm{d}u = \frac{1}{2}Cu^2 \tag{3-17}$$

这些能量全部转换为电场能量，储存于电场中。式(3-17)是电容电压为 u 时的电场储能。式(3-17)表明电场能量的大小只与最终的电压值的平方成正比，与电压的建立过程无关；电容元件两端有电压就有电场能量，与电流的大小及有无没有关系。

在关联参考方向下，如图 3-16(a)所示，当电容电压为正弦量时，设 $u=\sqrt{2}U\sin(\omega t+\psi_u)$，则电容电流为

$$i = C\frac{\mathrm{d}u}{\mathrm{d}t} = \sqrt{2}\omega CU\sin(\omega t+\psi_u+90°)$$

可见，当电容电压为正弦量时，电容电流也是正弦量，并且：①电压、电流的有效值成正比，即 $I=\omega CU$；②电压与电流同频率；③电压比电流滞后 $90°$，即 $\psi_i=\psi_u+90°$。

令电容元件的电压、电流的有效值之比为

$$X_C = \frac{U}{I} = \frac{1}{\omega C} \tag{3-18}$$

X_C 称为容抗。容抗与感抗、电阻类似，均反映元件对电流的阻碍作用，它的单位也是 Ω。由 $X_C=1/\omega C$ 可知，不同频率下，同一电容元件的容抗不同。高频时，容抗小，电流易通过；低频时，容抗大，电流不易通过。电容具有"通高频，阻低频"的特性。在直流电路中，容抗无限大，电容元件相当于开路，因此可以说电容具有"通交流，隔直流"的特性。

在关联参考方向下，将电压、电流表示成相量，则

$$\dot{U} = U\angle\psi_u = X_C I\angle(\psi_i-90°) = X_C I\angle\psi_i \cdot \angle -90° = -\mathrm{j}X_C \dot{I}$$

因此，在关联参考方向下，电容元件的电压相量、电流相量存在以下关系

$$\dot{U} = -\mathrm{j}X_C \dot{I} \tag{3-19}$$

如图 3-16(b)所示为电容元件的相量模型。其阻抗为 $1/\mathrm{j}\omega C$。

(a) 电容元件的电路   (b) 电容元件的相量模型

图 3-16 电容元件的电路和相量模型

如图 3-17 所示为电容元件电压、电流波形图和相量图。

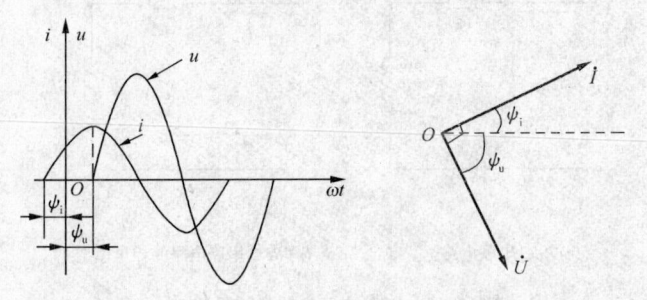

(a) 电容元件电压、电流的波形图   (b) 电容元件电压、电流的相量图

图 3-17 电容元件电压、电流波形图和相量图

例 3-7 将 $C=39.8\ \mu\mathrm{F}$ 的电容元件接在 $u=10\sqrt{2}\sin(100\pi t+30°)$ V 的正弦电源上。

(1) 求流过电容元件的电流。

(2) 若其他不变，仅电源频率变为 5 000 Hz，求电容的电流。

(1) 解法一 已知电压 $u=10\sqrt{2}\sin(100\pi t+30°)$ V 是正弦量，电流也是正弦量。在关联参考方向下，分别求出电流三要素，即

$$X_C=\frac{1}{\omega C}=\frac{1}{100\pi\times 39.8\times 10^{-6}}=80\ \Omega$$

$$I=\frac{U}{X_C}=\frac{10}{80}=0.125\ \text{A}$$

$$\omega=100\pi\ \text{rad/s}$$

$$\psi_i=\psi_u+90°=120°$$

由三要素写出线圈电流为

$$i=0.125\sqrt{2}\sin(100\pi t+120°)\ \text{A}$$

解法二 关联参考方向下，$\dot{U}=-\mathrm{j}X_C\dot{I}$，则

$$\dot{I}=\frac{\dot{U}}{-\mathrm{j}X_C}=\frac{10\angle 30°}{80\angle -90°}=0.125\angle 120°\ \text{A}$$

$$i=0.125\sqrt{2}\sin(100\pi t+120°)\ \text{A}$$

(2) 解 当电源频率为 5 000 Hz 时，容抗为

$$X'_C=\frac{1}{\omega' C}=\frac{1}{31\,400\times 39.8\times 10^{-6}}=0.8\ \Omega$$

所以

$$\dot{I}'=\frac{\dot{U}}{-\mathrm{j}X'_C}=\frac{10\angle 30°}{0.8\angle 90°}=12.5\angle 120°\ \text{A}$$

$$i'=12.5\sqrt{2}\sin(10000\pi t+120°)\ \text{A}$$

四、正弦稳态电路的相量分析法

1. RLC 串联电路

(1) 电压、电流关系

如图 3-18 所示为电阻、电感、电容元件串联的正弦交流电路。选各元件的电压、电流为关联参考方向，如图 3-18(a) 所示。如图 3-18(b) 所示为 RLC 串联电路的相量模型。

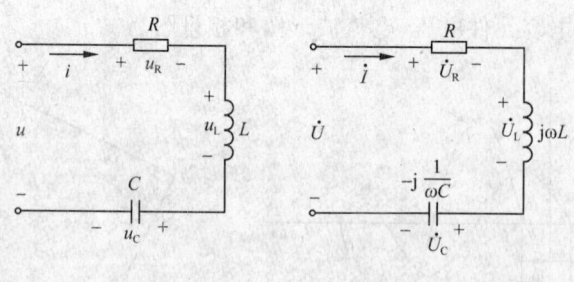

(a) RLC 串联电路 (b) RLC 串联电路的相量模型

图 3-18 RLC 串联电路和相量模型

据电阻、电感、电容元件的电压、电流关系 $\dot{U}_R=R\dot{I}$，$\dot{U}_L=\mathrm{j}X_L\dot{I}$，$\dot{U}_C=-\mathrm{j}X_C\dot{I}$，由 KVL 得

$$\dot{U}=\dot{U}_R+\dot{U}_L+\dot{U}_C=R\dot{I}+\mathrm{j}X_L\dot{I}-\mathrm{j}X_C\dot{I}=[R+\mathrm{j}(X_L-X_C)]\dot{I}$$

由上式得到 RLC 串联电路的阻抗为

$$Z=\frac{\dot{U}}{\dot{I}}=R+\mathrm{j}(X_\mathrm{L}-X_\mathrm{C})=R+\mathrm{j}X$$

式中,$X=X_\mathrm{L}-X_\mathrm{C}$,称为电抗。

图 3-19 为 RLC 串联电路的相量图。

图 3-19 中,由 $\dot{U}$、$\dot{U}_\mathrm{R}$、$\dot{U}_\mathrm{X}$ 构成一个直角三角形,称为电压三角形,如图 3-20 所示。图 3-21 中,$\dot{U}_\mathrm{X}=\dot{U}_\mathrm{L}+\dot{U}_\mathrm{C}$ 为电抗电压,其大小 $U_\mathrm{X}=|U_\mathrm{L}-U_\mathrm{C}|$;端电压 $U=\sqrt{U_\mathrm{R}^2+U_\mathrm{X}^2}$;$\varphi$ 为端口电压超前端口电流的角度,$\varphi=\arctan\dfrac{U_\mathrm{X}}{U_\mathrm{R}}$。

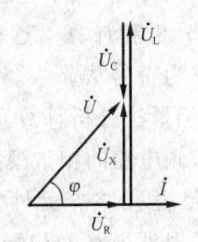

由 $Z=\dfrac{\dot{U}}{\dot{I}}=\dfrac{U\angle\psi_\mathrm{u}}{I\angle\psi_\mathrm{i}}=\dfrac{U}{I}\angle\psi_\mathrm{u}-\psi_\mathrm{i}$ 可知,阻抗模 $|Z|=\dfrac{U}{I}$,

图 3-19 RLC 串联电路的相量图

阻抗角 $\varphi=\psi_\mathrm{u}-\psi_\mathrm{i}$,阻抗角即端口电压超前端口电流的角度 φ。

由 $Z=R+\mathrm{j}X=\sqrt{R^2+X^2}\angle\arctan\dfrac{X}{R}$ 可知,阻抗模 $|Z|=\sqrt{R^2+X^2}$,阻抗角 $\varphi=\arctan\dfrac{X}{R}$。

由 Z、R、X 构成一个直角三角形,称为阻抗三角形,如图 3-21 所示。

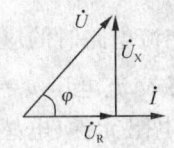

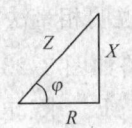

图 3-20 电压三角形　　图 3-21 阻抗三角形

比较图 3-20 和图 3-21,可以看出电压三角形和阻抗三角形是相似三角形。在电路分析时,常常把二者结合起来使用。

(2)电路的三种性质

由于电路中感抗和容抗的数值不同,电路呈现三种不同的性质。它们分别是:感性、阻性和容性。

在 RLC 串联电路中,若 $X_\mathrm{L}>X_\mathrm{C}$,则 $U_\mathrm{L}>U_\mathrm{C}$,端电压超前电流,电路的性质与 RL 串联电路相似,称电路呈感性。相量图如图 3-22(a)所示。若 $X_\mathrm{L}<X_\mathrm{C}$,则 $U_\mathrm{L}<U_\mathrm{C}$,端电压滞后电流,电路的性质与 RC 串联电路相似,称电路呈容性。相量图如图 3-22(b)所示。若 $X_\mathrm{L}=X_\mathrm{C}$,则 $U_\mathrm{L}=U_\mathrm{C}$,端电压与电流同相,电路的性质与电阻电路相似,称电路呈阻性,电路发生谐振。相量图如图 3-22(c)所示。

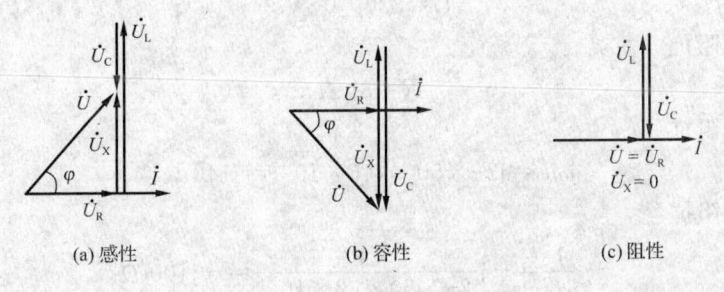

(a) 感性　　(b) 容性　　(c) 阻性

图 3-22 电路的三种性质

2. 相量分析法

分析计算直流电路的各类方法和定理的基础是基尔霍夫定律和欧姆定律。正弦交流电路引入相量、阻抗、导纳之后,基尔霍夫定律的相量形式、欧姆定律的相量形式与直流电路完全类同。因此,只要把正弦交流电路中的电压、电流用相量表示,各个元件(或无源二端网络)用复阻抗(或复导纳)表示,直流电路的所有定律、定理和分析计算方法,都可以直接用于正弦交流电路的分析和计算。这种用相量对电路进行分析计算的方法,称为相量分析法,简称为相量法,又称为符号法。

用相量法分析计算正弦稳态电路的一般步骤是:

(1)画电路的相量模型图。所谓画电路的相量模型图,就是把正弦交流电路中的电压、电流都用相量表示,各个元件(或无源二端网络)用复阻抗(或复导纳)表示,而元件的连接方式不变。

(2)根据电路的相量模型图,求出待求正弦量所对应的相量。正弦交流电路引入相量、阻抗、导纳之后,基尔霍夫定律的相量形式、欧姆定律的相量形式与直流电路完全类同,直流电路的所有定律、定理和分析计算方法,都可以直接用于正弦交流电路的分析和计算。即同样可以应用等效变换法、支路法、网孔法、节点法、叠加定量、戴维宁定理等分析计算正弦交流电路。交流混联电路的计算往往比较复杂,但如正确运用相量图以及复数的性质和特点,常可使分析计算大为简化。

(3)由求出的相量写出对应正弦量的瞬时值解析式。

下面通过一些例题来说明相量法在分析计算正弦交流电路时的应用。

例 3-8 RLC 串联电路如图 3-23(a)所示,已知正弦交流电压 $u=220\sqrt{2}\sin100\pi t$ V,$R=30$ Ω,$L=445$ mH,$C=32$ μF。求:电路中的电流 i 及电阻元件、电感元件、电容元件的电压 u_R、u_L、u_C,电压 u 与电流 i 的相位差 φ,并判断电路呈什么性质。

(a) 例 3-8 电路　　(b) 例 3-8 电路的相量模型

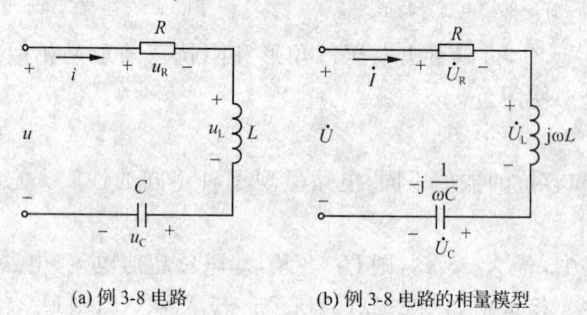

图 3-23　例 3-8 图

解　(1)画出电路的相量模型图,如图 3-23(b)所示。电路中的电压 $u=220\sqrt{2}\sin100\pi t$ V 对应的相量为

$$\dot{U}=220\angle0°\text{ V}$$

电阻元件的阻抗

$$R=30\text{ Ω}$$

电感元件的阻抗

$$j\omega L=j2\pi\times50\times445\times10^{-3}=j140\text{ Ω}$$

电容元件的阻抗

$$-j\frac{1}{\omega C}=-j\frac{1}{2\pi\times50\times32\times10^{-6}}=-j100\text{ Ω}$$

(2)根据电路的相量模型图,电流 i 以及电阻元件、电感元件、电容元件的电压 u_R、u_L、u_C 所对应的相量为

$$\dot{I} = \frac{\dot{U}}{R+j(\omega L - \frac{1}{\omega C})} = \frac{220\angle 0°}{30+j(140-100)} = 4.4\angle -53.1° \text{ A}$$

$$\dot{U}_R = R\dot{I} = 30 \times 4.4\angle -53.1° = 132\angle -53.1° \text{ V}$$

$$\dot{U}_L = j\omega L\dot{I} = j140 \times 4.4\angle -53.1° = 616\angle 36.9° \text{ V}$$

$$\dot{U}_C = -j\frac{1}{\omega C}\dot{I} = -j100 \times 4.4\angle -53.1° = 440\angle -143.1° \text{ V}$$

(3) 由电流、电压的相量写出所对应正弦量的瞬时值解析式

$$i = 4.4\sqrt{2}\sin(100\pi t - 53.1°) \text{ A}$$

$$u_R = 132\sqrt{2}\sin(100\pi t - 53.1°) \text{ V}$$

$$u_L = 616\sqrt{2}\sin(100\pi t + 36.9°) \text{ V}$$

$$u_C = 440\sqrt{2}\sin(100\pi t - 143.1°) \text{ V}$$

因为电压 u 的初相为 $0°$，电流 i 的初相为 $-53.1°$，所以电压 u 超前电流 i $53.1°$，电路性质呈感性。

例 3-9 电路如图 3-24 所示，已知电压源 $\dot{U}_S = 20\angle 90°$ V，电流源 $\dot{I}_S = 10\angle 0°$ A，求 $\dot{I}$。

分析 本例属于比较基本的用相量法分析正弦稳态电路的问题，直流电路中的分析方法仍然适用，不过在分析计算过程中要注意所涉及的是复数方程。

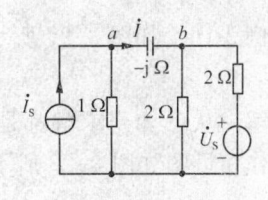

图 3-24 例 3-9 图

解法一 应用叠加定理求解。

先计算电流源单独作用的情况。将电压源置零，代之以短路，如图 3-25(a)所示。

$$\dot{I}' = \frac{1}{1+(\frac{2\times 2}{2+2}-j)} \times 10\angle 0° = (4+j2) \text{ A}$$

(a) 电流源单独作用　　(b) 电压源单独作用

图 3-25 应用叠加定理求解

再计算电压源单独作用的情况。将电流源置零，代之以开路，如图 3-26(b)所示。

$$-\dot{I}'' = \frac{20\angle 90°}{2+\frac{2(1-j)}{2+(1-j)}} \times \frac{2}{2+(1-j)} = (-2+j4) \text{ A}$$

$$\dot{I}'' = (2-j4) \text{ A}$$

所以有

$$\dot{I} = \dot{I}' + \dot{I}'' = 4+j2+2-j4 = 6.325\angle -18.4° \text{ A}$$

解法二 应用戴维宁定理求解。

断开如图 3-25 所示电路中的电容待求支路，如图 3-26(a)所示，求 a-b 端口的开路电压

$$\dot{U}_{OC} = 1 \times 10\angle 0° - 20\angle 90° \times \frac{2}{2+2} = (10-\text{j}10) \text{ V}$$

将电流源、电压源置零,如图 3-26(b)所示,其入端阻抗为

$$Z_{eq} = 1 + \frac{2 \times 2}{2+2} = 2 \text{ Ω}$$

画出戴维宁等效电路如图 3-26(c)所示,则有

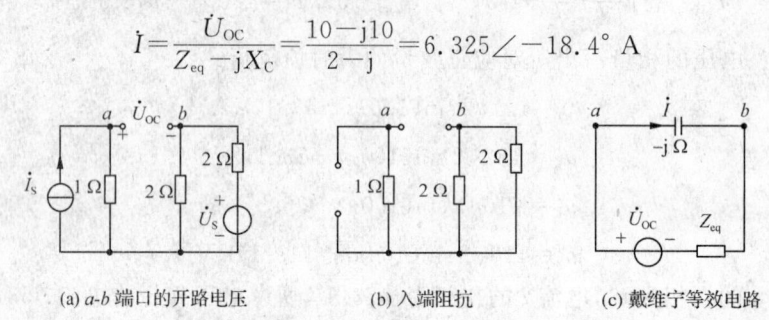

$$\dot{I} = \frac{\dot{U}_{OC}}{Z_{eq} - \text{j}X_C} = \frac{10-\text{j}10}{2-\text{j}} = 6.325\angle -18.4° \text{ A}$$

(a) *a-b* 端口的开路电压　　(b) 入端阻抗　　(c) 戴维宁等效电路

图 3-26　应用戴维宁定理求解

例 3-10　如图 3-27 所示的正弦稳态电路中,已知 $U=500$ V,$U_R=400$ V,$U_L=50$ V,求 U_C。

解　从已知到求解都是有效值,那么针对有关有效值方面的问题,用相量图分析比较方便。作相量图如图 3-28 所示。

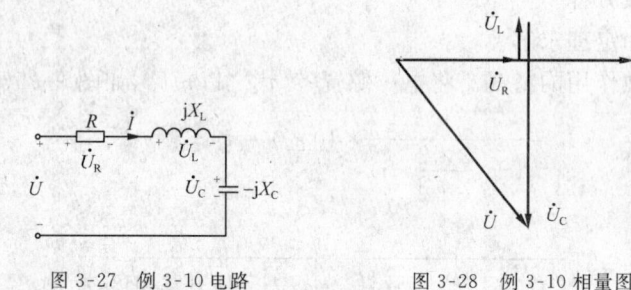

图 3-27　例 3-10 电路　　图 3-28　例 3-10 相量图

根据 KVL 的相量形式,结合相量图 3-30 有

$$(U_L-U_C)^2 = (U_C-U_L)^2 = U^2 - U_R^2 = 500^2 - 400^2 = 300^2$$

而已知 $U_L=50$,显然 $U_C>U_L$,故 $U_C-U_L=300$ V,则 $U_C=350$ V。

例 3-11　在如图 3-29 所示正弦稳态电路中,已知电源电压 $\dot{U}=80\angle 0°$ V,$R_1=R_2=X_L=X_C=20$ Ω。求 $\dot{U}_{ab}$。

解法一　用相量计算求解。

$$\dot{I}_1 = \frac{\dot{U}}{R_1+\text{j}X_L} = \frac{80\angle 0°}{20+\text{j}20} = 2\sqrt{2}\angle -45° \text{ A}$$

$$\dot{U}_{R1} = R_1\dot{I}_1 = 20 \times 2\sqrt{2}\angle -45° = 40\sqrt{2}\angle -45° \text{ V}$$

$$\dot{I}_2 = \frac{\dot{U}}{R_2-\text{j}X_C} = \frac{80\angle 0°}{20-\text{j}20} = 2\sqrt{2}\angle 45° \text{ A}$$

$$\dot{U}_{R2} = R_2\dot{I}_2 = 20 \times 2\sqrt{2}\angle 45° = 40\sqrt{2}\angle 45° \text{ V}$$

$$\dot{U}_{ab} = \dot{U}_{R1} - \dot{U}_{R2} = 40\sqrt{2}\angle -45° - 40\sqrt{2}\angle 45° = (40-\text{j}40)-(40+\text{j}40) = -\text{j}80 = 80\angle -90° \text{ V}$$

解法二　用相量图求解。以电压源电压 $\dot{U}$ 为参考相量,作出相量图如图 3-30 所示。由相

量图可知，$\dot{U}_{ab}$ 的有效值 $U_{ab}=U=80$ V，$\dot{U}_{ab}$ 滞后 $\dot{U}$ 90°，所以
$$\dot{U}_{ab}=80\angle-90° \text{ V}$$

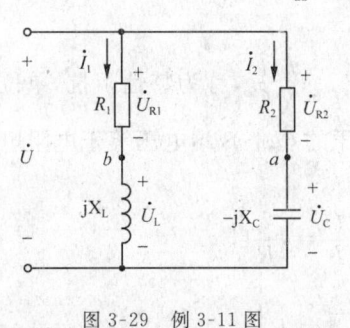

图 3-29　例 3-11 图

图 3-30　例 3-11 相量图

五、谐振

谐振是指含有电感、电容元件，不含独立源的二端网络，端电压、电流在关联参考方向下同相的现象。常见的有串联谐振电路和并联谐振电路。

1. 串联谐振电路

如图 3-31 所示为 RLC 串联电路，当电路发生谐振时，端电压、电流同相，即 $\psi_u=\psi_i$，此时电路的阻抗角 $\varphi=\psi_u-\psi_i=0$。而串联电路的阻抗 $Z=R+\text{j}(X_L-X_C)$，要使电路发生谐振须有 $X_L=X_C$，即

$$\omega L=\frac{1}{\omega C} \quad (3-20)$$

式(3-20)为串联谐振条件。显然，串联电路要达到谐振，与 L、C 及 ω 三者大小有关。当其中两个量确定时，调节第三个量，使式(3-20)成立，电路即达到谐振。我们把调节电路参数使电路达到谐振的过程，称为调谐。串联电路可以通过分别调节 L、C 和 ω 使电路达到谐振。由式(3-20)得 RLC 串联电路发生谐振时的角频率为

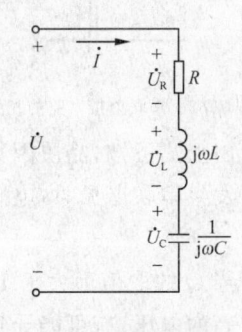

图 3-31　RLC 串联电路

$$\omega_0=\frac{1}{\sqrt{LC}}$$

ω_0 称为谐振角频率。

RLC 串联电路发生谐振时的频率为

$$f_0=\frac{\omega_0}{2\pi}=\frac{1}{2\pi\sqrt{LC}}$$

f_0 称为谐振频率。

串联谐振电路有以下四个特点：

(1) 阻抗最小，等于电阻。

RLC 串联电路的阻抗模 $|Z|=\sqrt{R^2+(X_L-X_C)^2}$。串联谐振时，$X_L=X_C$，使阻抗取得最小值 $|Z_0|=R$。

(2) 电流最大，等于 $\dfrac{U}{R}$。

RLC 串联电路的电流有效值 $I=\dfrac{U}{|Z|}=\dfrac{U}{\sqrt{R^2+(X_L-X_C)^2}}$。若电路的端电压一定时，由

于阻抗最小,故电流取得最大值 $I_0 = \dfrac{U}{R}$。

(3) 感抗和容抗相等,等于特性阻抗。

串联谐振时,$X_{L0} = X_{C0} = \omega_0 L = \dfrac{1}{\omega_0 C} = \sqrt{\dfrac{L}{C}}$,令 $\rho = \sqrt{\dfrac{L}{C}}$,称为特性阻抗,单位为 Ω。

(4) 电感电压和电容电压大小相等(等于端电压的 Q 倍),端电压等于电阻电压。

串联谐振时,电感电压和电容电压分别为

$$\dot{U}_{L0} = jX_{L0}\dot{I}_0 = j\rho\dfrac{\dot{U}}{R} = j\dfrac{\rho}{R}\dot{U}$$

$$\dot{U}_{C0} = -jX_{C0}\dot{I}_0 = -j\dfrac{\rho}{R}\dot{U}$$

因为电感电压相量和电容电压相量的大小相等、方向相反,所以端口电压

$$\dot{U} = \dot{U}_{R0} + \dot{U}_{L0} + \dot{U}_{C0} = \dot{U}_{R0}$$

即端口电压等于电阻电压。串联谐振电路的相量图如图 3-32 所示。

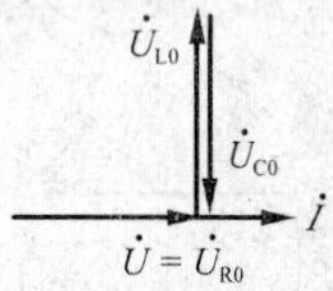

特性阻抗 ρ 与电阻 R 的比值,称为品质因数,无量纲。

$$Q = \dfrac{\rho}{R} = \dfrac{1}{R}\sqrt{\dfrac{L}{C}}$$

图 3-32 串联谐振电路的相量图

由上式可知,品质因数是由电路的参数 R、L、C 决定的。

发生串联谐振时,电感电压和电容电压的大小,等于端口电压的 Q 倍,即

$$U_{L0} = U_{C0} = QU$$

当 Q 的取值远大于 1 时,如 $Q = 100$,则 $U_{L0} = U_{C0} = 100U$,此时电感元件和电容元件将承受很高的电压,有可能导致电容击穿和线圈绝缘受损。因此,串联谐振又称为电压谐振。

考虑到电力电路具有电流大、电压高的特点,要尽量避免电路在串联谐振状态下工作,以防电容器和电感线圈承受比端电压大许多的工作电压,保证设备安全。另一方面,在电子电路中,要利用串联谐振的这一特点,让某一频率的信号工作在电路谐振状态下,使电容器和线圈得到较大的电压信号,而其他频率的信号由于工作在电路的非谐振状态下,没有产生足够大的电容电压而不被接收。

例 3-12 收音机的调谐回路可视为 RLC 串联电路,已知 $L = 0.2$ mH。若欲使某收音机的接收信号的范围在 500～1 600 kHz,则该如何选择可调电容器?

解 由串联谐振条件 $\omega L = \dfrac{1}{\omega C}$ 可知,谐振时

$$C = \dfrac{1}{\omega^2 L} = \dfrac{1}{(2\pi f)^2 L}$$

当 $f_1 = 500$ kHz 时

$$C_1 = \dfrac{1}{(2\pi f_1)^2 L} = \dfrac{1}{(2 \times 3.14 \times 500 \times 10^3)^2 \times 0.2 \times 10^{-3}} = 507 \text{ pF}$$

当 $f_2 = 1\ 600$ kHz 时

$$C_2 = \dfrac{1}{(2\pi f_2)^2 L} = \dfrac{1}{(2 \times 3.14 \times 1\ 600 \times 10^3)^2 \times 0.2 \times 10^{-3}} = 49.5 \text{ pF}$$

故电容器的调节范围应该为 49.5～507 pF。

2. 并联谐振电路

并联谐振电路有两种情况：电阻、电感、电容三种元件并联的理想并联谐振电路和线圈并联电容器的并联谐振电路。下面我们主要讨论线圈并联电容器的并联谐振电路，如图 3-33 所示为线圈与电容器并联的电路。

由图 3-33 可知，两条支路的导纳分别为

$$Y_1 = \frac{1}{R+j\omega L} = \frac{R}{R^2+(\omega L)^2} - j\frac{\omega L}{R^2+(\omega L)^2}$$

图 3-33 线圈与电容器并联的电路

$$Y_2 = \frac{1}{-jX_c} = j\omega C$$

所以，电路的导纳

$$Y = Y_1 + Y_2 = \frac{R}{R^2+(\omega L)^2} + j\left[\omega C - \frac{\omega L}{R^2+(\omega L)^2}\right]$$

当虚部为零时，端电压、端电流同相，电路达到谐振。此时

$$Y = \frac{R}{R^2+(\omega L)^2} \tag{3-21}$$

因此谐振条件为 $\omega C - \frac{\omega L}{R^2+(\omega L)^2} = 0$，即

$$C = \frac{L}{R^2+(\omega L)^2} \tag{3-22}$$

当 $\omega L \gg R$ 时，R 可忽略不计，谐振条件为 $\omega C = \frac{1}{\omega L}$。此时电路的品质因数很大，$Q = \frac{\omega L}{R} \gg 1$，并联谐振电路的谐振条件与串联谐振条件相同，谐振角频率和谐振频率分别为

$$\omega_0 = \frac{1}{\sqrt{LC}}$$

$$f_0 = \frac{1}{2\pi\sqrt{LC}}$$

并联电路的调谐要比串联电路复杂得多。当 ω、L、C 一定时，调节电容量 C，使 $C = \frac{L}{R^2+(\omega L)^2}$，电路一定可达谐振；当 R、L、C 一定时，调节角频率 ω，有 $\omega = \sqrt{\frac{L-R^2C}{L^2C}} = \sqrt{\frac{1}{LC}-(\frac{R}{L})^2}$。当 $\frac{1}{LC} \geqslant (\frac{R}{L})^2$ 时，调 ω 可达谐振；当 $\frac{1}{LC} < (\frac{R}{L})^2$ 时，不可调谐。

并联谐振有以下特征：

(1) 若 $Q \gg 1$，电路导纳最小，阻抗最大。

(2) 若电路的端电流一定，由于阻抗最大，故端电压最大。

(3) 电感线圈支路电流和电容支路电流近似相等，为总电流的 Q 倍，并联谐振又称为电流谐振。如图 3-34 所示为并联谐振电路的相量图。

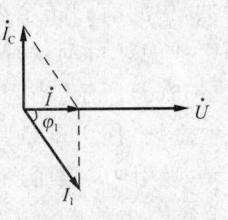

图 3-34 并联谐振电路的相量图

例 3-13 线圈与电容器并联电路，接到 220 V 的工频交流电源上。已知线圈电阻为 12 Ω，电感为 200 mH。若调节电容使电路达到谐振。则此时各支路的电流多大？

解 感抗

$$\omega L = 314 \times 200 \times 10^{-3} = 62.8\ \Omega$$

电路发生谐振时,电路导纳为 $Y = \dfrac{R}{R^2 + (\omega L)^2}$,所以端电流为

$$I = \dfrac{R}{R^2 + (\omega L)^2} U = \dfrac{12}{12^2 + 62.8^2} \times 220 = \dfrac{12 \times 220}{4\,087.8} = 0.65\ \text{A}$$

线圈电流

$$I_1 = \dfrac{U}{\sqrt{R^2 + (\omega L)^2}} = \dfrac{220}{\sqrt{12^2 + 62.8^2}} = \dfrac{220}{\sqrt{4\,087.8}} = 3.44\ \text{A}$$

据 $C = \dfrac{L}{R^2 + (\omega L)^2}$,可得电容电流

$$I_C = \omega C U = \dfrac{\omega L}{R^2 + (\omega L)^2} U = \dfrac{62.8}{12^2 + 62.8^2} \times 220 = \dfrac{62.8 \times 220}{4\,087.8} = 3.38\ \text{A}$$

电感线圈支路电流和电容支路电流近似相等,约为端电流的5.2倍。

六、交流电流表、交流电压表的基本结构和工作原理

交流电流表、交流电压表可分为模拟式和数字式两类。

1. 数字式交流电压表、交流电流表

数字式交流电压表、交流电流表的特点是把被测量转换为数字量,然后以数字形式直接显示被测量的数值。数字仪表与微处理器配合,可以在测量中实现自动选择量程、自动储存测量结果、自动进行数据处理及自动补偿。数字仪表加上选测控制系统可以构成巡回检测装置,能实现对多种对象的远距离测量。

2. 模拟式交流电流表、交流电压表

模拟式交流电流表、交流电压表按仪表的测量机构可分为电磁系、电动系、铁磁电动系等。

(1)电磁系电流表、电压表

电磁系仪表是测量交流电压和交流电流最常用的一种仪表。它具有结构简单,抗过载能力强,造价低廉,交、直流两用等一系列优点,在电力系统中得到了广泛的运用,尤其是安装式仪表一般都采用电磁系仪表。近年来,随着新材料、新工艺及新技术的发展和设计的改进,电磁系仪表的准确度等级逐步提高,功率消耗逐渐降低。

电磁系测量机构主要是由固定线圈和可动铁片组成。根据固定线圈与可动铁片之间作用关系的不同,电磁系测量机构可分为吸引型、排斥型、排斥吸引型三种。

①吸引型 吸引型电磁系测量机构的结构可分为固定部分和可动部分。如图3-35所示,固定部分主要由固定线圈组成;可动部分主要由偏心地装在转轴上的可动铁片、指针、游丝、阻尼片等组成。

固定线圈的形状是扁平的,中间有一条窄缝,可动铁片可以转入此窄缝内。固定线圈和可动铁片是产生转动力矩的主要元件,如图3-36(a)所示,当固定线圈中通有电流时,固定线圈产生磁场,使可动铁片磁化,固定线圈与可动铁片之间产生吸引力,从而产生转动力矩,引起指针偏转。当固定线圈中的电流方向改变

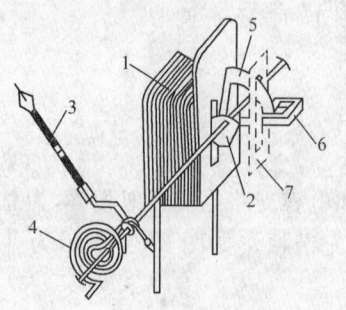

图3-35 吸引型电磁系测量机构
1—固定线圈;2—可动铁片;3—指针;4—游丝;
5—阻尼片;6—永久磁铁;7—磁屏

时,如图3-36(b)所示,固定线圈所产生的磁场的极性和被磁化的铁片的极性同时随之改变,

因此，固定线圈与可动铁片之间的作用力方向仍保持不变。也就是说，指针的偏转方向不会随电流方向的改变而改变。所以，这种电磁系测量机构既可以测量直流量，也可以测量交流量。

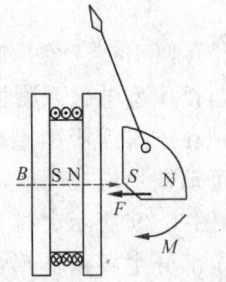

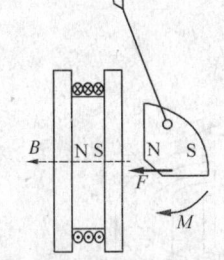

(a) 固定线圈中通有电流时铁片磁化情况　　(b) 固定线圈中电流方向改变后铁片磁化情况

图 3-36　固定线圈与可动铁片产生吸引力的示意

游丝的作用是产生反作用力矩。通有电流的固定线圈和可动铁片之间的吸引力产生转动力矩，在转动力矩的作用下，可动部分发生偏转，引起游丝扭转而产生反作用力矩，当转动力矩与游丝产生的反作用力矩的大小相等时，指针便停止偏转，稳定在某一平衡位置，从而指示出被测量的大小。

在电磁系测量机构中常采用磁感应阻尼器或空气阻尼器产生阻尼力矩。图 3-35 中的阻尼片、永久磁铁和磁屏组成磁感应阻尼器，其作用是产生阻尼力矩，阻止可动部分来回摆动，使指针快速静止下来，便于读数。

② 排斥型　如图 3-37 所示，排斥型电磁系测量机构固定部分主要由圆形的固定线圈和固定在其内壁的固定铁片组成；可动部分主要由固定在转轴上的可动铁片、指针、游丝、阻尼片等组成。

如图 3-38(a) 所示，当固定线圈中通有电流时，电流所产生的磁场使固定铁片和可动铁片同时被磁化，并且两个铁片的同一侧具有相同磁化极性，因而产生排斥力，使指针偏转。当转动力矩与游丝产生的反作用力矩平衡时，指针便稳定在某一位置，指示出被测量的大小。当固定线圈中的电流方向发生改

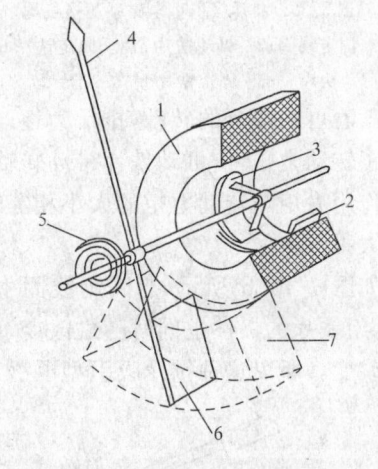

图 3-37　排斥型电磁系测量机构
1—固定线圈；2—固定铁片；3—可动铁片；
4—指针；5—游丝；6—阻尼片；7—阻尼盒

变时，它所建立的磁场方向随之改变，两个铁片的极性也同时随之改变，如图 3-38(b) 所示，因而两个铁片仍然相互排斥，使可动铁片的转动方向依然保持不变，即指针的偏转方向不会改变，所以这种排斥型电磁系测量机构同样可以交、直流两用。

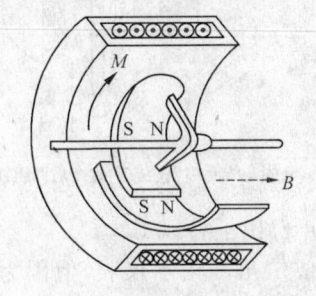

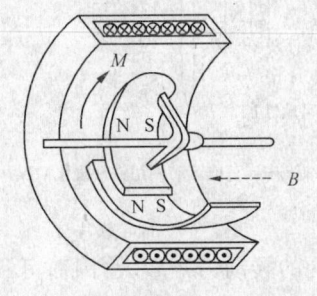

(a) 固定线圈中通有电流时两铁片磁化情况　　(b) 固定线圈中电流方向改变后两铁片磁化情况

图 3-38　固定铁片与可动铁片产生排斥力的示意

图3-37中的阻尼片、阻尼盒组成空气阻尼器。当指针在平衡位置摆动时,使阻尼盒内一端空气被压缩,而另一端空气未被压缩,故在阻尼片两侧产生压差,从而阻止可动部分来回摆动,使指针很快静止下来。

③排斥吸引型 排斥吸引型电磁系测量机构的结构与排斥型电磁系测量机构类似,它们之间的主要区别在于排斥吸引型电磁系测量机构的固定铁片与可动铁片均有两组,两组铁片分别位于轴心两侧,如图3-39所示。排斥吸引型电磁系测量机构的固定部分主要由圆形的固定线圈和固定在其内壁上的两个固定铁片组成;可动部分主要由固定在转轴上的两个可动铁片、指针、游丝、阻尼片(游丝和阻尼片在图3-39中未画出)等组成。

如图3-40(a)所示,当固定线圈中通有电流时,两组铁片同时被磁化。可动铁片a与固定铁片b之间,可动铁片a′与固定铁片b′之间,因极性相同而相互排斥;可动铁片a与固定铁片b′之间,可动铁片a′与固定铁片b之间,因极性相异而相互吸

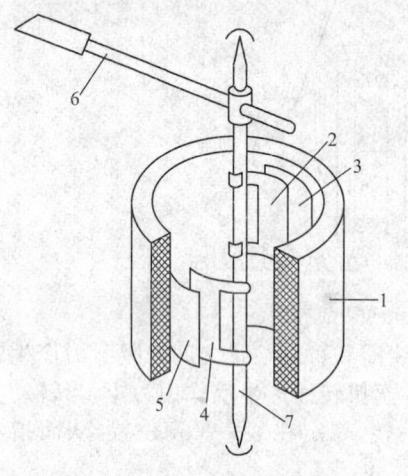

图3-39 排斥吸引型电磁系测量机构
1—固定线圈;2—可动铁片a;3—固定铁片b;
4—可动铁片a′;5—固定铁片b′;6—指针;7—转轴

引。随着可动部分的转动,排斥力逐渐减弱而吸引力逐渐增强。排斥力和吸引力共同作用而产生了转动力矩,使可动铁片带动转轴和指针偏转。转轴偏转使游丝变形,产生反作用力矩。当反作用力矩与转动力矩的大小相等时,指针便停止偏转,稳定在某一平衡位置,指示出被测量的大小。

如图3-40(b)所示,当固定线圈中的电流方向发生改变时,电流产生的磁场方向随之改变,两组铁片的极性也同时随之改变,因而转动力矩的方向依然保持不变,即指针的偏转方向不会改变。所以这种排斥吸引型电磁系测量机构也同样可以交、直流两用。

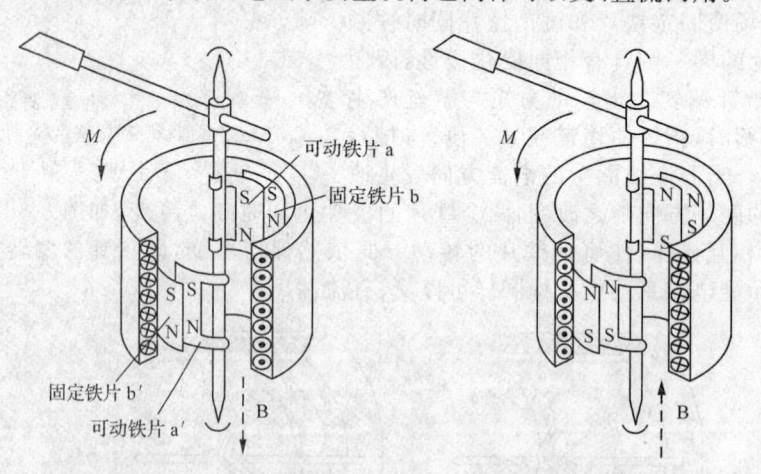

(a)固定线圈中通有电流时两组铁片磁化情况 (b)固定线圈中电流方向改变后两组铁片磁化情况

图3-40 固定铁片与可动铁片之间产生作用力的示意

排斥吸引型结构的转动力矩较大,因而可制成广角度指示仪表,但因为铁芯结构(可动铁片、固定铁片)增多,磁滞误差较大,所以准确度不高,一般多用于安装式仪表中。

不论哪种结构形式的电磁系测量机构,都是由通过固定线圈的电流产生磁场,使处于该磁场中的铁片磁化,从而产生转动力矩的。其转动力矩 M 都与流过固定线圈的电流 I 的平方近似成正比,即

$$M = K_\alpha I^2 \tag{3-23}$$

式(3-23)中,K_α 为一个系数,它与固定线圈的匝数和尺寸,可动、固定铁片的材料、形状和尺寸,以及可动、固定铁片与固定线圈的相对位置(偏转角)有关。

当固定线圈中通入交流电流时,其平均转动力矩与电流有效值的平方成正比。直流和交流的转动力矩的公式是相同的。

电磁系测量机构的反作用力矩是由游丝产生的。当可动部分偏转一个角度 α 时,游丝变形,产生反作用力矩。游丝产生的反作用力矩 M_α 为

$$M_\alpha = D\alpha$$

式中,D 为游丝的弹性系数;α 为指针的偏转角。

当可动部分所受的转动力矩与反作用力矩平衡时,有

$$M = M_\alpha$$

$$K_\alpha I^2 = D\alpha$$

$$\alpha = \frac{K_\alpha}{D} I^2$$

令 $K = \dfrac{K_\alpha}{D}$,则

$$\alpha = K I^2 \tag{3-24}$$

式(3-24)表明,电磁系测量机构指针的偏转角与固定线圈电流的平方有关。当线圈电流为交流电流时,其指针的偏转角与线圈交流电流有效值的平方有关。

电磁系测量机构不管线圈电流是什么方向,铁片的转动方向不会改变,因此电磁系测量机构不仅可以用来测量直流,也可以用来测量交流。可制成交、直流两用的仪表,主要用于交流。

在电磁系测量机构中的通电线圈是固定不动的,电流不需要经过游丝导入,如果用较粗的导线来绕制固定线圈,就可以通过较大的电流。电磁系测量机构制成的电流表、电压表测量的是有效值,刻度是不均匀的。

(2)电动系电流表、电压表

电动系仪表的用途广泛,不仅能制成交、直流两用,准确度较高的电压表和电流表,还可以制成测量功率用的功率表、测量相位的相位表和测量频率的频率表。

电动系测量机构由固定部分和可动部分组成。如图3-41所示,固定部分主要由固定线圈组成。固定线圈是由两段线圈构成的,电流通过这两段线圈时,可以产生比较均匀的磁场。可动部分主要由装在转轴上的可动线圈、游丝、指针、阻尼片等组成。

如图3-42所示,固定线圈中通入直流电流 I_1 时产生磁场,磁感应强度 B_1 正比于 I_1。如果可动线圈通入直流电流 I_2,则可动线圈在此磁场中就要受到电磁力的作用而带动指针偏转,电磁力 F 的大小与磁感应强度 B_1 和电流 I_2 成正比。直到转动力矩与游丝的反作用力矩相平衡时,才停止偏转。指针的偏转角度与两线圈电流的乘积成正比,即

$$\alpha = K I_1 I_2$$

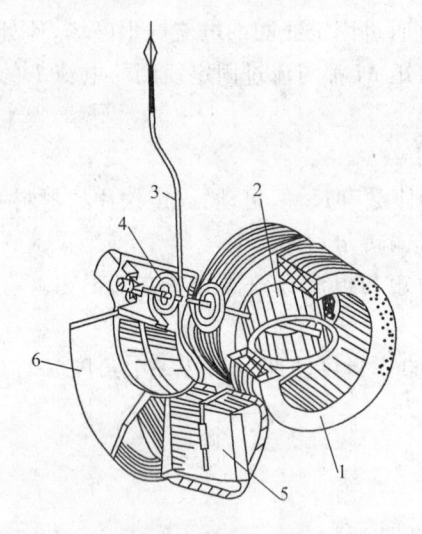

图 3-41 电动系测量机构
1—固定线圈；2—可动线圈；3—指针；4—游丝；
5—阻尼片；6—阻尼盒

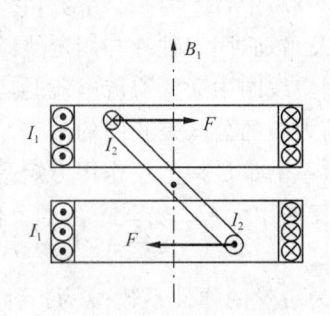

图 3-42 电动系测量机构的工作原理

当线圈通入交流电流时，设固定线圈和可动线圈中电流分别为 i_1 和 i_2，则转动力矩的瞬时值与两个电流瞬时值的乘积成正比。而可动部分的偏转程度取决于转动力矩的平均值，由于转动力矩的平均值不仅与 i_1 及 i_2 的有效值成正比，而且还与 i_1 和 i_2 相位差的余弦成正比，因此电动系测量机构用于交流时，指针的偏转角与两个电流的有效值及两电流相位差的余弦成正比，即

$$\alpha = KI_1I_2\cos\varphi$$

因为电动系测量机构内没有铁磁物质，所以没有磁滞误差，可制成准确度高的仪表。电动系测量机构多用于交流精密测量中，并可制成可携式交、直流两用的电流表和电压表，还广泛用来制成各种功率表。制成电流表和电压表时，测量的是有效值，刻度是不均匀的。

(3) 铁磁电动系电流表、电压表

铁磁电动系测量机构是由固定线圈和铁芯、可动线圈以及可动部分构成。它的工作原理和电动系测量机构完全相同。但因为铁磁材料的磁滞和涡流损失造成的误差较大，所以这种测量机构的准确性较低。因此，主要用来制造安装式功率表。可用来制成交、直流两用仪表，但主要用于交流。制成交流电流表、交流电压表时，测量的是有效值，刻度不均匀。

七、钳形电流表的基本结构和工作原理

在实际工作中，常常需要测量用电设备、电力导线的电流值。前面讨论的电流的测量中，电流表必须与被测电路串联。在实际操作时，需将被测电路断开，将电流表或电流互感器的一次绕组串接到电路中进行测量，显然很不方便。而钳形电流表是一种不需断开电路就可直接测电路电流的携带式仪表。因为在不影响被测电路正常运行的情况下，就可以测得电路的电参数，所以钳形电流表特别适合于不便于断开线路或不允许停电的测量场合。同时由于钳形电流表结构简单、携带方便，在电气检修中使用非常方便，应用相当广泛。

钳形电流表根据测量结果显示形式不同分为数字式和机械式两类；按结构和原理不同分为互感器式、电磁式和多用型。

互感器式钳形电流表只能用于交流电流的测量。如图 3-43 所示,互感器式钳形电流表由电流互感器和电流表组合而成。电流互感器的铁芯有一活动部分在钳形表的上端,并与手柄相连。在捏紧手柄时,可以使活动铁芯张开,如图 3-43 中虚线所示,使被测导线不必切断就可以穿过铁芯张开的缺口而放入钳形电流表的钳口中,然后松开手柄使铁芯闭合。此时,被测导线就成为电流互感器的一次绕组。当被测导线中有交变电流通过时,交流电流的磁通在互感器二次绕组中感应出电流,该电流通过与二次绕组相连接的电流表,从而测出被测线路的电流。

量程转换开关及切换电路可实现钳形电流表的多量程电流测量。使用时可以通过转换开关的拨挡,改换不同的量程。但拨挡时不允许带电进行操作。

多用型钳形电流表由钳形电流互感器与万用表组合而成。当两部分组合起来时,就是一块钳形电流表。将钳形互感器拨出,便可作为万用表使用。

电磁式钳形电流表既可以用于交流电流的测量,也可以用于直流电流的测量。如图 3-44 所示,电磁式钳形电流表由电磁系测量机构组成,主要由可动铁片、铁芯等组成。测量电流时,按动手柄,打开钳口,将被测导线置于电流表的钳口中央。当被测导线中有电流通过时,在铁芯内部产生磁场。位于铁芯缺口中间的可动铁片受此磁场作用而偏转,从而测出被测电流的数值。

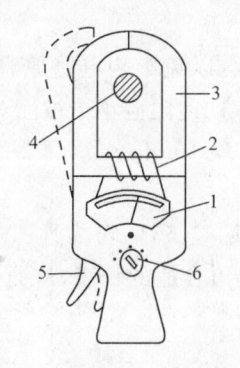

图 3-43 互感式钳形电流表结构
1—电流表;2—二次绕组;3—铁芯;
4—被测导线;5—手柄;6—量程转换开关

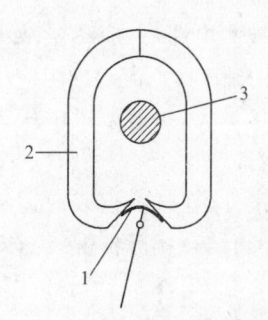

图 3-44 电磁式钳形电流表结构
1—可动铁片;2—铁芯;3—被测导线

数字式钳形电流表主要由两部分组成:输入与变换部分,作用是采集信号;A/D 转换电路与显示部分,作用是输出测量值。

任务实施

一、交流电流表、交流电压表的使用

1. 交流电流表、交流电压表的正确选择

交流电流表、交流电压表的种类有很多,应根据被测量的特点和电流表、电压表的性能正确合理地选择交流电流表、交流电压表,以达到测量的目的和要求。

(1) 仪表的类型

开关板或电气设备面板上的仪表应选择安装式仪表，在实验室使用的仪表一般选择便携式仪表。对于频率、环境温度、湿度、外界电磁场等方面有特定要求时，应按其要求进行选择，以尽量减小测量误差。

(2) 仪表的准确度

作为标准表或精密测量时，可选用 0.1 级或 0.2 级的仪表；实验用时，可选用 0.5 级或 1.0 级的仪表；一般的工程测量，可选用 1.5 级以下的仪表。

与仪表配合的附加装置，如分流电阻、分压电阻、仪用互感器等，其准确度等级应比仪表本身的准确度等级高 2～3 挡，这样才能保证测量结果。

(3) 仪表的量程

在实际测量中，为使测量误差尽量减小，且保证仪表的安全，应根据以下原则选择电流表和电压表的量程：所选量程要大于被测量，应使被测量之值在仪表量程的 1/2～2/3 以上。在无法估计被测量值大小时，应选用仪表最大量程测量后，再逐步换成合适的量程。

(4) 仪表的绝缘强度

选择仪表时，还要根据被测电路电压的高低，来确定仪表的绝缘强度，以免发生危害人身安全及损坏仪表的事故。

(5) 仪表的内阻

仪表接入被测电路后，应尽量减小仪表本身的功率损耗，以免影响电路原有的工作状态。因此，选择仪表内阻时，电流表内阻应尽量小，一般要求电流表的内阻应小于被测对象的 100 倍；电压表内阻应尽量大，一般要求电压表内阻值要大于被测对象 100 倍。

(6) 其他因素

除上述因素外，在选择仪表时还有许多因素需要考虑，如经济性、可靠性、过载能力、维修是否方便等，必须结合实际情况，综合考虑各种因素，才能选出合适的仪表，从而达到的测量的目的和要求。

2. 交流电流表的使用方法

(1) 将仪表按面板要求的位置放置。

(2) 正确接线。测量低压电路中的电流时，若被测电流没有超过交流电流表的量程，则可直接测量，即把交流电流表直接串联在被测电路中，接线方法如图 3-45(a) 所示。直接测量的电流不能太大，因为大电流在电磁系电流表附近产生的强磁场将引起仪表的误差，所以直接测量的最大电流一般为 200 A。测量大电流或高压电路中的电流时，可用电流互感器来扩大交流电流表的量程和隔离高电压，接线方法如图 3-45(b) 所示。电流互感器的一次绕组和被测电流回路串联，二次绕组两端接交流电流表。一次绕组两端钮为 L_1、L_2，二次绕组两端钮为 K_1、K_2。其中 L_1 和 K_1 为同名端，L_2 和 K_2 为同名端，不能接错。

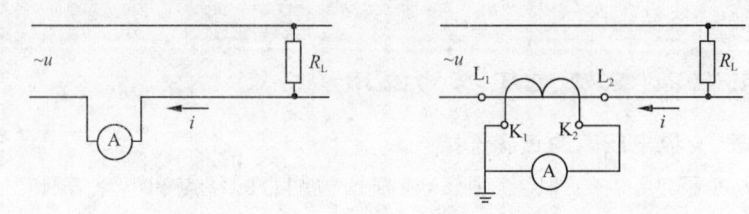

(a) 直接测量电流　　　　　　　　(b) 与电流互感器配合测量交流电流

图 3-45　使用交流电流表测量交流电流时的接线方法

(3)选择量程。在使用电流表前,要根据被测量的大小选择合适的量程。安装式仪表一般只有一个量程。便携式电流表一般是多量程仪表,应选用合适的量程。

(4)调零。对于机械式仪表,用旋钉螺具对仪表的机械调零器进行调零,并轻敲仪表,看指针在"0"的位置是否变化。

(5)接通电源,读出被测电流的值。直接测量时,电流表的读数即被测电流值;与电流互感器配合测量交流电流时,需将接在二次侧的电流表的读数乘以电流互感器的变流比,才是一次侧被测电流值。如果是与电流互感器配套使用的交流电流表,为了读数方便,电流表标尺通常按一次侧电流刻度,这样从电流表上就可以直接读出被测电流的值。

3. 交流电压表的使用方法

(1)将仪表按面板要求的位置放置。

(2)正确接线。测量低电压时,若被测电压没有超过交流电压表的量程,则可直接测量,即把交流电压表直接并联在被测电路两端,接线方法如图 3-46(a)所示。测量高电压时,可用电压互感器来扩大交流电压表的量程和隔离高电压,接线方法如图 3-46(b)所示。电压互感器的一次绕组和被测电路并联,二次绕组两端接交流电压表。一次绕组两端钮为 A、X,二次绕组两端钮为 a、x。其中 A 和 a 为同名端,X 和 x 为同名端,不能接错。

(a) 直接测量电压　　　　　(b) 与电压互感器配合测量交流电压

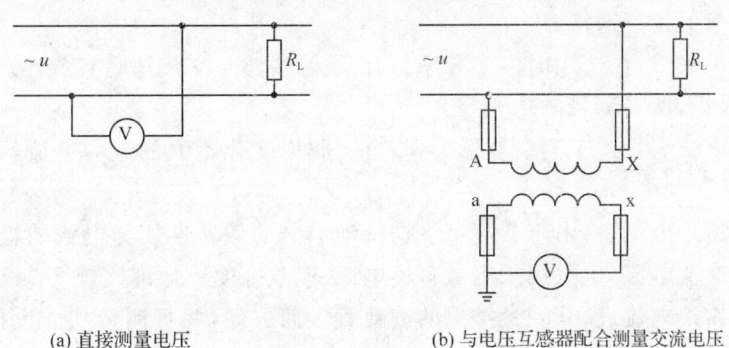

图 3-46　使用交流电压表测量交流电压时的接线方法

(3)选择量程。在使用电压表前,要根据被测量的大小选择合适的量程。安装式仪表一般只有一个量程。便携式电压表一般是多量程仪表,应选用合适的量程。

(4)调零。对于机械式仪表,用旋钉螺具对仪表的机械调零器进行调零,并轻敲仪表,看指针在"0"的位置是否变化。

(5)接通电源,读出被测电压的值。直接测量时,电压表的读数即被测电压值;与电压互感器配合测量交流电压时,需将接在二次侧的电压表的读数乘以电压互感器的变压比,才是一次侧被测电压值。如果是与电压互感器配套使用的交流电压表,为了读数方便,电压表标尺通常按一次电压刻度,这样从电压表上就可以直接读出被测电压的值。

4. 使用和维护交流电流表、电压表的注意事项

(1)使用和维护模拟式交流电流表、电压表的注意事项

①测量前,应进行调零,以免测量读数不准确。并注意按仪表面板上所要求的工作放置位置正确放置仪表。

②应根据被测量值的大小选择量程,以免过负荷毁坏指针或烧毁仪表,或电流过小不在有效刻度内而使测量结果不准确。

③接线应牢固,以免接触不良或发热。

④读数时,眼睛应正对指针读数,避免由于视角偏斜引起的读数误差。
⑤仪表应放置在干燥通风、无尘、无振动、无外磁场的场所使用或保存。
⑥使用中轻拿轻放,勿用力晃动,以免指针在冲撞力的作用下断裂,在运输途中,应采取防振措施。
⑦为了保证使用的准确、可靠,应将仪表按时、定期送检。

(2)使用和维护数字式交流电流表、电压表的注意事项

①因为数字式仪表种类繁多,使用方法也不一样,在使用前应仔细阅读说明书,熟悉各旋钮开关及插孔功能,以免误操作损坏仪表。
②接线应牢固,以免接触不良或发热。
③使用完毕后,应将开关拨至"关(OFF)"的位置。若长期不用,应将电池取出,以免电解液流出腐蚀电池盒及表内元件。
④应放置在干燥通风、无尘、无振动、无外磁场的场所使用或保存。
⑤为了确保测量的准确性,仪表应定期送检。

二、钳形电流表的使用

1. 钳形电流表的正确选择

钳形表的种类很多,在选用时主要考虑的有:被测线路是交流还是直流,被测导线的形状、粗细,被测量的大小,所需测量的功能等。

互感式钳形电流表只适于测量波形失真较低、频率变化不大的工频电流,否则,将产生较大的测量误差。

对于电磁式钳形电流表,由于其测量机构可动部分的偏转性质与电流的极性无关,因此,它既可用于测量交流电流,也可用于测量直流电流,但准确度通常都比较低。

对于数字式钳形电流表,其测量结果的读数直观而方便,并且测量功能也扩充了许多,如扩展到能测量电阻、二极管、电压、有功功率、无功功率、功率因数、频率等参数。然而,数字式钳形电流表并不是十全十美的,当测量场合的电磁干扰比较严重时,显示出的测量结果可能发生离散性跳变,从而难以确认实际电流值。而若使用机械式钳形电流表,由于测量机构本身所具有的阻尼作用,使得其本身对较强电磁场干扰的反应比较迟钝,最多也只是指针产生小幅度的摆动,其示值范围比较直观,相对而言读数不太困难。

应根据被测线路的电压等级正确选择钳形电流表,被测线路的电压要低于钳形电流表的额定电压。测量高压线路的电流时,应选用与其电压等级相符的高压钳形电流表。低电压等级的钳形电流表只能测低压系统中的电流,不能测量高压系统中的电流。

钳形电流表的准确度主要有2.5级、3级、5级等几种,应当根据测量技术要求和实际情况选用。

2. 钳形电流表使用前的检查

钳形电流表在使用前应检查各部位是否完好无损:铁芯绝缘护套应完好;钳把操作应灵活,钳口铁芯应无锈斑,闭合应严密;指针应能自由摆动;挡位变换应灵活,手感应明显。

应重点检查表的绝缘性能是否良好,钳口上的绝缘材料(橡胶或塑料)有无脱落、破裂等现象,整个外壳应无破损,手柄应清洁干燥,这些都直接关系着测量安全。

还应检查钳口的开合情况,要求钳口可动部分开合自如,两边钳口结合面应紧密接触。如钳口上有油污和杂物,应用溶剂洗净;如有锈斑,应轻轻擦去。

若指针没在零位,应进行机械调零。

对于数字式钳形电流表,还需检查表内电池的电量是否充足,不足时必须更换新电池。

对于多用型钳形电流表,还应检查测试线和表棒有无损坏,要求导电良好、绝缘完好。

3. 使用钳形电流表测量电流时的操作步骤

(1)根据被测线路的电流大小,选择相应的测量量程。当被测线路的电流难以估算时,应将量程开关置于最大测量量程(或根据导线截面,估算其安全载流量,适当选择量程)。所选的量程应能使指针指示在标度尺刻度的 1/2~2/3 以上,以减小测量时产生的误差。

(2)测量人员应戴手套,将表平端,按紧手柄,使钳口张开,将被测导线放入钳口中央,然后松开手柄并使钳口闭合紧密。钳口的结合面如有杂声,应重新开合一次;仍有杂声,应处理结合面,以使读数准确。

(3)读数。钳形电流表表盘上标尺刻度通常有多条,读数时应根据所选量程,在相应的刻度线上读取数值。

(4)当被测电流较小时,为了得到较准确的读数,若条件允许,可将被测导线在钳口铁芯上多缠绕几圈,被导线中的电流值应为读数除以放进钳口内的导线圈数。

(5)读数后,将钳口张开,将被测导线退出,将钳形电流表量程开关置于最高测量量程或 OFF 挡。

4. 使用和维护钳形电流表的注意事项

钳形电流表使用方便,无须断开电源和线路就可以直接测量运行中电气设备的工作电流,便于及时了解设备的工作状况。在使用和维护钳形电流表时应注意以下事项:

(1)测量低压可熔保险器或水平排列低压母线电流时,应在测量前将各相可熔保险或母线用绝缘材料加以保护隔离,以免引起相间短路。对低压导线或设备进行电流值的测量时,由于一般低压母线排布的线间距离不够大,有的钳形电流表体形尺寸较大,测量时张开钳口就有可能引起相间短路或接地,倘若测量人员的姿势不稳或胳膊发生晃动,就更容易发生事故。所以,必须根据现场实际条件,在测量之前,采用合格的绝缘材料将母线及电气元件加以相间隔离,同时应注意不得触及其他带电部分。当电缆有一相接地时,严禁测量,防止出现因电缆头的绝缘水平低发生对地击穿爆炸而危及人身安全。

(2)在测量现场,各种器材均应井然有序,测量人员身体的各部分与带电体保持安全距离,低压系统安全距离为 0.1~0.3 m。测量高压电缆各相电流时,电缆头线间距离应在 300 mm 以上,且绝缘良好,待认为测量方便时,方能进行。观测表计时,要特别注意保持头部与带电部分的安全距离,人体任何部分与带电体的距离不得小于钳形表的整个长度。

(3)钳形电流表不能测量裸导体的电流。因为在测量裸导线的电流时,如果不同相导线之间及导线与地之间的距离较小,若钳口绝缘不良或者绝缘套已经损坏,就很容易造成相与相之间、相与地之间短路事故。所以通常规定不允许用钳形电流表测量裸导线的电流,如果必须测量,应当做好裸导线的绝缘隔离的安全准备工作,防止意外情况的发生。

(4)测试时应戴手套(绝缘手套或清洁干燥的线手套),必要时应设监护人。用高压钳形表测量时,应由两人操作,测量时应戴绝缘手套,站在绝缘垫上,不得触及其他设备,以防止短路或接地。

(5)对于多用钳形电流表,各项功能不得同时使用。例如,在测量电流时,不能同时测量电压,出于安全考虑,测试线必须从钳形电流表上拔下来。

(6)钳形电流表准确度等级不高,常用于对测量要求不高的场合。

(7) 应根据被测电流大小来选择合适的量程。选择的量程应使指针落到刻度尺的 1/3 以上的刻度上,因为指针的偏转角太小,刻度值不易分辨,影响测量的准确度。若无法估计,为防止损坏钳形电流表,应从最大量程开始测量,逐步变换挡位直至量程合适。严禁在测量进行过程中切换钳形电流表的量程,换量程时应先将被测导线从钳口退出再更换量程。

(8) 被测导线要尽量放置在钳口内的中央位置上,如被测量导线过于偏斜,被测电流在钳口铁芯所产生的磁感应强度将会发生较大幅度的变化,直接影响测量的准确度。

(9) 测量时务必使钳口接合紧密,以减小漏磁通。如听到钳口发出的电磁噪声或把握钳形电流表的手有轻微震动的感觉,说明钳口端面结合不严密,此时应重新张、合一次钳口。如果噪声依然存在,应检查钳口端面有无污垢或锈迹,若有应将其清除干净,直至钳口结合良好为止。

(10) 对于数字式钳形电流表,尽管在使用前曾检查过电池的电量,但在测量过程中,也应当随时关注电池的电量情况,若发现电池电压不足(如出现低电压提示符号),必须在更换电池后再继续测量。如果测量现场存在电磁干扰,将会干扰测量的正常进行,应设法排除干扰。数字式表头的显示虽然比较直观,但液晶屏的有效视角是很有限的,眼睛过于偏斜时很容易读错数字。还应当注意小数点所在的位置,这一点千万不能被忽视。

(11) 对于机械式钳形电流表,表盘上标尺刻度通常有多条,应根据所选量程,在相应的刻度线上读取数值。读数时,眼睛要正对表针和刻度,以避免斜视,减小视差。

(12) 测量过程中不能同时钳住两根或多根导线。测量 5 A 以下的电流时,为了得到较准确的读数,若条件允许,可将被测导线在钳口铁芯上多缠绕几圈,但实际电流值应为读数除以放进钳口内的导线圈数。

(13) 当被测量频率较低或正弦波有较大失真时,钳形电流表误差较大。

(14) 每次测量完毕后一定要把调节开关拨至最大电流量程的位置,以防下次使用时,由于未经选择量程而造成仪表损坏。

(15) 钳形电流表要有专人保管,不用时应存放在环境干燥、无尘、温度适宜、通风良好、无强烈震动、无腐蚀性和有害成分的室内货架或柜子内加以妥善保管。

(16) 清洁钳形电流表只能使用湿布和少量洗涤剂,切忌用化学溶剂擦表壳。

(17) 如观察到有任何异常,钳形电流表应立即停止使用并送维修。

三、测量 RLC 串联电路的电压和电流

(1) 按图 3-47 所示接线,取 $R=500\ \Omega, C=4\ \mu F$。经教师检查后,合上电源,调节单相调压器使其输出电压为 90 V,用电压表监视,使单相调压器的输出电压保持不变。

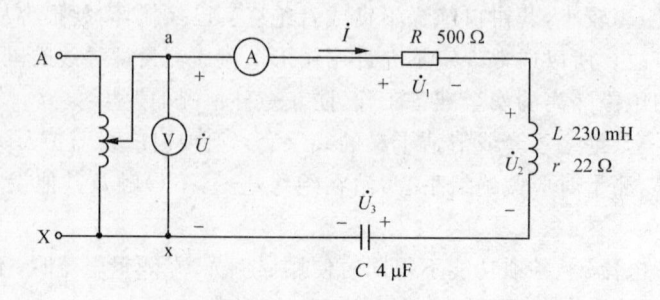

图 3-47 测量 RLC 串联电路的电压和电流的实验电路

(2)分别测量电路的电流及各元件上的电压和总电压,记于表3-1中。

表3-1　　　　　　　测量RLC串联电路的电压和电流实验数据表

被测量	I/A	U/V	U_1/V	U_2/V	U_3/V
测量值					

(3)对测量结果进行分析、总结。

任务二　单相交流电路功率的测量

教学目标

知识目标:
理解有功功率、无功功率、视在功率的概念。
能力目标:
(1)能够分析计算简单正弦交流电路的功率。
(2)能够根据电路图进行设备安装与连接。
(3)熟练掌握功率表的使用方法。

任务描述

在正弦交流电路中,由于储能元件(电感元件和电容元件)的存在,使得电源与储能元件之间或储能元件与储能元件之间发生能量的往返交换,这种现象是电阻电路中所没有的。因此,对正弦交流电路的分析,需要理解有功功率、无功功率、视在功率的概念。能够计算简单正弦交流电路的功率。掌握功率表的使用方法。

任务准备

课前预习"相关知识"部分。理解有功功率、无功功率、视在功率的概念。学会使用功率表,并独立回答下列问题:

(1)根据电阻、电感、电容三种元件电压、电流及瞬时功率的波形,说明为什么称电阻为耗能元件,而称电感、电容为储能元件?

(2)若正弦电压 $u=220\sqrt{2}\sin100\pi t$ V 加在电感为 $L=0.0127$ H 的线圈上,求电感元件的无功功率。

(3)将 $C=38.5$ μF 的电容元件接到电压为 $u=220\sqrt{2}\sin100\pi t$ V 的正弦电压源上,求电容

元件的无功功率。

（4）在 RLC 串联正弦交流电路中，已知电压 $u=220\sqrt{2}\sin100\pi t$ V，$R=11\ \Omega$，$L=211$ mH，$C=65\ \mu\text{F}$。求电路的有功功率、无功功率和视在功率。

相关知识

一、正弦稳态电路的功率

1. 瞬时功率

对二端网络，若其端电压 u 与电流 i 取关联参考方向，则此二端网络吸收的瞬时功率为
$$p=ui$$

在正弦交流电路中，在关联参考方向下，如图 3-48 所示，设二端网络 N 的端电压和电流分别为 $u=\sqrt{2}U\sin(\omega t+\varphi)$，$i=\sqrt{2}I\sin\omega t$，其中 φ 为电压超前电流的相位角，则瞬时功率为
$$p=ui=2UI\sin\omega t\sin(\omega t+\varphi)=UI\cos\varphi-UI\cos(2\omega t+\varphi) \tag{3-25}$$

由式（3-25）可知，瞬时功率可看作由两个分量叠加而成：一个分量是与时间无关的恒定分量 $UI\cos\varphi$；另一个分量是正弦分量 $-UI\cos(2\omega t+\varphi)$，其频率是电流频率的两倍。

电压、电流及瞬时功率的波形如图 3-49 所示。从图中可以看到，瞬时功率是以两倍角频率变化的周期性非正弦函数。瞬时功率有时为正，有时为负，分别对应二端网络从外电路吸收能量和向外部输出能量的情况。

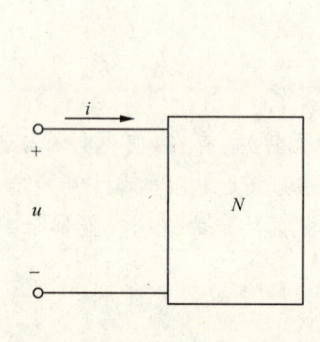

图 3-48 二端网络

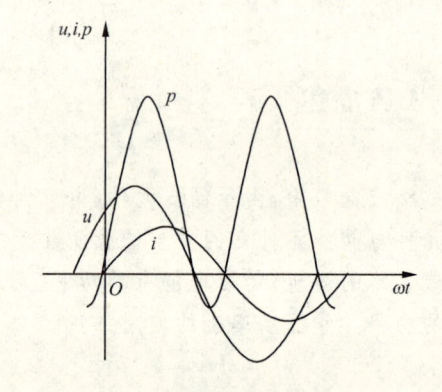

图 3-49 电压、电流及瞬时功率的波形

利用三角公式变换式（3-25）得
$$\begin{aligned}p&=ui=2UI\sin\omega t\sin(\omega t+\varphi)=UI\cos\varphi-UI\cos(2\omega t+\varphi)\\&=UI\cos\varphi(1-\cos2\omega t)+UI\sin\varphi\sin2\omega t=p_a+p_r\end{aligned} \tag{3-26}$$

由式（3-26）可知，瞬时功率还可看作由以下两个分量叠加而成：一个分量是 $p_a=UI\cos\varphi(1-\cos2\omega t)$，因为 $\cos2\omega t\leqslant1$，即 $p_a=UI\cos\varphi(1-\cos2\omega t)\geqslant0$，所以 p_a 是网络吸收能量的瞬时功率，其最大值为 $UI\sin\varphi$；另一个分量是 $p_r=UI\sin\varphi\sin2\omega t$，$p_r$ 是一个正弦函数，其频率是电流频率的两倍。

对于电阻元件，由于电压、电流同相，将 $\varphi=0°$ 代入式（3-26），得
$$p_a=UI(1-\cos2\omega t)$$

$$p_r = 0$$

其电压、电流及瞬时功率的波形如图 3-50 所示。电阻元件始终消耗电能。

对于电感元件，由于电压比电流超前 90°，将 $\varphi = 90°$ 代入式(3-26)，得

$$p_a = 0$$
$$p_r = UI\sin2\omega t$$

其电压、电流及瞬时功率的波形如图 3-51 所示。当电压、电流同号时，电感元件由外部吸收能量储存于磁场中；当电压、电流异号时，电感元件向外输出能量。一个周期内电感元件吸收和发出的能量相同。

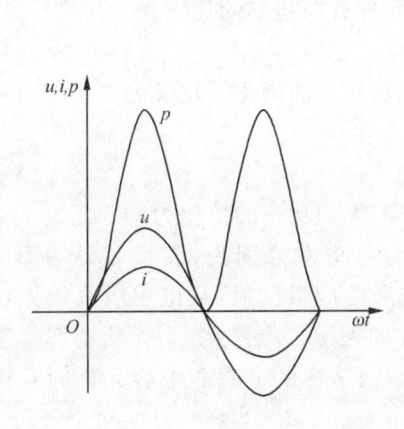

图 3-50 电阻元件的电压、电流及瞬时功率的波形

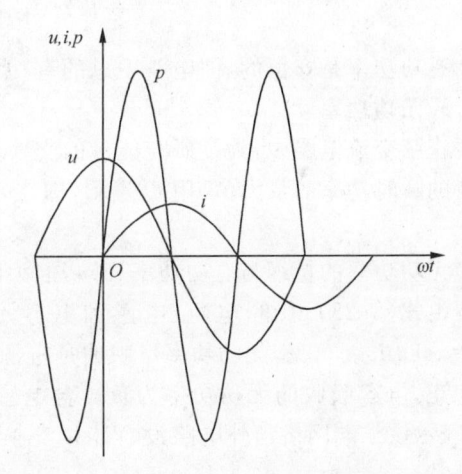

图 3-51 电感元件的电压、电流及瞬时功率的波形

对于电容元件，由于电压比电流滞后 90°，将 $\varphi = -90°$ 代入式(3-26)，得

$$p_a = 0$$
$$p_r = -UI\sin2\omega t$$

其电压、电流及瞬时功率的波形如图 3-52 所示。当电压、电流同号时，电容元件由外部吸收能量储存于电场中；当电压、电流异号时，电容元件向外输出能量。与电感元件相似，一个周期内电容元件吸收和发出的能量也是相同的。

由上述分析可知，瞬时功率表达式中的功率分量 $p_a = UI\cos\varphi(1-\cos2\omega t)$ 总是正值，它反映的是网络接受能量的瞬时功率，且只有电阻元件才有，电感和电容元件没有；瞬时功率表达式中的功率分量 $p_r = UI\sin\varphi\sin2\omega t$ 有时为正值，有时为负值，它反映的是网络交换能量的瞬时功率，且只有电感和电容元件才有，电阻元件没有。

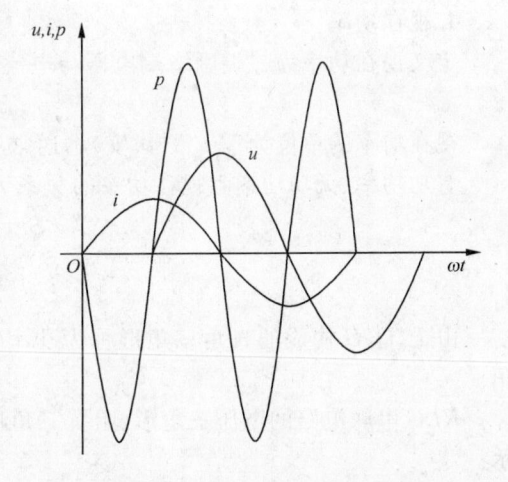

图 3-52 电容元件的电压、电流及瞬时功率的波形

2. 有功功率

由于瞬时功率的大小随时间变化，某瞬间的功率不能全面反映整个功率的情况，因此引入平均功率的概念。定义平均功率为瞬时功率在一周期内的平均值，以 P 表示，也称为有功功率，简称功率，即

$$P = \frac{1}{T}\int_0^T p\,dt = UI\cos\varphi \tag{3-27}$$

式中,U、I 分别为电压、电流有效值;$\cos\varphi$ 为功率因数;φ 为电压超前电流的相位角,又称功率因数角;有功功率 P 的单位为 W(瓦)。

由式(3-27)可知,电阻、电感和电容元件吸收的有功功率分别为 $P_R=U_R I_R$,$P_L=0$,$P_C=0$。可见,有功功率实质上是电阻元件的瞬时功率的平均值,是用于消耗的瞬时功率的平均值。

因为电感和电容元件的有功功率为零,所以由 R、L、C 构成的无源二端网络的有功功率是其中各电阻元件的有功功率之和,即

$$P = \sum P_R$$

有功功率是守恒的,即电路中总的有功功率等于各元件有功功率的代数和。

3. 无功功率

正弦交流电路中,为了研究能量的交换问题,引入无功功率的概念。定义无功功率为用于交换的瞬时功率的最大值,用 Q 表示,即

$$Q = UI\sin\varphi \tag{3-28}$$

无功功率的量纲与有功功率相同,但为区别有功功率,无功功率的单位为 var(乏)。

由式(3-28)可知,电阻、电感和电容元件吸收的无功功率分别为 $Q_R=0$,$Q_L=U_L I_L$,$Q_C=-U_C I_C$。可见,无功功率反映的是电源与储能元件间的能量交换,且电感吸收的无功功率为正,电容吸收的无功功率为负。含电感和电容元件的无源二端网络,当无功功率等于零时,表示该二端网络与外电路没有能量交换,能量在二端网络内的电感和电容元件间互相交换。

需要说明的是,无功功率虽然不是"消耗"的功率,但不能把它理解为"无用"的功率。因为无功功率是某些电气设备进行正常工作所必需的。在许多电气设备中,磁场的建立靠的就是无功功率。因此,无功功率是发电厂和电力系统中的重要经济、技术指标之一。

无功功率也是守恒的,即电路中总的无功功率等于各元件无功功率的代数和。

4. 视在功率

定义视在功率为二端网络端电压与电流有效值的乘积,用 S 表示,即

$$S = UI \tag{3-29}$$

视在功率的单位为 V·A(伏安)。通常所说的设备的容量即指它的视在功率。

有功功率、无功功率和视在功率的关系为

$$S^2 = P^2 + Q^2$$

$$\tan\varphi = \frac{Q}{P}$$

由 P、Q、S 构成的直角三角形称为功率三角形,如图 3-53(c)所示。其中,φ 为功率因数角。

RLC 串联电路的电压三角形、阻抗三角形和功率三角形是三个相似三角形,如图 3-53 所示。

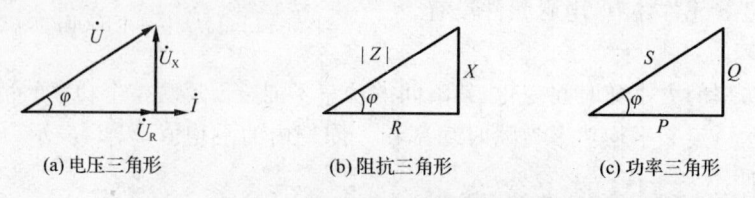

(a) 电压三角形   (b) 阻抗三角形   (c) 功率三角形

图 3-53　RLC 串联电路的三个三角形

例 3-14 如图 3-54 所示,无源二端网络 N,已知端口电压 $u=220\sqrt{2}\sin(314t+73.1°)$ V,电流 $i=4.4\sqrt{2}\sin(314t+20°)$ A。求此无源二端网络的有功功率、无功功率和视在功率。

解 根据端口电压、电流可求得

$$P=UI\cos\varphi=220\times4.4\times\cos(73.1°-20°)=580.8 \text{ W}$$

$$Q=UI\sin\varphi=220\times4.4\times\sin(73.1°-20°)=774.4 \text{ var}$$

$$S=UI=220\times4.4=968 \text{ V·A}$$

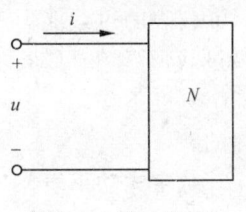

图 3-54 例 3-14 图

二、功率表

在日常电工测量中,对电气设备的功率测量很重要。功率表的种类很多,可分为模拟式和数字式两类。模拟式功率表常采用电动系或铁磁电动系测量机构。

1. 电动系功率表

(1)电动系功率表的工作原理

把电动系测量机构中的固定线圈与被测负载串联,可动线圈串联附加电阻后与被测负载并联,就构成了一个电动系功率表,如图 3-55 所示。

因为固定线圈与被测负载串联,测量时通过固定线圈的电流就是被测负载电流,所以一般把功率表的固定线圈称为电流线圈。可动线圈和附加电阻 R_f 串联后再与被测负载并联,可动线圈支路的电压就是被测负载的电压,所以常把功率表的可动线圈称为电压线圈,可动线圈支路称为电压支路。

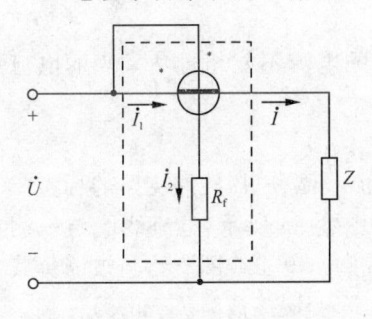

图 3-55 电动系功率表测量原理

测量时,通过电流线圈的电流等于被测负载的电流,即 $\dot{I}_1=\dot{I}$。由于附加电阻 R_f 较大,可动线圈的感抗可忽略不计,电压支路可近似看作纯电阻电路,电压线圈的电流 $\dot{I}_2$ 与电压 $\dot{U}$ 同相。所以,$\dot{I}_1$ 与 $\dot{I}_2$ 的相位差就等于被测负载的电流 $\dot{I}$ 与电压 $\dot{U}$ 的相位差。功率表指针的偏转角为

$$\alpha=KI_1I_2\cos\varphi=KI\frac{U}{R_f}\cos\varphi=K_PUI\cos\varphi=K_PP$$

上式表明,偏转角 α 与被测负载的有功功率 P 成正比。因此,电动系功率表标尺的刻度是均匀的。

一般便携式电动系功率表通常有两个电流量程,两个或三个电压量程。通常是通过接线片或转换开关改变两段固定线圈的连接方式(串联或并联)来改变电流量程,通过改变电压支路的附加电阻来改变电压量程。

(2)电动系仪表的技术特性

①准确度高。因为电动系仪表测量机构中没有铁磁物质,所以不存在磁滞误差,准确度等级可达 0.1~0.05 级。

②交、直流两用,还可测量非正弦量的有效值。

③能构成多种线路测量各种电量,如电压、电流、功率、频率、相位等。

④易受外磁场影响。这是由于内部工作磁场较弱的缘故。因此,在一些精密度较高的仪表中,装有磁屏蔽装置,或采用无定位结构,以消除外磁场对测量结果的影响。

⑤仪表本身消耗功率大。为了保证足够的励磁安匝数,电动系仪表本身消耗的功率较大。

⑥仪表的过载能力差。由于可动线圈中的电流是靠游丝导入电流的,且动圈的导线很细,如果过载,游丝和可动线圈易烧断和变质。

⑦刻度不均匀。电动系电流表和电压表的标尺刻度前密后疏,但电动系功率表的刻度是均匀的。

2. 数字式功率表

数字式功率表常采用单片机技术和 A/D 转换器件,有对数据的存储、运算、逻辑判断及自动化操作等功能,具有一定的智能作用,具有良好的技术性能,功能强,读数方便。

任务实施

一、电动系功率表的使用

1. 电动系功率表量程的选择

电动系功率表的量程有电流量程、电压量程。被测负载的电流不能超过功率表的电流量程,被测负载的电压不能超过功率表的电压量程。

2. 电动系功率表的接线

电动系功率表的接线必须遵守"发电机端"守则,即将电流线圈、电压线圈支路的标有"*"号的端钮接在电源侧,使两线圈的电流都从"*"端流入。如图 3-56 所示,电流线圈与被测负载串联,电流线圈标有"*"的一端接电源侧,非"*"端接负载侧。电压线圈支路与被测负载并联,电压线圈支路标有"*"号的一端接在电流线圈的一端,非"*"端接被测负载的另一端。

为了减小测量误差,可根据负载阻抗的大小,选择电压线圈支路前接或后接。当负载阻抗比较大或远远大于功率表电流线圈的阻抗时,采用电压线圈支路前接,如图 3-56(a)所示;当负载阻抗比较小时,采用电压线圈支路后接,如图 3-56(b)所示。对于具有电流补偿线圈的低功率因数功率表,由于受补偿原理的限制,在测量时,电压线圈支路只能后接,不能采用前接。

(a) 电压线圈支路前接   (b) 电压线圈支路后接

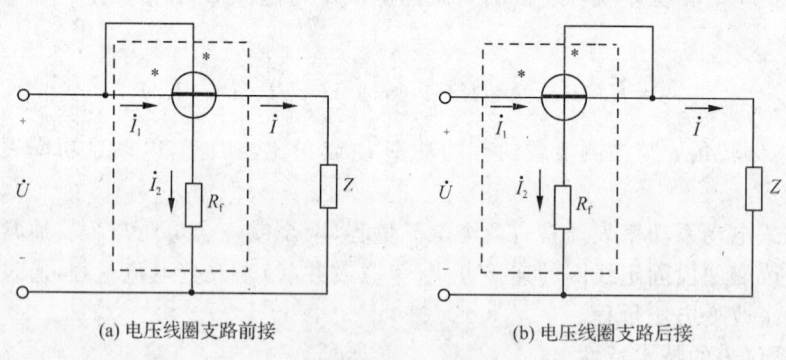

图 3-56 电动系功率表的接线

3. 电动系功率表的读数

对于多量程的功率表,其标尺不是标的瓦特值。测量时不能直接从标尺上读取被测的功率值,需要先计算出功率表的分格常数 C。分格常数是表示每一分格的瓦特值,即

$$C = \frac{U_N I_N \cos\varphi_N}{\text{标尺的满刻度格数}}$$

式中,U_N 为电压量程;I_N 为电流量程;$\cos\varphi_N$ 为功率表的额定功率因数。

当功率表指示的格数为 n 时,被测功率 P 为
$$P=Cn$$

二、测量 RLC 串联电路的功率

(1) 按图 3-57 所示接线,取 $R=500\ \Omega$,$C=4\ \mu F$。经教师检查后,合上电源,调节单相调压器使其输出电压为 220 V,用电压表监视,使单相调压器的输出电压保持不变。

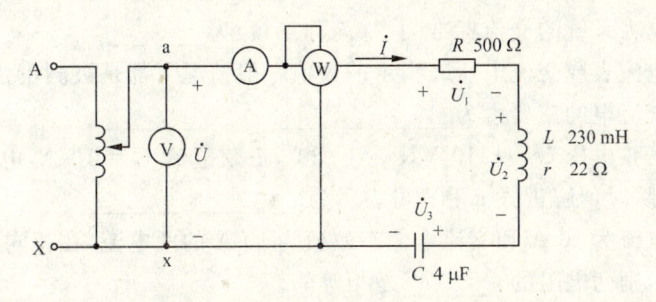

图 3-57 测量 RLC 串联电路的功率的实验电路

(2) 分别测量电路的总有功功率及各元件的有功功率,记于表 3-2 中。

表 3-2　　　　　　　　　测量 RLC 串联电路的功率实验数据表

被测量	I/A	U/V	$P_总$/W	P_R/W	P_L/W	P_C/W
测量值						

(3) 对测量结果进行分析、总结。

学习情境总结

交流电在日常生产和生活中应用极为广泛,单相交流电路的测量是电气工程技术人员必须掌握的基本知识与基本技能。本学习情境包括交流电压、交流电流的测量和单相交流电路功率的测量两个任务。

本学习情境的相关知识有:
(1) 正弦量的有效值、角频率、周期、频率、初相、相位差、超前、滞后的概念;
(2) 正弦量的相量表示法;
(3) 基尔霍夫定律的相量形式;
(4) 正弦电路中的电阻、电感和电容元件的伏安关系;
(5) 有功功率、无功功率、视在功率的概念;
(6) 简单正弦交流电路的电压、电流和功率的分析计算;
(7) 交流电压表、交流电流表的使用方法;
(8) 功率表的使用方法。

通过本学习情境的学习,同学们能够正确使用交流电压表、电流表、功率表对单相正弦交流电路进行电压、电流和功率的测量,能够正确运用交流电路的基本知识分析计算简单交流电路的电压、电流和功率。

习 题

一、填空题

3.1.1 我国电力系统的交流标准频率(简称工频)为_____。

3.1.2 交流电流表或交流电压表指示的数值一般情况下都是被测正弦量的_____。

3.1.3 正弦交流电的三要素为_____、_____、_____。

3.1.4 已知正弦电压 $U_m=210$ V,$\varphi_u=-30°$,正弦电流 $I_m=10$ A,电流超前电压 $60°$ 相位角,则电压、电流瞬时值解析式 u 和 i 可表示为_____,_____。

3.1.5 直流电流为 10 A 和交流电流有效值为 10 A 的两电流,在相同的时间内分别通过阻值相同的两电阻,则两电阻的_____是相等的。

3.1.6 纯电感交流电路中,电流的相位_____电压 $90°$。

3.1.7 纯电容交流电路中,电流的相位_____电压 $90°$。

3.1.8 对纯电感电路,若保持电源电压有效值不变,仅增大电源的频率,则此时电路中的电流有效值将_____。

3.1.9 对纯电容电路,若保持电源电压有效值不变,仅增大电源的频率,则此时电路中的电流有效值将_____。

3.1.10 正弦交流电的频率越高,通电线圈的感抗_____。

3.1.11 正弦电路中,电感元件的有功功率 $P=$_____。

3.1.12 正弦电路中,电容元件的有功功率 $P=$_____。

二、单项选择题

3.2.1 已知某正弦交流电压的周期为 10 ms,有效值为 220 V,在 $t=0$ 时正处于由正值过渡为负值的零值,则其表达式可写作_____。

A. $u=380\sin(100t+180°)$ V B. $u=311\sin(200\pi t+180°)$ V
C. $u=220\sin(628t+180°)$ V D. $u=-311\sin100°t$ V

3.2.2 与电流相量 $\dot{I}=(4+j3)$ A 对应的正弦电流可写作 $i=$_____ A。

A. $5\sin(\omega t+53.1°)$ B. $5\sqrt{2}\sin(\omega t+36.9°)$
C. $5\sqrt{2}\sin(\omega t+53.1°)$ D. $5\sin(\omega t+36.9°)$

3.2.3 用幅值(最大值)相量表示正弦电压 $u=537\sin(\omega t-90°)$ V 时,可写作_____ V。

A. $\dot{U}_m=537\angle-90°$ B. $\dot{U}_m=537\angle90°$
C. $\dot{U}_m=537\angle(\omega t-90°)$ D. $\dot{U}_m=759\angle-90°$

3.2.4 已知两正弦交流电流 $i_1=5\sin(314t+60°)$ A,$i_2=10\sin(314t-60°)$ A,则二者的相位关系是_____。

A. 同相 B. 反相 C. i_1 超前 i_2 $120°$ D. i_1 滞后 i_2 $120°$

3.2.5 已知正弦交流电压 $u=100\sin(2\pi t+60°)$ V,其频率为_____ Hz。

A. 50 B. 2π C. 2 D. 1

3.2.6 在纯电阻正弦交流电路中,在关联参考方向下,电阻两端的电压和电流的相位关系为_____。

A. 电压超前电流 90°　　　　　　　B. 电压和电流同相
C. 电压滞后电流 90°　　　　　　　D. 电压超前电流 60°

3.2.7 在正弦交流电路中,电容器的容抗与频率的关系为_____。

A. 容抗与频率有关,且频率增大时,容抗减小
B. 容抗大小与频率无关
C. 容抗与频率有关,且频率增大时,容抗增大
D. 容抗大小与电源电压的大小有关

3.2.8 在纯电容的正弦交流电路中,下列说法中正确的是_____。

A. 电容器隔交流,通直流　　　　　B. 电容器通交流,隔直流
C. 电流的相位滞后电压 90°　　　　D. 电流和电压的关系为 $i=u/X_C$

3.2.9 在纯电感的正弦交流电路中,下列说法中正确的是_____。

A. 电感元件通高频,阻低频　　　　B. 电感元件通低频,阻高频
C. 电流的相位超前电压 90°　　　　D. 电流和电压的关系为 $i=u/X_L$

3.2.10 RL 串联正弦稳态电路中,$P=100$ W,$Q=200$ var,则_____。

A. $S<300$ V·A　　B. $S>300$ V·A　　C. $S=300$ V·A　　D. S 无法确定

三、计算题

3.3.1 已知 $u=100\sin(\omega t+10°)$ V,$i_1=2\sin(\omega t+100°)$ A,$i_2=-4\sin(\omega t+190°)$ A,$i_3=5\cos(\omega t-10°)$ A。写出电压和各电流的有效值、初相位,并求电压超前于电流的相位差。

3.3.2 写出下列电压、电流相量所代表的正弦电压和电流(设角频率为 ω)。

(1) $\dot{U}_m=10\angle-10°$ V
(2) $\dot{U}=(-6-j8)$ V
(3) $\dot{I}=-30$ A

3.3.3 $u=200\sin(100\pi t+60°)$ V,求此交流电压的振幅 U_m、f、T、相位、初相位。

3.3.4 用相量图表示 $u_1=60\sin(\omega t+60°)$ V,$u_2=30\sin(\omega t-30°)$ V。

3.3.5 已知交流电压 $\dot{U}_1=100\angle42°$ V,$\dot{U}_2=60\angle-36°$ V,$\dot{U}_3=50\angle140°$ V。求 $\dot{U}_1+\dot{U}_2+\dot{U}_3$。

3.3.6 已知 $\dot{A}=4+j3$,$\dot{B}=5+j6$。求 $\dot{A}\dot{B}$ 和 $\dfrac{\dot{A}}{\dot{B}}$。

3.3.7 已知两个同频率变化正弦量的相量形式为 $\dot{U}=10\angle23.35°$ V,$\dot{I}=5\sqrt{2}\angle-42.3°$ A 且 $f=50$ Hz,写出它们对应的瞬时表达式。

3.3.8 已知两个正弦电流分别为 $i_1=\sqrt{2}\sin(100\pi t+30°)$ mA,$i_2=2\sqrt{2}\sin(100\pi t-45°)$ mA。求 i_1+i_2 和 i_1-i_2。

3.3.9 求下列正弦量的周期、频率、初相、最大值、有效值。

(1) $10\cos 628t$ mA
(2) $120\sin(4\pi+34°)$ V
(3) $(50\cos 100t+50\sin 100t)$ V

3.3.10 如果 $i=2.5\sin(100\pi t-30°)$ A,求当 u 为下列表达式时,u 与 i 的相位差,并说出二者超前或滞后的关系。

(1) $u=100\sin(100\pi t+10°)$ V

(2) $u = 70\sin(100\pi t - \dfrac{\pi}{3})$ V

(3) $u = -100\sin 100\pi t$ V

(4) $u = -30\cos(100\pi t - 10°)$ V

3.3.11 将正弦电压 $u = 10\sin(314t + 30°)$ V 施加于电阻为 5 Ω 的电阻元件上,在关联参考方向下,求通过该电阻元件的电流 i。

3.3.12 将正弦电压 $u = 10\sin(314t + 30°)$ V 施加于感抗 $X_L = 5$ Ω 的电感元件上,在关联参考方向下,求通过该电感元件的电流 i。

3.3.13 正弦电压 $\dot{U} = 10\angle 30°$ V 施加于容抗 $X_C = 5$ Ω 的电容元件上,在关联参考方向下,求通过该电容元件的电流相量 $\dot{I}$。

3.3.14 已知电路中某元件上电压 u 和 i 分别为 $u = -10\sin 314t$ V,$i = 10\cos 314t$ A。则元件呈什么性质?求元件的复阻抗和储存能量的最大值。

3.3.15 若正弦电压 $u = 220\sqrt{2}\sin 100\pi t$ V 加在电感为 $L = 0.012\ 7$ H 的线圈上,求电感元件的无功功率。

3.3.16 将 $C = 38.5\ \mu\text{F}$ 的电容元件接到电压为 $u = 220\sqrt{2}\sin 100\pi t$ V 的正弦电压源上,求电容元件的无功功率。

学习情境四

日光灯电路的安装及功率因数的提高

任务书

任务总述

日光灯是常用的照明灯具,请了解日光灯电路,利用已有器材(非电子式镇流器、启辉器、日光灯管等)安装一个日光灯电路,并对已经安装好的日光灯电路进行测量,要求测量镇流器线圈的参数(线圈电阻 R、电感 L)及电路的电压、电流、有功功率、功率因数。

在实际的交流电路中,大多数交流负载都是感性的,由于感性负载的存在使得电路的功率因数较小。请了解提高功率因数的意义,并提高日光灯电路的功率因数。

对本学习情境的实施,要求根据引导文 4 进行。同时,进行以下基本技能的过程考核:

(1)使用交流电压表、交流电流表和功率表测量线圈参数。

(2)根据安装图,进行线路安装。

(3)对安装后日光灯的电路进行通电,用交流仪表测量该电路相关电压、电流、有功功率和功率因数。

(4)给日光灯电路并联合适的电容器,用交流仪表测量该电路相关电压、电流、有功功率和功率因数。

(5)通过测量数据分析总结提高功率因数的意义和方法。

已具备资料

(1)日光灯电路安装及功率因数提高自学资料:学生手册、引导文。

(2)日光灯电路安装及功率因数提高教学资料:多媒体课件、电工测量仪表视频。

(3)日光灯电路安装及功率因数提高复习(考查)资料:习题。

工作单

相关任务描述	(1)学会使用交流电压表、交流电流表和功率表测量线圈参数的方法 (2)学会安装日光灯电路，了解日光灯各部件的作用 (3)了解提高功率因数的意义及方法 (4)熟练掌握交流电压表、交流电流表、功率表、功率因数表的使用方法
相关学习资料的准备	日光灯电路的安装及功率因数的提高自学资料、教学资料
学生课后作业的布置	日光灯电路的安装及功率因数的提高习题
对学生的考核方法	过程考核 习题检查 PPT 汇报
采用的主要教学方法	多媒体、实验实训教学手段 情境启发式、任务驱动式、自主探究式、协作学习式等教学方法
教学及实验实训场所	电工测量一体化多媒体教室
教学及实验实训设备	常用电工工具、交流电压表、交流电流表、功率表、功率因数表、正弦交流电源、单相调压器、电感线圈、日光灯灯管、镇流器、启辉器、电容器、防护用品
教学日期	
备注	

引导文

引导文 4	日光灯电路的安装及功率因数的提高引导文	姓 名	页 数：

一、任务描述

　　日光灯是常用的照明灯具，请了解日光灯电路，利用已有器材（非电子式镇流器、启辉器、日光灯管）安装一个日光灯电路，并对已经安装好的日光灯电路进行测量，要求测量镇流器线圈的参数（线圈电阻 R、电感 L）及电路的电压、电流、有功功率、功率因数。

　　在实际的交流电路中，大多数交流负载都是感性的，由于感性负载的存在使得电路的功率因数较小。请了解提高功率因数的意义，并提高日光灯电路的功率因数。

二、任务资讯

　　(1) 提高功率因数有什么意义？
　　(2) 能否采用电容器和负载串联的方法来提高功率因数？
　　(3) 与感性负载并联的电容 C 越大，功率因数就越高吗？
　　(4) 在下图中，改变电容 C，功率表读数 P 将如何变化？

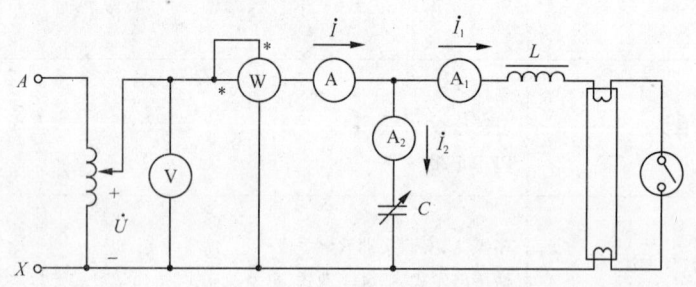

　　(5) 某感性负载额定电压为 220 V，接于工频 220 V 电源上，已知其功率为 8 kW，功率因数为 0.7。欲使其功率因数提高到 0.9，则需并联多大的电容？

三、任务计划

　　(1) 如果把镇流器等效为 RL 电路，画出测量出其参数 R、L 的实验电路图。
　　(2) 选择相关仪器、仪表，制订设备清单。
　　(3) 制作任务实施情况检查表，包括小组各成员的任务分工、任务准备、任务完成、任务检查情况的记录，以及任务执行过程中出现的困难和应急情况处理等。（单独制作）

四、任务决策

　　(1) 分小组讨论，分析阐述各自计划，确定日光灯电路的安装及功率因数的提高实施方案。
　　(2) 每组选派一位成员阐述本组日光灯电路的安装及功率因数的提高实施方案。
　　(3) 经教师指导，确定最终的日光灯电路的安装及功率因数的提高实施方案。

五、任务实施

　　(1) 日光灯启动时，启动电流很大，为防止过大的启动电流损坏交流电流表，你采用了什么办法？
　　(2) 日光灯点燃后，启辉器能不能去掉？请验证你的结论。
　　(3) 并联电容器前后，灯管电流 I_1 有无变化？总电流 I 有无变化？
　　(4) 对整个任务的完成情况进行记录。

六、任务检查

　　(1) 学生填写检查单。
　　(2) 教师填写评价表。
　　(3) 学生提交实训心得。

七、任务评价

　　(1) 小组讨论，自我评述完成情况及发生的问题，小组共同给出处理和提高方案。
　　(2) 小组准备汇报材料，每组选派一位成员进行汇报。
　　(3) 教师对方案评价说明。

学习情境四　日光灯电路的安装及功率因数的提高

学习资料

学习情境描述

通过线圈参数的测量和日光灯电路的安装,引导学生掌握测量电感线圈 R、L 参数方法和日光灯电路安装的基本技能,理解提高功率因数的意义及方法。

教学环境

整个教学在电工测量一体化多媒体教室中进行,教室内应有学习讨论区、操作区,并必须配置多媒体教学设备,同时提供任务中涉及的所有仪器仪表和所有被测对象。

任务一　线圈参数的测量

教学目标

知识目标:
(1) 理解阻抗、电抗、感抗的概念。
(2) 理解有功功率的概念。

能力目标:
(1) 能够根据电路图进行设备安装与连接。
(2) 熟练掌握交流电压表、交流电流表和功率表的使用方法。
(3) 能够根据测量数据计算线圈参数。

任务描述

一个电感线圈是由导线绕成的,除电感外还有电阻,同时在线圈的匝间还存在微量的分布电容。在较低频率(如 50 Hz)的正弦激励下,匝间电容可忽略,此时电感线圈的电路模型可以看作电感元件与电阻元件串联的电路。现有交流电压表、交流电流表、功率表各一块,要求设计一个实验电路,测量出线圈的参数(线圈电阻 R 和电感 L)。

任务准备

课前预习"相关知识"部分。理解正弦交流电路中的阻抗、电抗、感抗和有功功率的概念,掌握 RL 串联电路的伏安关系,学会使用交流电压表、交流电流表和功率表,能进行基本的电气测量,并独立回答下列问题:

(1) 在有效值为 100 V、频率为 50 Hz 的正弦交流电压源上,接有一感性负载,若线路电流的有效值为 2 A,则该感性负载的阻抗模是多少?

(2) 在有效值为 100 V、频率为 50 Hz 的正弦交流电压源上,接有一感性负载,其消耗的有功功率为 120 W,线路电流的有效值为 2 A,则该感性负载的等效电阻是多少?

(3) 一个感性负载,其阻抗模 $|Z|=50\ \Omega$,等效电阻 $R=30\ \Omega$,则该感性负载的等效电感 L 是多少?

相关知识

电感线圈可用 RL 串联电路为模型,如图 4-1 所示。采用电压表、电流表和功率表可以测量出电感线圈的参数 R 和 L,这种方法称为三表法。

根据 $P=I^2R$,由功率表、电流表的读数可求出等效电阻 R,即

$$R=\frac{P}{I^2}$$

再根据 $|Z|=\dfrac{U}{I}=\sqrt{R^2+X_L^2}$,由电压表、电流表的读数和等效电阻值 R 可求出等效感抗 X_L,即

$$X_L=\sqrt{|Z|^2-R^2}$$

最后根据 $X_L=2\pi fL$ 求得等效电感 L,即

$$L=\frac{X_L}{2\pi f}$$

例 4-1 用三表法(电压表、电流表和功率表)测量感性负载等效阻抗的电路如图 4-2 所示,现已知电压表、电流表、功率表读数分别为 50 V、1 A 和 30 W,若各表均为理想仪表,且电源频率为 50 Hz,求负载的等效电阻和等效电感。

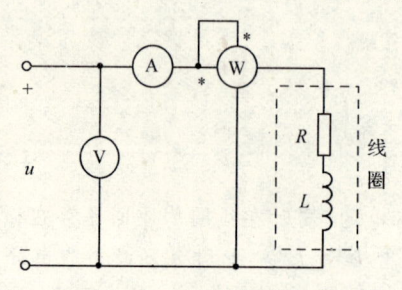

图 4-1 用三表法测量电感线圈参数的电路

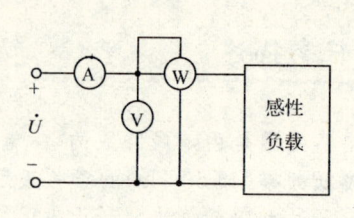

图 4-2 例 4-1 图

解法一 根据 $P=I^2R$，由功率表、电流表的读数可求出等效电阻 R，即

$$R=\frac{P}{I^2}=\frac{30}{1^2}=30\ \Omega$$

由电压表、电流表的读数可求出阻抗模 $|Z|$，即

$$|Z|=\frac{U}{I}=\frac{50}{1}=50\ \Omega$$

根据 $|Z|=\frac{U}{I}=\sqrt{R^2+X^2}$，由等效电阻值 R 可求出等效感抗 X_L，即

$$X_L=\sqrt{|Z|^2-R^2}=\sqrt{50^2-30^2}=40\ \Omega$$

最后根据 $X_L=2\pi fL$ 求得等效电感 L，即

$$L=\frac{X_L}{2\pi f}=\frac{40}{2\pi\times 50}=0.127\ H$$

解法二 根据 $P=UI\cos\varphi$，由电流表、电压表和功率表的读数可求出感性负载的功率因数，即

$$\cos\varphi=\frac{P}{UI}=\frac{30}{50\times 1}=0.6$$

由电压表、电流表的读数可求出阻抗模

$$|Z|=\frac{U}{I}=\frac{50}{1}=50\ \Omega$$

根据阻抗三角形，由阻抗模 $|Z|$ 可求出等效电阻 R，即

$$R=|Z|\cos\varphi=50\times 0.6=30\ \Omega$$

根据阻抗三角形，由阻抗模 $|Z|$ 可求出等效感抗 X_L，即

$$X_L=|Z|\sin\varphi=|Z|\sqrt{1-\cos^2\varphi}=50\times\sqrt{1-0.6^2}=40\ \Omega$$

最后根据 $X_L=2\pi fL$ 求得等效电感 L，即

$$L=\frac{X_L}{2\pi f}=\frac{40}{2\pi\times 50}=0.127\ H$$

任务实施

(1) 按图 4-3 所示接线，用电压表、电流表、功率表三个表测量线圈的参数 R 和 L。

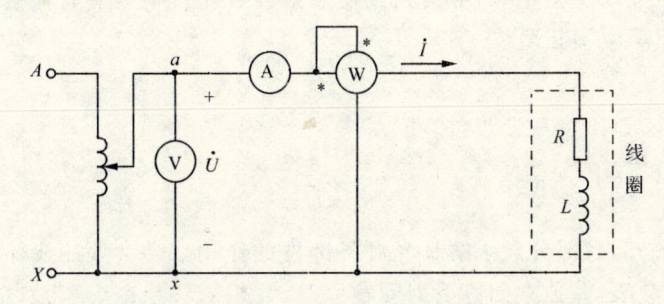

图 4-3 测量电感线圈参数的实验电路

(2) 经教师检查后，合上电源开关。调节单相调压器，使电压输出 220 V，读取电流表和功率表的读数，作记录，记入表 4-1 中。

(3) 根据测量数据计算线圈的参数 R 和 L。

等效电阻 $\quad R=\dfrac{P}{I^2}$ 或 $R=|Z|\cos\varphi=\dfrac{U}{I}\cos\varphi$

等效感抗 $\quad X_L=\sqrt{|Z|^2-R^2}$ 或 $X_L=|Z|\sin\varphi=\dfrac{U}{I}\sin\varphi$

等效电感 $\quad L=\dfrac{X_L}{\omega}=\dfrac{X_L}{2\pi f}$

将计算结果记录于表 4-1 中。

表 4-1　　测量电感线圈参数实验数据表

测量值			计算值	
U/V	I/A	P/W	R/Ω	L/H

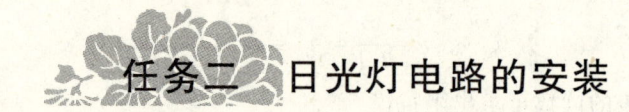

任务二　日光灯电路的安装

教学目标

知识目标：

了解日光灯各部件的作用。

能力目标：

能够安装日光灯电路。

任务描述

日光灯是常用的照明灯具，请了解日光灯电路，利用已有器材（非电子式镇流器、启辉器、日光灯管等）安装一个日光灯电路，并对已经安装好的日光灯电路进行测量，要求测量电路的电压、电流、有功功率、功率因数。

任务准备

课前预习"相关知识"部分。了解日光灯各部件的作用。学会使用交流电压表、交流电流表、功率表、功率因数表，并独立回答下列问题：

(1) 日光灯电路由哪几部分组成？

(2) 日光灯是怎样启动的？

(3) 在日光灯电路中，启辉器起了什么作用？阐述启辉器在日光灯电路中所起的作用。

(4) 列举出你所见过或知道的电感元件。日光灯电路中镇流器起什么作用？它是不是电感元件？它具有什么频率特性？

相关知识

一、日光灯的结构

日光灯电路由灯管、镇流器和启辉器三部分组成，如图 4-4 所示。

灯管是一根均匀涂有荧光物质的细光玻璃管，在管的两端装有灯丝电极，灯丝上涂有受热后易于发射电子的氧化物，管内充有稀薄的惰性气体和水银蒸气。

镇流器是一个带有铁芯的电感线圈。

启辉器由一个辉光管和一个小容量的电容器组成，它们装在一个圆柱形的外壳内，如图 4-5 所示。

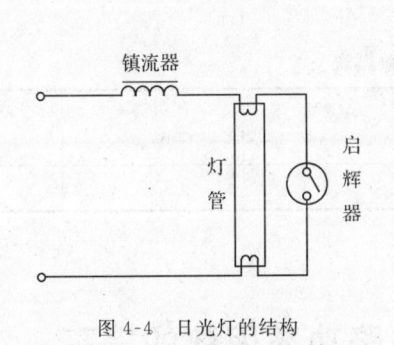

图 4-4 日光灯的结构

图 4-5 启辉器

二、日光灯的启动过程

当接通电源时，由于日光灯没有点亮，电源电压全部加在启辉器辉光管的两个电极之间，使辉光管放电，放电产生的热量使倒 U 形电极受热趋于伸直，两电极接触，这时日光灯的灯丝通过电极与镇流器及电源构成一个回路，灯丝因有电流（称为启动电流或预热电流）通过而发热，从而使氧化物发射电子。同时，辉光管两个电极接通时，电极间电压为零，辉光管放电停止，倒 U 形金属片因温度下降而复原，两电极脱开，回路中的电流突然被切断，于是镇流器两端产生一个比电源电压高得多的感应电压。这个感应电压连同电源电压一起加在灯管的两端，使灯管内的惰性气体电离而产生弧光放电。随着管内温度的逐渐升高，水银蒸气游离，并猛烈地碰撞惰性气体分子而放电。水银蒸气弧光放电时，辐射出不可见的紫外线，激发灯管内壁的荧光物质后发出可见光。

正常工作时，灯管两端的电压较低（40 W 灯管约 110 V，30 W 灯管约 80 V），此电压不足以使启辉器再次产生辉光放电。因此启辉器仅在启动过程中起作用，一旦启动完成，它便处于断开状态。

灯管正常工作时的电流不经过启辉器。由于镇流器感抗很大，因此可以限制和稳定电路的工作电流。日光灯在工作时是一个感性负载，其功率因数不高，为 0.5～0.6。

任务实施

(1) 按图 4-6 所示接线。经教师检查后，合上电源，调节单相调压器，使其输出电压从零开始慢慢增大，观察日光灯的启动过程。

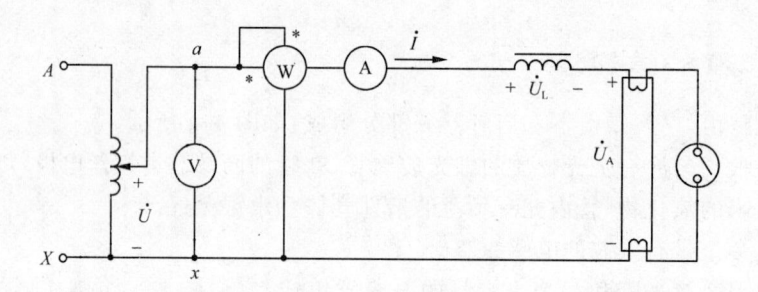

图 4-6 日光灯实验电路

(2) 将单相调压器的输出电压调至 220 V，使日光灯正常工作后，测量各电流、电压及功率值记入表 4-2 中。

表 4-2　　　　　　　　　　　　　日光灯实验数据表

总电压 U/V	镇流器电压 U_L/V	灯管电压 U_A/V	总电流 I/A	有功功率 P/W	功率因数 $\cos\varphi$

任务三　日光灯电路功率因数的提高

教学目标

知识目标：
理解提高功率因数的意义及方法。

能力目标：
熟练掌握功率表和功率因数表的使用方法。

任务描述

在实际的交流电路中，大多数交流负载都是感性的，由于感性负载的存在使得电路的功率因数较小。请了解提高功率因数的意义，并提高日光灯电路的功率因数。

学习情境四　日光灯电路的安装及功率因数的提高

任务准备

课前预习"相关知识"部分。理解提高功率因数的意义及方法。学会使用交流电压表、交流电流表、功率表、功率因数表，并独立回答下列问题：

(1) 提高功率因数有什么意义？
(2) 能否采用电容器和负载串联的方法来提高功率因数？
(3) 用相量图说明在感性负载处并联电容器可以提高功率因数的理由。
(4) 与感性负载并联的电容 C 越大，功率因数就越高吗？为什么？
(5) 一台单相感应电动机接到 50 Hz、220 V 正弦交流电源上，吸收功率为 700 W，功率因数为 $\cos\varphi = 0.7$，欲将功率因数提高到 0.9，求所需并联的电容。

相关知识

一、提高功率因数的意义

由 $P = UI\cos\varphi = S\cos\varphi$ 可知，发电机、变压器等电源设备在容量一定的情况下，功率因数越小，输出的有功功率越小。因此，负载的功率因数小，使电源设备的容量不能充分利用。

当电压等级确定时，传输一定的功率，功率因数越小，线路上的电流 $I = \dfrac{P}{U\cos\varphi}$ 越大，输电线路中线路损耗就越大，线路电压降也越大。因此，负载的功率因数小，使输电线路中线路损耗和线路电压降增大。

提高用电的功率因数，能使电源设备的容量得到合理的利用，能减小输电电能损耗，还能改善供电的电压质量。因此提高功率因数可以提高经济效益，有非常现实的意义。

二、并联电容提高功率因数

提高功率因数的方法之一是在感性负载两端并联一个电容器，如图 4-7(a) 所示。

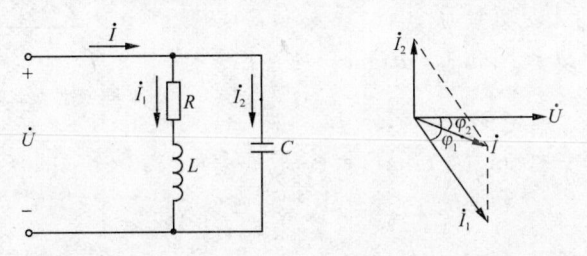

(a) 感性负载并联电容后的电路图　(b) 感性负载并联电容后的相量图

图 4-7　感性负载并联电容后的电路图及相量图

由图 4-7(b) 所示相量图可知，并联电容后，由于电容电流的作用，使电路端电压与总电流的夹角减小，电路的功率因数得到提高。

并联电容器 C 后，感性负载支路中的电流 $\dot{I}_1$、感性负载的功率因数 $\cos\varphi_1$ 和有功功率 $P_1 =$

I_1^2R 是不变的,是与 C 无关的。感性负载两端并联电容器后,负载消耗的有功功率不变,但是随着负载端功率因数的提高,输电线路上的总电流减小,线路电压降减小,线路损耗减小,因此提高了电源设备的利用率和传输效率。

由图 4-7(b)所示相量图可知

$$I_2 = I_1\sin\varphi_1 - I\sin\varphi_2$$

将 $I_1 = \dfrac{P}{U\cos\varphi_1}$,$I_2 = \omega CU$ 和 $I = \dfrac{P}{U\cos\varphi_2}$ 代入上式整理得

$$C = \dfrac{P}{\omega U^2}(\tan\varphi_1 - \tan\varphi_2)$$

例 4-2 某感性负载额定电压为 220 V,接于工频 220 V 电源上,已知其功率为 100 W,功率因数为 0.6。欲使其功率因数提高到 0.9,则需并联多大的电容?

解法一 作相量图如图 4-7(b)所示,感性负载支路的电流为

$$I_1 = \dfrac{P}{U\cos\varphi_1}$$

电容支路电流为

$$I_2 = \omega CU$$

并联电容后,电路总电流为

$$I = \dfrac{P}{U\cos\varphi_2}$$

由图 4-7(b)所示相量图可知 $I_2 = I_1\sin\varphi_1 - I\sin\varphi_2$,则

$$\omega CU = \dfrac{P}{U\cos\varphi_1}\sin\varphi_1 - \dfrac{P}{U\cos\varphi_2}\sin\varphi_2$$

$$C = \dfrac{P}{\omega U^2}(\tan\varphi_1 - \tan\varphi_2) = \dfrac{100}{314 \times 220^2}(1.333 - 0.484) = 5.59 \ \mu F$$

解法二 并联电容前后,电路的有功功率不变,作功率三角形如图 4-8 所示。

由功率三角形可知,并联电容前负载的无功功率

$$Q_1 = P\tan\varphi_1$$

并联电容后电路的无功功率为

$$Q_2 = P\tan\varphi_2$$

所需并联的电容的无功功率为

$$Q_C = Q_1 - Q_2 = P\tan\varphi_1 - P\tan\varphi_2$$

由 $Q_C = \omega CU^2$ 得

$$C = \dfrac{Q_C}{\omega U^2} = \dfrac{P}{\omega U^2}(\tan\varphi_1 - \tan\varphi_2) = \dfrac{100}{314 \times 220^2}(1.333 - 0.484) = 5.59 \ \mu F$$

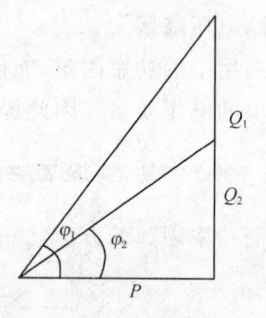

图 4-8 感性负载并联电容前后的功率三角形

任务实施

(1)按图 4-9 所示接线。经教师检查后,合上电源,调节单相调压器,使其输出电压从零开始慢慢增大到 220 V。

(2)取 C 值分别为 0 μF、2 μF、4 μF、6 μF 时测取 U、I、I_1、I_2、P、$\cos\varphi$ 值,记入表 4-3 中。

学习情境四　日光灯电路的安装及功率因数的提高　　147

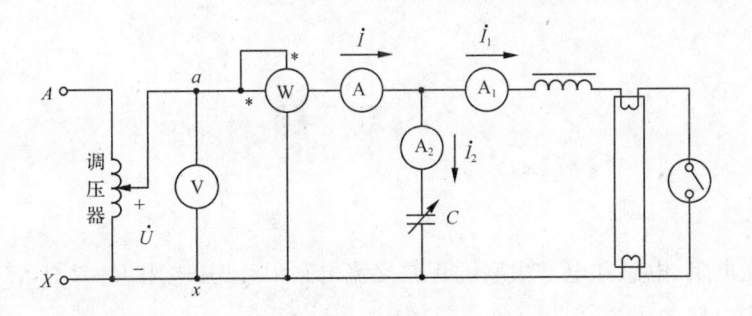

图 4-9　日光灯电路功率因数的提高

在实验过程中,注意观察总电流 I、灯管电流 I_1、功率 P、$\cos\varphi$ 的变化规律。

表 4-3　　　　　　　　日光灯电路功率因数的提高实验数据表

电容值 $C/\mu F$	总电压 U/V	总电流 I/A	日光灯支路电流 I_1/A	电容支路电流 I_2/A	有功功率 P/W	功率因数 $\cos\varphi$
0						
2						
4						
6						

(3)对测量结果进行分析、总结。

学习情境总结

　　日光灯是常用的照明灯具,本学习情境包括线圈参数的测量、日光灯电路的安装和日光灯电路功率因数的提高三个任务。

　　电感线圈可用 RL 串联电路为模型。采用电压表、电流表和功率表可以测量出电感线圈的参数 R 和 L,这种方法称为三表法。

　　提高用电的功率因数,能使电源设备的容量得到合理的利用,能减小输电电能损耗,还能改善供电的电压质量。因此提高功率因数可以提高经济效益,有非常现实的意义。

　　感性负载两端并联电容器后,负载消耗的有功功率不变,但是随着负载端功率因数的提高,输电线路上的总电流减小,线路电压降减小,线路损耗减小,因此提高了电源设备的利用率和传输效率。

　　通过本学习情境的学习,同学们能够正确使用交流电压表、交流电流表、功率表对线圈参数进行测量,能够正确安装日光灯电路并采用并联电容器的方法提高日光灯电路的功率因数。

习 题

一、填空题

4.1.1 在电阻、电感和电容串联的正弦交流电路中,已知电阻 $R=2\ \Omega$,容抗 $X_C=8\ \Omega$,感抗 $X_L=8\ \Omega$,则电路的阻抗 Z 为_____。

4.1.2 如图 4-10 所示电路,若 $u=100\sqrt{2}\sin(100\pi t+10°)$ V,$i=2\sqrt{2}\sin(100\pi t+45°)$ A,则无源电路 N 等效阻抗 $Z_N=$_____。

4.1.3 对 RC 串联二端电路,当电路的角频率 $\omega=1$ rad/s 时,其等效阻抗 $Z=(5-j2)\ \Omega$;当 $\omega=2$ rad/s 时,其等效阻抗 $Z=$_____。

4.1.4 如图 4-11 所示电路中,已知电压表 V_1、V_2 的读数分别为 3 V、4 V,则电压表 V 的读数为_____。

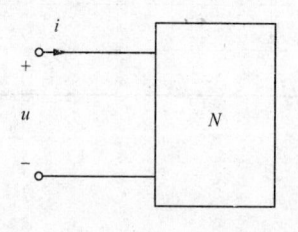

图 4-10 习题 4.1.2 图

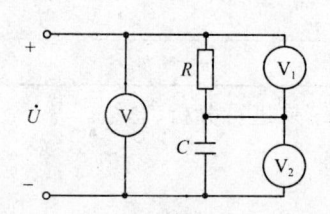

图 4-11 习题 4.1.4 图

4.1.5 如图 4-12 所示电路中,已知电流表 A_1、A_2 的读数均为 10 A,则电流表 A 的读数为_____。

4.1.6 如图 4-13 所示电路中,已知 $I_1\neq 0$,当 $I=I_2$ 时,$X_C=$_____。

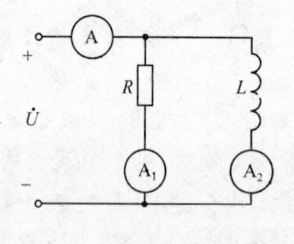

图 4-12 习题 4.1.5 图

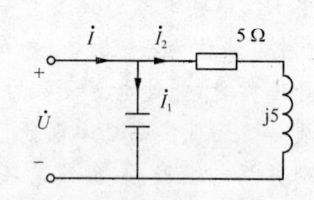

图 4-13 习题 4.1.6 图

4.1.7 RL 串联正弦稳态电路中,已知 $U_R=U_L$,则此电路的功率因数为_____。

4.1.8 RL 串联正弦稳态电路中,已知 $P=300$ W,$Q=400$ var,则此电路的功率因数为_____。

4.1.9 RLC 并联正弦稳态电路中,已知 $P=80$ W,$Q=60$ var,则 $S=$_____。

二、单项选择题

4.2.1 如图 4-14 所示正弦稳态电路中,已知电源 U_S 的频率为 f 时,电流表 A 和 A_1 的读数分别为 0 A 和 2 A。若 U_S 的频率变为 $f/2$,而幅值不变,则电流表 A 的读数为_____ A。

A. 0   B. 1   C. 3   D. 4

4.2.2 某一频率时,测得下列电路的阻抗,结果合理的是_____。
A. RC 电路 $Z=(5+j2)$ Ω   B. RL 电路 $Z=(5-j2)$ Ω
C. RLC 电路 $Z=20$ Ω   D. LC 电路 $Z=(5+j2)$ Ω

4.2.3 下列叙述中正确的是_____。
A. 若某无源二端电路的阻抗为 $(5+j2)$ Ω,则其导纳为 $(0.2+j0.5)$ S
B. R、L、C 元件相并联的电路,若 L 和 C 上电流的参考方向与并联电路两端的电压参考方向关联,则 L 和 C 上的电流一定反向
C. 某感性阻抗,当频率增大时,该阻抗的模随之减小
D. 一正弦稳态的 RLC 串联支路,支路两端电压的有效值一定大于其中每个元件的有效值

4.2.4 如图 4-15 所示电路中,已知 $\omega L=340$ Ω, $\dfrac{1}{\omega C}=300$ Ω, $R=40$ Ω,若 U_S 的初相为零,则 I_R 的初相等于_____。
A. 45°   B. 90°   C. −90°   D. 0°

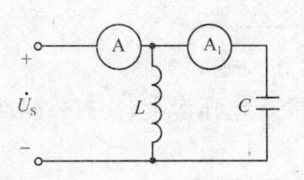

图 4-14 习题 4.2.1 图   图 4-15 习题 4.2.4 图

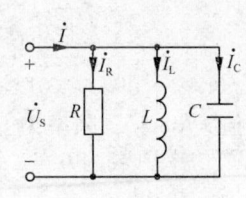

4.2.5 RL 并联正弦稳态电路中,若仅增大 L,则电路功率因数_____。
A. 增大   B. 减小   C. 不变   D. 先增大后减小

4.2.6 RLC 并联正弦稳态电路中,若 $I_R=3$ A, $I_L=6$ A, $I_C=9$ A,则此电路的功率因数为_____。
A. 0.5   B. 0.6   C. 0.707   D. 1

三、计算题

4.3.1 如图 4-16 所示电路中,已知电压 $u=220\sqrt{2}\sin100\pi t$ V, $R=11$ Ω, $L=211$ mH, $C=65$ μF。求各元件的电压。

4.3.2 如图 4-17 所示电路中,已标明电压表 V_1 和 V_2 的读数,求电压相量 $\dot{U}$ 和电流相量 $\dot{I}$ 的有效值。

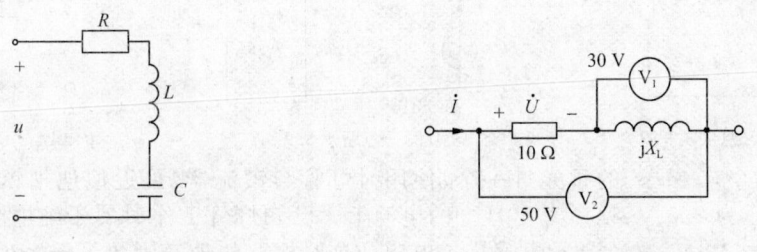

图 4-16 习题 4.3.1 图   图 4-17 习题 4.3.2 图

4.3.3 如图 4-18 所示电路中,已标明电流表的读数,求电压 u 和电流 i 的有效值。

4.3.4 如图 4-19 所示串联电路中,已知 $\dot{U}=112\angle 53.1°$ V, $\dot{I}=10\angle 42.7°$ A, $Z_1=(8+j6)$ Ω,求 Z_2。

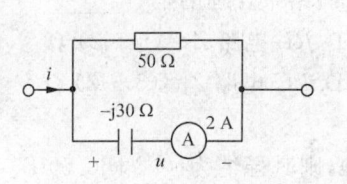

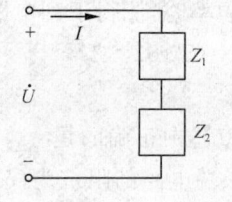

图 4-18 习题 4.3.3 图　　　图 4-19 习题 4.3.4 图

4.3.5　如图 4-20 所示电路中，$u=10\sqrt{2}\sin(1\,000t+60°)$ V，$u_C=5\sqrt{2}\sin(1\,000t-30°)$ V，容抗 $X_C=10$ Ω。求无源二端网络 N 的复阻抗 Z。

4.3.6　如图 4-21 所示电路中，已知电压 $u=220\sqrt{2}\sin100\pi t$ V，$R=11$ Ω，$L=211$ mH，$C=65$ μF。求电路的有功功率及功率因数。

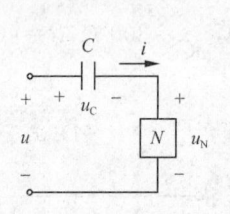

图 4-20 习题 4.3.5 图　　　图 4-21 习题 4.3.6 图

4.3.7　在有效值为 380 V、频率为 50 Hz 的正弦交流电压源上，接有一感性负载，其消耗的平均功率为 20 kW，功率因数为 0.6。

(1) 求线路电流。

(2) 若在感性负载两端并联一组电容器，其等值电容为 374 μF，求线路电流及总功率因数。

4.3.8　如图 4-22 所示电路中，已知电源电压 $\dot{U}=100\angle 0°$ V，$Z_0=(5+j10)$ Ω。求当负载阻抗 Z_L 分别为 5 Ω、11.2 Ω、(5-j10) Ω 时，负载的有功功率。

4.3.9　如图 4-23 所示电路中，已知 $U_1=100$ V，$I_1=10$ A，电源输出功率 $P=500$ W。求负载阻抗及端电压 U_2。

4.3.10　如图 4-24 所示电路中，已知负载 1 和 2 的平均功率、功率因数分别为 $P_1=80$ W，$\lambda_1=0.8$(感性)和 $P_2=30$ W，$\lambda_2=0.6$(容性)。求各负载的无功功率、视在功率以及两并联负载的总平均功率、无功功率、视在功率和功率因数。

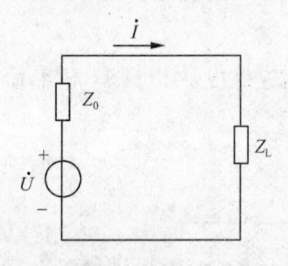

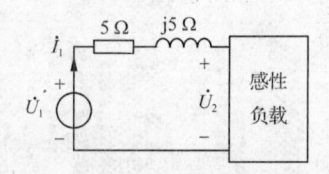

图 4-22 习题 4.3.8 图　　　图 4-23 习题 4.3.9 图　　　图 4-24 习题 4.3.10 图

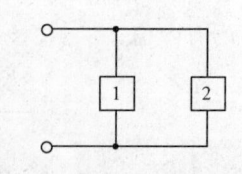

4.3.11　今有 40 W 的日光灯一个，使用时灯管与镇流器(可近似地把镇流器看作纯电感)串联在电压为 220 V、频率为 50 Hz 的电源上。已知灯管工作时属于纯电阻负载，灯管两端的电压等于 110 V，求镇流器的感抗与电感。这时电路的功率因数等于多少？若将功率因数提高到 0.8，则应并联多大的电容？

4.3.12　功率为 40 W 的白炽灯和日光灯各 100 只并联在电压 220 V 的工频交流电源上，设日光灯的功率因数为 0.5(感性)，求总电流以及总功率因数。如通过并联电容把功率因数提高到 0.9，则电容应为多少？求这时的总电流。

学习情境五

照明电路的安装

任务书

任务总述

请你在一套新的商品房内进行白炽灯、日光灯和各种开关、插座的安装,并进行单相电能表的安装。

对本学习情境的实施,要求根据引导文 5 进行。同时,进行以下基本技能的过程考核:

(1)画出电气原理图。
(2)画出安装平面布置图。
(3)在规定的时间内完成电路的安装。
(4)用万用表对电路进行简单的电气测量和故障排查。

已具备资料

(1)照明电路安装自学资料:学生手册、引导文。
(2)照明电路安装教学资料:多媒体课件、万用表使用视频、试电笔使用视频、常用电工工具使用视频。
(3)照明电路安装复习(考查)资料:习题。

工作单

相关任务描述	(1)学会安装照明电路 (2)掌握常用电工工具的使用,掌握常用电工仪表的使用 (3)掌握照明电路的故障排查方法
相关学习资料的准备	照明电路安装的自学资料、教学资料
学生课后作业的布置	照明电路的安装习题
对学生的考核方法	过程考核 作业检查
采用的主要教学方法	多媒体、实验实训教学手段 情境启发式、任务驱动式、自主探究式、协作学习式等教学方法
教学及实验实训场所	电工测量一体化多媒体教室
教学及实验实训设备	常用电工工具、常用电工仪表、自动空气开关、单联开关、双联开关、单相电能表、导线、照明灯具等
教学日期	
备 注	

引导文

引导文5	照明电路的安装引导文	姓　名	页数：

一、任务描述

请了解照明电路的安装，利用已有器材（单相电能表、漏电保护器、熔断器、日光灯、白炽灯、节能灯、若干开关和插座等），设计及安装一个照明电路。

二、任务资讯

(1) 请写出本次你所要使用的电工工具的名称、功能及使用方法。

(2) 能正确使用低压验电笔，了解其结构，简述其用途以及使用时的注意事项。

(3) 能熟练绘制照明电路安装图，能根据安装图进行接线。

三、任务计划

(1) 请画出一个照明电路的电气原理图。

(2) 选择相关仪器、仪表，制订设备清单。

(3) 制作任务实施情况检查表，包括小组各成员的任务分工、任务准备、任务完成、任务检查情况的记录，以及任务执行过程中出现的困难和应急情况处理等。（单独制作）

四、任务决策

(1) 分小组讨论，分析阐述各自计划，确定照明电路安装实施方案。

(2) 每组选派一位成员阐述本组照明电路安装实施方案。

(3) 经教师指导，确定最终的照明电路安装实施方案。

五、任务实施

(1) 电路安装之前，请用万用表的欧姆挡检测开关和白炽灯的电阻，判断其通断性能。

(2) 电路安装过程中，你是否注意到以下几点：元器件安装是否牢固、合理？敷线时敷设是否平直，转角是否成直角？接线桩线头露铜是否过长？同一平面内有没有交叉导线？

六、任务检查

(1) 学生填写检查单。

(2) 教师填写评价表。

(3) 学生提交实训心得。

七、任务评价

(1) 小组讨论，自我评述完成情况及发生的问题，小组共同给出处理和提高方案。

(2) 小组准备汇报材料，每组选派一位成员进行汇报。

(3) 教师对方案评价说明。

学习资料

学习情境描述

通过室内照明电路的设计与安装,引导学生掌握常用电工工具仪表的使用方法和内线安装的基本常识,掌握电能及电能的计量方法,引导学生正确安装单相电能表。

教学环境

整个教学在电工测量一体化多媒体教室中进行,教室内应有学习讨论区、操作区,并必须配置多媒体教学设备,同时提供任务中涉及的所有工具、仪表和所有相关的照明设备。

任务一　常用电工工具的使用

教学目标

知识目标:
(1)掌握安全用电的基本知识。
(2)熟识常用的电工工具。

能力目标:
(1)能熟练使用常用的电工工具。
(2)会进行触电急救。

任务描述

进行照明电路安装时,必须在掌握安全用电的基本知识,并练习使用各种常用的电工工具后,才能进行后续的导线连接和照明电路的安装任务,从而完成整个任务的学习。

任务准备

课前预习"相关知识"部分。理解安全用电的基本知识,熟识常用的电工工具且能够正确使用,并独立回答下列问题:
(1)触电的种类有哪两种?
(2)触电的方式有哪些?
(3)触电急救的原则是什么?

相关知识

一、触电的种类

人体触及带电体并有电流通过人体的情形称为触电。触电时,电流通过人体造成的伤害有电击和电伤两种。电击是指电流通过人体,使人体的内部组织受到伤害,严重时会导致人窒息、心跳停止而死亡。电伤是指电流对人体表面造成的局部伤害,它使人体皮肤局部受到灼伤或烙伤,严重时也会致人死亡。

二、触电的方式

1. 单相触电

在低压电力系统中,若人站在地上接触到一根火线(相线),即称为单相触电或单线触电。人体接触漏电的设备外壳,也属于单相触电。

2. 两相触电

人体不同部位同时接触两相电源带电体而引起的触电称为两相触电。

3. 跨步电压触电

当外壳接地的电气设备绝缘损坏而使外壳带电,或导线断落发生单相接地故障时,电流由设备外壳经接地线、接地体(或由断落导线经接地点)流入大地,向四周扩散,在导线接地点及周围形成强电场。人站立在设备附近地面上,两脚之间承受电压,造成跨步电压触电。并且越接近接地点,跨步电压越大,通过人体的电流越大。

三、电流伤害人体的因素

伤害程度一般与下面几个因素有关:

1. 通过人体电流的大小

对工频电流,成人的感知电流约为 1 mA;摆脱电流为 6~15 mA。若线路装有防止触电的速断保护,人体允许通过的电流可按 30 mA 考虑。50~100 mA 的电流会引起心室颤动而有生命危险;100 mA 以上的电流则会迅速致人死亡。

2. 电流通过人体时间的长短

人体触电时间越长,电流对人体的伤害越大,故漏电保护器的保护动作时间一般不超过 0.1 s。

3. 电流通过人体的部位

电流通过大脑和心脏最危险。电流从手到脚或从手到手会导致电流通过心脏,因而是最为危险的。绝大部分触电情况是电流通过心脏。

4. 通过人体电流的频率

频率为 30～300 Hz 的交流电最危险。

5. 触电者的身体状况

在身体健康状况不良或精神状态较差时触电,会增加危险性。电流通过人体脑部和心脏时最危险;40～60 Hz 交流电对人危害最大。以工频电流为例,当 1 mA 左右的电流通过人体时,会产生麻刺等不舒服的感觉;当 10～30 mA 的电流通过人体时,会产生麻痹、剧痛、痉挛、血压升高、呼吸困难等症状,但通常不致有生命危险;当通过人体的电流达到 50 mA 以上时,就会引起心室颤动而有生命危险;当 100 mA 以上的电流通过人体时,足以致人于死地。通过人体电流的大小与触电电压和人体电阻有关。

四、安全电压

不带任何防护设备,对人体各部分组织均不造成伤害的电压值,称为安全电压。

世界各国对于安全电压的规定有 50 V、40 V、36 V、25 V、24 V 等,其中以 50 V、25 V 居多。

国际电工委员会(IEC)规定安全电压限定值为 50 V。

我国规定 12 V、24 V、36 V 三个电压级别为安全电压级别。

在湿度大、狭窄、行动不便、周围有大面积接地导体的场所(如金属容器内、矿井内、隧道内等)使用的手提照明,应采用 12 V 安全电压。

凡手提照明器具,在危险环境、特别危险环境的局部照明灯,高度不足 2.5 m 的一般照明灯,携带式电动工具等,若无特殊的安全防护装置或安全措施,均应采用 24 V 或 36 V 安全电压。

五、触电急救

触电急救原则:就地、准确、迅速、坚持。

1. 使触电者脱离低压电源的方法

(1)如果触电现场远离开关或不具备关断电源的条件,救护者可站在干燥木板上,用一只手抓住触电者的衣服将其拉离电源,也可用干燥木棒、竹竿将电线从触电者身上挑开。

(2)如果触电发生在火线与大地间,救护者可用干燥绳索将触电者身体拉离地面,或用干燥木板将人体与地面隔开,再设法关断电源。

(3)如果救护者手边有绝缘导线,可先将绝缘导线一端良好接地,另一端与触电者所接触的带电体相接,将该相电源对地短路。

(4)救护者也可用手边的刀、斧、锄等带绝缘柄的工具,将电线砍断或撬断。

2. 就地对触电者的救治

(1)如果触电者神志尚清醒,但感觉头晕、心悸、出冷汗、恶心、呕吐等,应让其静卧休息,减轻心脏负担。

(2)如果触电者神智有时清醒,有时昏迷,应让其静卧休息,并请医生救治。

(3)如果触电者无知觉,有呼吸、心跳,在请医生的同时,应对触电者施行人工呼吸。

(4)如果触电者呼吸停止,但心跳尚存,应对其施行口对口人工呼吸;如果触电者心跳停止,但呼吸尚存,应对其施行胸外心脏按压;如果触电者呼吸、心跳均停止,则须对其同时施行口对口人工呼吸和胸外心脏按压进行抢救。

六、人工心肺复苏

1. 口对口人工呼吸

检查后发觉触电者无呼吸,应立即用口对口人工呼吸对触电者进行抢救。

口对口(鼻)人工呼吸操作要点:

(1)使触电者平躺于硬地板或木板上,松开其衣裤。检查触电者口中有无异物,若有应用手挖或用背部叩击法将其取出。救护者位于触电者身旁,一手放在触电者前额使其头部后仰,另一手的食指与中指放在触电者下颌骨并抬起下颌,即用仰额抬颌法打开触电者气道。

(2)捏紧触电者的鼻孔,用嘴完全包封住触电者的嘴,均匀而适量的吹气,吹完后,离开触电者的嘴巴,同时松开触电者的鼻孔,让触电者呼气,并观察触电者胸部有无上抬。

(3)先吹两大口气,再次判定。判定后认为仍需要进行人工呼吸时,则按照12~16次/分的速率和800~1 000 mL/次的进气量进行吹气。

注意:

(1)进行口对口人工呼吸时,吹气2 s,触电者自由呼气3 s,每分钟做12~16次。

(2)若触电者下颌骨骨折或嘴唇外伤,导致上、下牙咬紧,嘴不能张开,无法进行口对口人工呼吸时,救护者可进行口对鼻的人工呼吸进行抢救,只是应将捏紧鼻孔的手改为封住嘴。

(3)口对口人工呼吸抢救过程中,若触电者胸部有起伏,说明人工呼吸有效,抢救方法正确;若胸部无起伏,说明气道不够畅通,或有梗阻,或吹气不足(但吹气量也不宜过大,以胸廓上抬为准),抢救方法不正确等。

2. 胸外心脏按压

当发现触电者心跳停止,应马上采用胸外心脏按压的方法对触电者进行抢救。

胸外心脏按压操作要点:

(1)使触电者平躺于硬地板或木板上,松开其衣裤。

松开触电者的衣裤有两方面的好处:其一是解除了衣裤对触电者的束缚,使口对口人工呼吸更加有效;其二是能准确地找到按压点。

(2)救护者位于触电者身旁,找准按压点。按压点在剑突穴上方两指处,或在胸骨的下1/3处(两处是重合的)。

(3)将一只手的掌根放在按压点上,另一只手叠于其上,使肩、肘、腕呈一直线,并垂直于胸骨(垂直于地面),以自身重量往下压,使胸骨下陷3.8~5 cm,然后突然放松,但掌根不得离开按压点,按压的速率为80~100次/分。下压与放松的时间要相等。

注意:

(1)按压位置一定要准确,否则容易造成触电者胸骨骨折或其他伤害。

(2)两手掌不能交叉放置。

(3)按压时手指不要压在胸壁上,否则容易造成触电者胸骨骨折。

(4)不能做冲击式的按压,放松时应尽量放松,但掌根不要离开按压部位,以免造成下次位置错位。

(5)要防止按压速度不由自主地加快,从而影响到抢救效果。

3. 单人复苏及双人复苏

（1）单人复苏，即一个人抢救。先吹两口气，再判定。若还需抢救时，则应再吹两口气，再按压15次，依次循环，4个周期后再判定。

（2）双人复苏，即两个人抢救，一人吹气，一人按压。先吹两口气，再判定。若还需抢救时，则应吹一口气，按压5次，依次循环，13个周期后再判定。心肺复苏抢救触电者，很可能是一个较长的过程，视触电者受伤情况而异，所以在抢救时应有信心。经过长时间抢救，最后将人救活的事例也不在少数。只要有一分希望，就要做十分的努力。

任务实施

一、螺钉旋具熟识和使用

螺钉旋具又称为螺丝刀、旋凿、起子等，由金属杆和绝缘柄两部分组成，是拆卸和紧固螺钉的工具。按金属杆头形状的不同，可分为一字形、十字形和多用螺钉旋具等，如图5-1所示。

(a) 一字形螺钉旋具　　(b) 十字形螺钉旋具

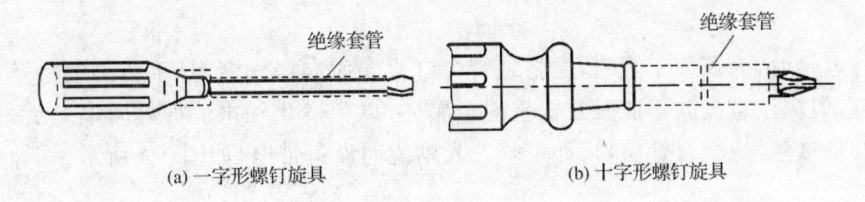

图 5-1　螺钉旋具

根据螺钉旋具金属杆长度和刀口尺寸，一字形螺钉旋具的规格通常有50 mm、100 mm、150 mm、200 mm 等，电工必备的是50 mm、150 mm；十字形螺钉旋具有Ⅰ、Ⅱ、Ⅲ、Ⅳ四种规格，按顺序分别适用于螺钉直径为2～2.5 mm、3～3.5 mm、6～8 mm 和10～12 mm 的四种螺钉。

大螺钉旋具用来操作电气装置上较大的螺钉，使用时，除拇指、食指和中指要夹住绝缘柄外，手掌还要顶住螺钉旋具的末端，这样可以使出较大的力气；小螺钉旋具用来操作电气装置上的小螺钉，使用时，可用拇指和中指夹住绝缘柄，用食指顶住绝缘柄的末端。正确的使用方法如图5-2所示。

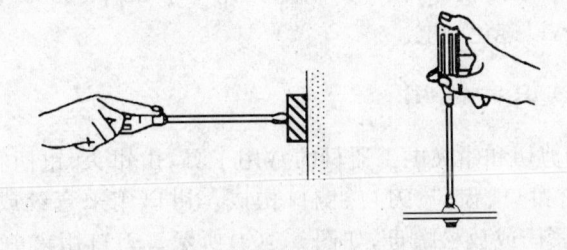

图 5-2　螺钉旋具的使用

电工使用的螺钉旋具必须带有绝缘柄，不能使用金属杆直通的螺钉旋具在电气设备上操作，为了避免金属杆触及皮肤或邻近带电体，宜在金属杆上穿套绝缘套管。使用时，应按螺钉的规格选用合适的螺钉旋具，任何"以大代小，以小代大"的使用，均会造成螺钉或电气元件的损坏，且旋紧的螺钉必须平整、紧固。

二、验电笔的熟识和使用

验电笔又称为测电笔,是用来测试导线、用电器具及电气装置是否带电的低压验电器,由弹簧、氖管、电阻和探头等组成。如图5-3所示,验电笔可分为螺钉旋具式和笔式,也可分为高压和低压两种类型。

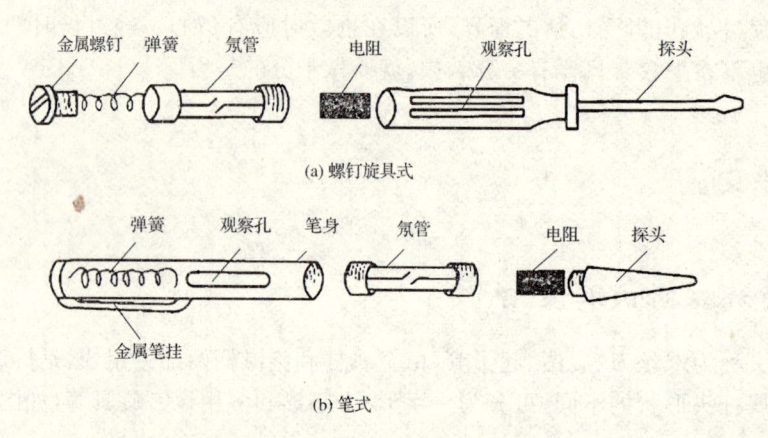

图 5-3 低压验电笔

使用验电笔时,为了便于观察,应将氖管窗口背光面向操作者,且手指必须触及金属笔挂或金属螺钉,但应注意皮肤不能触及探头的金属体,以免发生触电。握好验电笔后,使探头与被检查的设备接触,观察氖管窗口,如氖管发光则说明设备带电,如图5-4所示。

图 5-4 验电笔的使用

验电笔在每次使用前,除了要检查验电笔固有部件的好坏外,还必须在有电设备上进行检验,确定验电笔是否工作正常;应防止验电笔受潮,不得随意拆卸;当探头作为螺钉旋具使用时,不能承受较大的扭矩,以防损坏;低压验电笔只能用于 220 V/380 V 的电压,在使用中要防止金属探头触及皮肤,以避免触电。

三、钢丝钳的熟识和使用

钢丝钳是电工用于剪切和钳夹电工器材的常用工具,由钳头、钳柄和钳柄绝缘套组成,如图5-5(a)所示。钳头由钳口、齿口、刀口、铡口构成。钳口用来弯绞或钳夹导线线头,如图5-5(b)所示;齿口用来紧固或放松螺母,如图5-5(c)所示。刀口用来剪切导线或剖切导线绝缘层,如图5-5(d)所示;铡口用来铡切钢丝、导线芯等硬金属,如图5-5(e)所示。钳柄绝缘套的耐压为 500 V。

钢丝钳规格较多,以钳身长度计,常用的规格有 150 mm、180 mm、200 mm。

使用钢丝钳前应检查其钳柄绝缘套是否完好;在切断导线时,应把刀口的一侧面向操作者,且不得将火线和零线同时在一个钳口处切断,手与钢丝钳的金属部分保持 2 cm 以上的距离,以免发生事故;要保持钢丝钳清洁,经常加油,防止生锈。

(a) 结构　　　　　　　(b) 弯纹导线　　　　　(c) 扳旋螺母

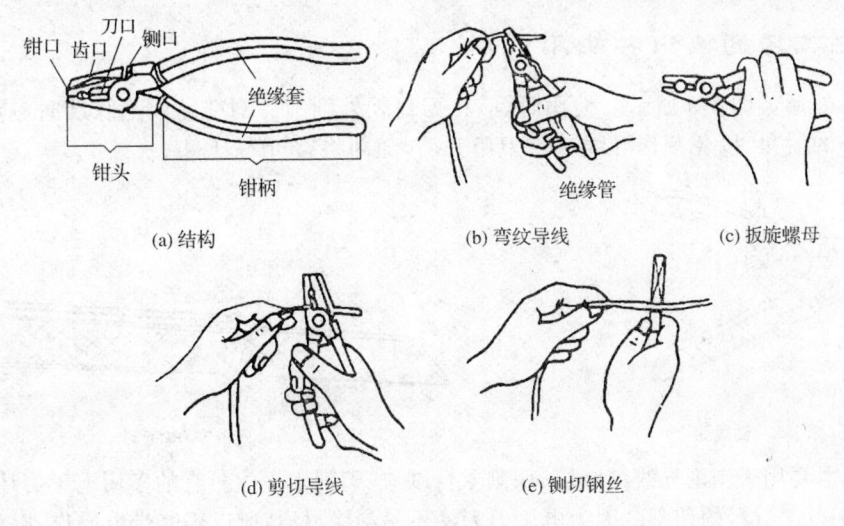

(d) 剪切导线　　　　　(e) 铡切钢丝

图 5-5　钢丝钳

四、尖嘴钳的熟识和使用

尖嘴钳外形如图 5-6 所示，由钳头、钳柄和钳柄绝缘套组成。尖嘴钳钳头细长呈圆锥形，接近端部的钳口上有一段菱形齿纹。由于尖嘴钳头部尖而长，适合在较狭小的工作环境中夹持较小的螺钉、垫圈等工件和线材，剪切和弯曲细导线。

根据钳头长度的不同，尖嘴钳可分为短钳头和长钳头两种。

五、斜口钳的熟识和使用

斜口钳外形如图 5-7 所示，由钳头、钳柄和钳柄绝缘套组成，剪切口与钳柄呈一角度。斜口钳用来剪断较粗的导线和金属线。由于钳柄绝缘套耐压为 1 000 V，还可以直接剪断低压带电导线。在工作场所比较狭长时或在设备内部，斜口钳用来剪切薄金属片、细金属丝，或剖切导线绝缘层。

图 5-6　尖嘴钳　　　　　　　图 5-7　斜口钳

六、剥线钳的熟识和使用

剥线钳外形如图 5-8 所示，由钳头和钳柄两部分组成。钳头由压线口和切口组成。钳头上有直径大小不同，0.5~3 mm 的多个切口，以适应不同规格芯线的剥削。

剥线钳是电工专用的剖削小直径导线头部的一段表面绝缘层的工具。使用时，将要剖削的绝缘层长度用标尺定好以后，即可把导线放入相应的切口中，切口大小应略大于导线线芯直径，否则会切断线芯或不能剥离导线绝缘层。剥线钳使用方便，剥离绝缘层时不会伤线芯，但不能带电剥线。

七、电工刀的熟识和使用

电工刀外形如图5-9所示。使用时,应将刀口朝外剖削。剖削导线绝缘层时,应将刀面与导线成较小的锐角,以免割伤导线芯。刀用完后,随即将刀折入刀柄。

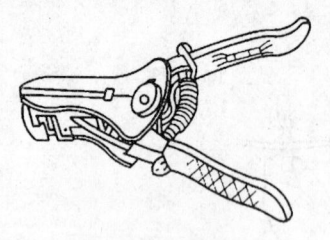

图5-8 剥线钳 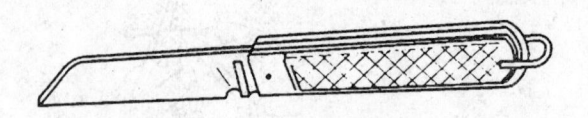　　　　　　　　　　　图5-9 电工刀

电工刀主要用于剥削导线绝缘层、切割木台缺口、剥削木楔等。有的多用电工刀还带有手锯和尖锥,用于电工材料的切割。因为电工刀刀柄不是绝缘材质,所以不能带电操作,以免触电。

八、活络扳手的熟识和使用

活络扳手由头部和手柄组成。头部由定扳唇、动扳唇、蜗轮和轴销等构成,如图5-10(a)所示。旋动蜗轮可调节扳口的大小,以适应不同大小的螺母。

活络扳手是用来紧固和装拆旋转六角或方角螺钉、螺母的一种专用工具。使用时,应按螺母大小选择适当规格的活络扳手。扳大螺母时,手应握在手柄靠近尾部处,以加大力矩,如图5-10(b)所示;扳小螺母时,手应握在手柄靠近头部处,方便拇指调节蜗轮。另外,活络扳手不可反用,以免损坏动扳唇;也不可用钢管接长手柄来加力;更不得拿活络扳手当撬杠或锤子使用。

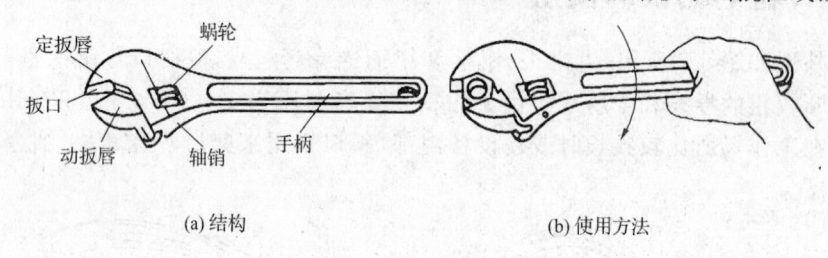

(a)结构　　　　　　　　　　(b)使用方法

图5-10 活络扳手

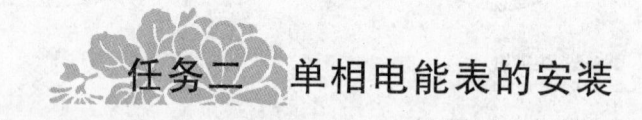

任务二　单相电能表的安装

教学目标

知识目标:
(1)掌握单相电能表的结构。
(2)了解单相电能表的工作原理。

能力目标:
(1) 能正确安装单相电能表。
(2) 测试照明电路的电能。
(3) 掌握几种常用的导线连接方法及导线绝缘层的恢复。

任务描述

单相电能表是用来对照明电路进行电能监测的仪表,是照明电路必须接入的仪表,也是照明电路安装时重要任务之一,在安装过程中要求正确连接导线,使得电路安装牢固可靠,因此要求同学们了解单相电能表的结构和工作原理,并正确安装单相电能表,同时熟练各种导线的连接方法和导线绝缘层的恢复。

任务准备

课前预习"相关知识"部分。认识各种导线,了解单相电能表的结构和工作原理,并正确安装单相电能表,并独立回答下列问题:
(1) 单相电能表由几部分构成?
(2) 仪表常数的意义是什么?
(3) 单相电能表的使用注意事项有哪些?

相关知识

一、电能表的分类

1. 按结构和工作原理

分为感应式(机械式)、静止式(电子式)和机电一体式电能表。

2. 按接入方式

分为直接接入式和间接接入式(经互感器接入式)电能表。其中,又有单相、三相三线制、三相四线制电能表之分。

3. 按计量对象

分为有功电能表、无功电能表、最大需量表、复费率(分时)电能表、多功能电能表、预付费电能表、谐波电能表等。

二、感应式电能表结构、工作原理

感应式电能表是利用电磁感应原理制成的,也称为机械式电能表。它以结构简单、构架坚固和对工作条件要求低的优势一直被沿用到现在。尽管目前正在推广使用静止式电能表,但是感应式电能表并没有完全退出市场。而且,从理论教学角度看,感应式电能表具有不可替代的位置。因为它的构成部件分离、直观,能够调整误差,这些都便于学生学习和掌握电能表的测量原理和误差理论。而静止式电能表内部都是高度集成化的电路板,不便于初学者学习电能表的工作原理。因此,我们还是介绍感应式电能表。

感应式电能表由测量机构、误差补偿调整装置和辅助部件所组成。测量机构是它的核心部分,一般由串联的电磁铁(电流元件)、并联的电磁铁(电压元件)、可转动的铝盘、制动的永久磁铁、轴承和计度器等组成。当感应式电能表接在交流电路中,电压线圈两端加以线路电压,电流线圈中流过负载电流,电压元件和电流元件就产生在空间上不同位置、在相角上不同相位的电压和电流工作磁通。它们分别穿过铝盘,并各在铝盘中产生感应涡流,于是电压工作磁通与由电流工作磁通产生的感应涡流相互作用,电流工作磁通与由电压工作磁通产生的感应涡流相互作用,作用的结果即在铝盘中就形成以铝盘转轴为中心的转动力矩,此转矩与负载的有功功率成正比,使铝盘始终按一个方向转动。由永久磁铁产生的制动力矩同时作用在铝盘上,使铝盘转速与负载的有功功率成正比。铝盘的转数通过蜗轮、蜗杆及计度器,转换为电路所消耗电能的数值。

当感应式电能表接入电路中,电路消耗的电能与时间 t 内铝盘转动的转数成正比,即

$$W = Pt = Knt = KN \tag{5-1}$$

式中,W 为电路消耗的电能(kW·h);P 为电路消耗的功率(kW);t 为计量的时间段(h);K 为电能表的比例常数(kW·h/r);n 为铝盘的转速(r/h);N 为铝盘的转数(r)。

任务实施

一、常用的几种导线的连接方法和工艺要求

导线与导线通过线头连接起来,其连接质量影响着线路和电气设备的安全程度,连接端必须紧密、牢固、稳定,接头电阻要小,且还要有足够的强度,不应小于导线强度的80%,另外,也必须保证接头处的绝缘性。

1. 单股芯线直接连接

(1)将两导线线头剥除绝缘层,露出 10~15 mm 裸线头,做 X 形相交。

(2)把线头互相绞合 2~3 圈,如图 5-11(a)所示,再扳直导线两自由端头,如图 5-11(b)所示。

(3)将两线头分别对芯线上密绕 5~7 圈,绕线长度不小于导线直径的 10 倍。

(4)剪去多余线头,修平接口,如图 5-11(c)所示。

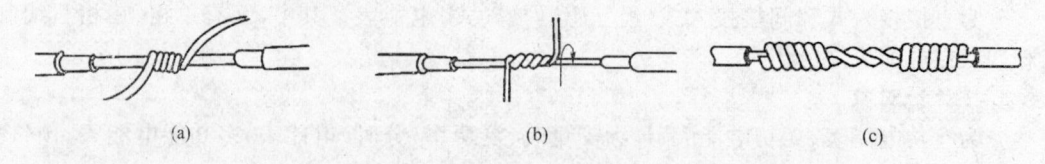

图 5-11 单股芯线直接连接

2. 单股芯线 T 字形分支连接

将两导线剥除绝缘层后,支线线头和干线十字相交并将支线本身绕干线一圈,支线芯线根部留 3~5 mm,然后紧密并绕在干线芯线上,剪去多余线头,修平切口,如图 5-12(a)所示。如果导线截面较大,可将芯线线头与干线十字相交后直接在干线上紧密缠绕,然后剪去多余线头,修平切口即可,如图 5-12(b)所示。

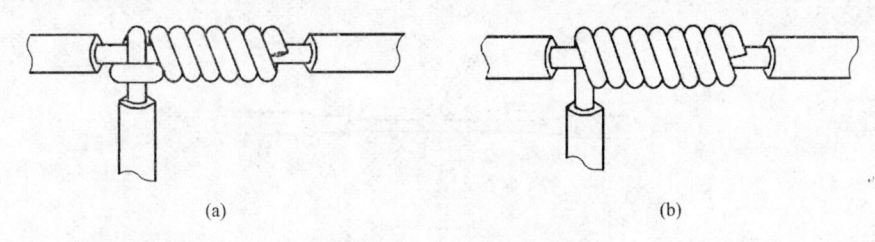

图 5-12 单股芯线 T 字形分支连接

3. 7 股芯线的直接连接

(1)先将剥除绝缘层的两待接线头散开并拉直,用钢丝钳在靠近绝缘层的 1/3 部分绞紧,余下 2/3 部分的线头分散成伞骨状,如图 5-13(a)所示。

(2)将两芯线线头隔根对叉,放平各自对叉的线头,如图 5-13(b)、5-13(c)所示。

(3)将一端的 7 股芯线线头按 2、2、3 股分成 3 组,将第一组的 2 股线扳成与芯线垂直方向,再顺时针紧密缠绕 2 周,将余下的线头向右按与芯线平行方向扳平,如图 5-13(d)、5-13(e)所示。

(4)将第二组的 2 股芯线扳成与芯线垂直方向,再顺时针紧密压着第一组的 2 股扳平的线头缠绕 2 周,将余下的线头向右按与芯线平行方向扳平,如图 5-13(f)所示。

(5)将第三组的 3 股芯线扳成与芯线垂直方向,再顺时针紧密压着芯线缠绕 3 周,分别切去每组多余的线头,修平切口,如图 5-13(g)、5-13(h)所示。

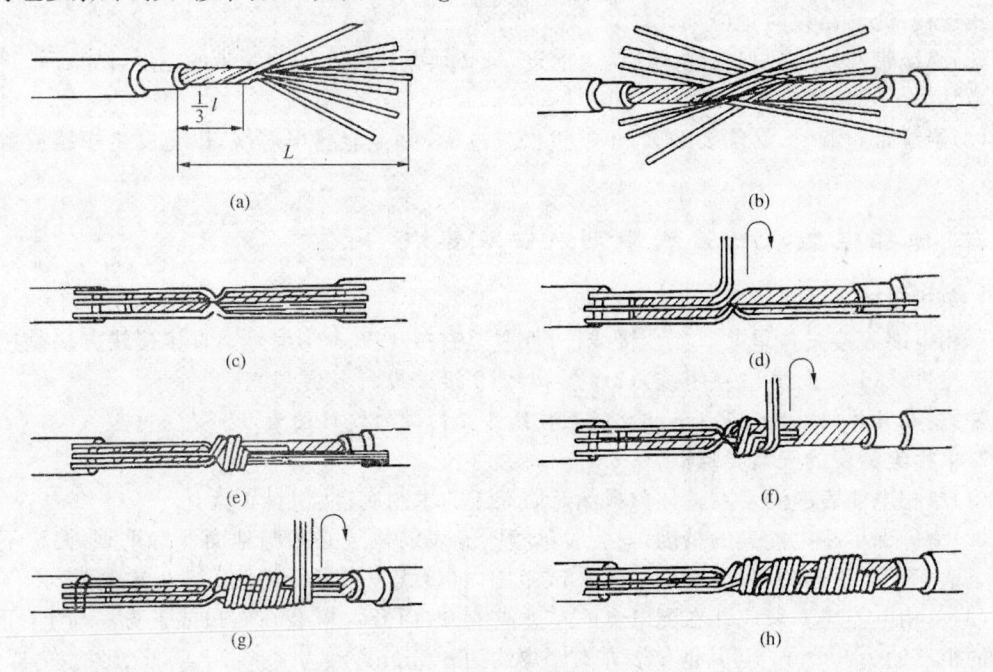

图 5-13 7 股芯线直接连接

4. 7 股芯线 T 字形连接

(1)在剥除绝缘层的支线线头 1/8 根部进一步绞紧,剩余部分按 3 股、4 股分成 2 组,如图 5-14(a)所示。

(2)将除去绝缘层的干线接口部分也分成 3 股、4 股 2 组。

(3)将支线 4 股一组插入 2 组干线中间至绝缘部,如图 5-14(b)所示。

(4)将支线 2 组芯线分别沿着顺时针和逆时针方向缠绕 4~5 圈,剪去余线,修平切口,如

图 5-14(c)所示。

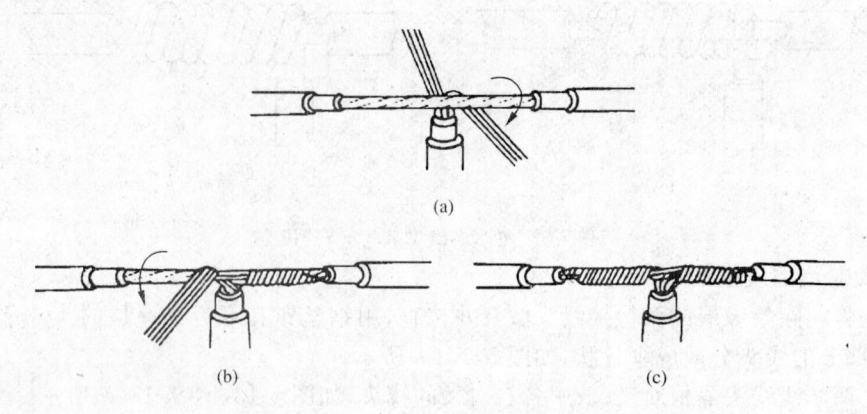

图 5-14　7 股芯线 T 字形连接

二、导线绝缘层的恢复

导线线头连接完成后,必须对导线连接处破损的绝缘层进行恢复,且恢复后的绝缘强度不应低于原有绝缘层的绝缘强度。连接处绝缘层的恢复一般用包缠法,绝缘材料主要有黄蜡带、涤纶薄膜带和黑胶带,黄蜡带和黑胶带一般选 20 mm 宽为宜,方法如下:

(1)绝缘带要从导线完整端的绝缘层上开始包缠,最少要绕缠有两个绝缘带的宽度后才进入芯线连接部分,结束时也应如此。

(2)绝缘带与导线要保持约 45°绕缠前进,且必须叠压 1/2 的绝缘带的宽度,结束后,再用黑胶带从另一端包缠到起点,方式一样。

(3)绝缘带包缠时,必须要缠紧,不能过松或过稀,更不能露出芯线,以免发生短路或触电事故。

三、单相电能表的接线原则及安装要点

1. 单相电能表的接线原则

单相电能表接线盒里共有 4 个接线桩,从左至右按 1、2、3、4 编号。直接接线方法是按编号 1、3 接进线(1 接火线,3 接零线),2、4 接出线(2 接火线,4 接零线)。

注意:在具体接线时,应以单相电能表接线盒盖内侧的线路图为准。

2. 单相电能表的安装要点

(1)单相电能表应安装在箱体内或涂有防潮漆的木制底盘、塑料底盘上。

(2)为确保单相电能表的精度,安装时单相电能表的位置必须与地面保持垂直,偏移不大于 1°。表箱的下沿离地高度应在 1.7～2 m 范围内(暗式表箱下沿离地 1.5 m 左右)。

(3)单相电能表一般应装在配电盘的左边或上方,而开关应装在右边或下方。与上、下进线间的距离约为 80 mm,与其他仪表左右距离约为 60 mm。

(4)单相电能表的安装部位,一般应在走廊、门厅、屋檐下,切忌安装在厨房、厕所等潮湿或有腐蚀性气体的地方。现在,住宅中多采用集表箱,安装在走廊。

(5)单相电能表的进线、出线应使用铜芯绝缘线,线芯截面不得小于 1.5 mm。接线要牢固,但不可焊接,裸露的线头部分不可露出接线盒。

(6)由供电部门直接收取电费的单相电能表,一般由其指定部门验表,然后由验表部门在表头盒上封铅封或塑料封,安装完后,再由供电部门直接在接线桩头盖上或计量柜门封上铅封或塑料封。未经允许,不得拆掉铅封或塑料封。

四、单相电能表的安装

(1) 如图 5-15 所示,用单相电能表测量简单照明电路的电能,按图正确接线。

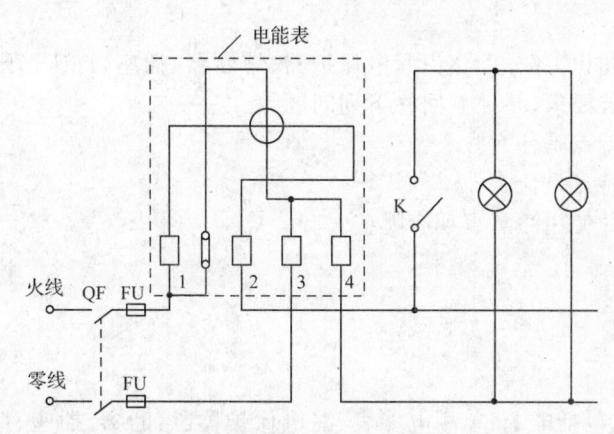

图 5-15 单相电能表的接线

(2) 经教师检查电路正确接线无误后,合上电源开关和空气开关 QF,引入单相电源。
(3) 合上开关 K,观察单相电能表的转动情况,并记录电路运行 30 min 所消耗的电能。
(4) 任务完成后,断开空气开关 QF,切断单相电源,并整理好现场。

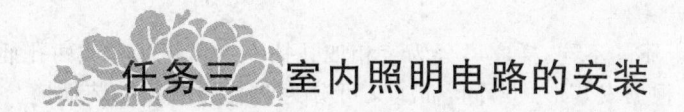

任务三 室内照明电路的安装

教学目标

知识目标:
(1) 掌握照明电路的安装要求。
(2) 了解照明电路常见的短路、开路、漏电故障特点。

能力目标:
(1) 能正确安装室内照明电路。
(2) 学会进行简单的故障排除。

任务描述

在电工实训板上安装一个由单相电能表、漏电保护器、熔断器、日光灯、白炽灯、节能灯、若干开关和插座等元器件组成的简单照明电路。要求安装的照明电路走线规范,布局美观、合理,可以正常工作,并能排除常见的照明电路故障。

任务准备

课前预习"相关知识"部分。熟识漏电保护器、熔断器、插座、灯座、开关、照明灯具和各类电线及配件,了解安装要求,并独立回答下列问题:
(1)电路开路的特点是什么?
(2)电路短路的特点是什么?
(3)单相电能表的使用注意事项有哪些?

相关知识

照明电路的组成包括电源、单相电能表、漏电保护器、熔断器、插座、灯座、开关、照明灯具和各类电线及配件。

一、开关和插座的安装要求

(1)照明开关是控制灯具的电气元件,起控制照明电灯的亮与灭的作用(即接通或断开照明线路)。

注意:火线进开关。

(2)根据电源电压的不同,插座可分为三相四孔插座和单相三孔或两孔插座。照明插座一般都是单相插座。根据安装形式不同,插座又可分为明装插座和暗装插座。单相两孔插座有横装和竖装两种。横装时,接线原则是"左零右火";竖装时,接线原则是"上火下零"。单相三孔插座的接线原则是"左零右火上接地"。另外在接线时,也可根据插座后面的标识,L端接火线,N端接零线,E端接地线。

注意:根据国标规定,火线是红色线,零线是黑色线,接地线是黄绿双色线。

(3)安装时,首先在准备安装开关和插座的地方钻孔,然后按照开关和插座的尺寸安装线盒,接着按接线要求,将盒内甩出的导线与开关、插座的面板连接好,将开关或插座推入盒内对正盒眼,用螺钉固定。固定时要使面板端正,并与墙面平齐。

二、灯座的安装要求

插口灯座上的两个接线端子,可任意连接零线和来自开关的火线;但是螺口灯座上的接线端子,必须把零线连接到连通螺纹圈的接线端子上,把来自开关的火线连接到连通中心铜簧片的接线端子上。

三、漏电保护器的接线与安装要求

漏电保护器对电气设备的漏电电流极为敏感。当人体接触了漏电的用电器时,产生的漏电电流只要达到10~30 mA,就能使漏电保护器在极短的时间(如0.1 s)内跳闸,切断电源,有效地防止了触电事故的发生。漏电保护器还有断路器的功能,它可以在交、直流低压电路中手动或电动分合电路。

1.漏电保护器的接线

电源进线必须接在漏电保护器的正上方,即外壳上标有"电源"或"进线"端;出线必须接在下方,即标有"负载"或"出线"端。倘若把进线、出线接反了,将会导致保护器动作后烧毁线圈或影响保护器的接通、分断能力。

2. 漏电保护器的安装要求

(1)漏电保护器应安装在进户线截面较小的配电盘上或照明配电箱内。安装在电能表之后,熔断器之前。

(2)所有照明线路导线(包括零线在内),均必须通过漏电保护器,且零线必须与地绝缘。

(3)应垂直安装,倾斜度不得超过5°。

(4)安装漏电保护器后,不能拆除单相闸刀开关或熔断器等。这样一方面是使电路在维修设备时有一个明显的断开点;另一方面,单相闸刀开关或熔断器可以起短路或过负荷保护作用。

四、熔断器的安装要求

低压熔断器广泛用于低压供配电系统和控制系统中,主要用作电路的短路保护,有时也可用于过负载保护。常用的熔断器有瓷插式、螺旋式、无填料封闭式和有填料封闭式。熔断器使用时串联在被保护的电路中,当电路发生短路故障,通过熔断器的电流达到或超过某一规定值时,熔断器以其自身产生的热量使熔体熔断,从而自动分断电路,起到保护作用。

熔断器的安装要求:

(1)安装熔断器时必须在断电情况下操作。

(2)安装位置及相互间距应便于更换熔体。

(3)应垂直安装,并应能防止电弧飞溅在临近带电体。

(4)螺旋式熔断器在接线时,为了更换熔断管时安全,下接线端应接电源,而连螺口的上接线端应接负载。

(5)瓷插式熔断器安装熔丝时,熔丝应顺着螺钉旋紧方向绕过去,同时注意不要划伤熔丝,也不要把熔丝绷紧,以免减小熔丝截面尺寸或拉断熔丝。

(6)有熔断指示器的熔断管,其指示器方向应装在便于观察侧。

(7)更换熔体时应切断电源,并应换上相同额定电流的熔体,不能随意加大熔体。

(8)熔断器应安装在线路的各火线上。在三相四线制的零线上严禁安装熔断器;在单相二线制的零线上应安装熔断器。

五、照明电路的常见故障及排除

1. 断路

火线、零线均可能出现断路。断路故障发生后,负载将不能正常工作。

产生断路的原因:主要是熔丝熔断、线头松脱、断线、开关没有接通、铝线接头腐蚀等。

断路故障的检查:如果一只灯泡不亮而其他灯泡都亮,应首先检查灯丝是否烧断;若灯丝未断,则应检查开关和灯座是否接触不良、有无断线等。为了尽快查出故障点,可用验电器测灯座的两极是否有电,若两极都不亮说明火线断路;若两极都亮(带灯泡测试),说明零线断路;若一极亮、一极不亮,说明灯丝未接通。

2. 短路

短路故障表现为熔断器熔体爆断;短路点处有明显烧痕、绝缘碳化,严重的会使导线绝缘层烧焦甚至引起火灾。

产生短路的原因:(1)用电器具接线不好,以致接头碰在一起;(2)灯座或开关进水,螺口灯座内部松动或灯座顶芯歪斜碰及螺口,造成内部短路;(3)导线绝缘层损坏或老化,并在零线和火线的绝缘处碰线。

当发现短路打火或熔体熔断时应先查出发生短路的原因,找出短路故障点,处理后更换熔体,恢复送电。

3. 漏电

漏电不但会造成电力浪费,还可能造成人身触电伤亡事故。

产生漏电的原因:主要有火线绝缘损坏而接地、用电设备内部绝缘损坏使外壳带电等。

漏电故障的检查:漏电保护装置一般采用漏电保护器。当漏电电流超过整定电流值时,漏电保护器动作切断电路。若发现漏电保护器动作,则应查出漏电接地点并进行绝缘处理后再通电。照明线路的接地点多发生在穿墙部位和靠近墙壁或天花板等部位。查找接地点时,应注意查找这些部位。

(1)判断是否漏电

在被检查建筑物的总开关上接一只电流表,接通全部电灯开关,取下所有灯泡,进行仔细观察。若电流表指针摇动,则说明漏电。指针偏转的多少,取决于电流表的灵敏度和漏电电流的大小。若偏转多则说明漏电大,确定漏电后可按步骤(2)继续进行检查。

(2)判断漏电类型

判断是火线与零线间的漏电,还是火线与大地间的漏电,或者是两者兼而有之。以接入电流表检查为例,切断零线,观察电流的变化:电流表指示不变,是火线与大地之间漏电;电流表指示为零,是火线与零线之间的漏电;电流表指示变小但不为零,则表明火线与零线、火线与大地之间均有漏电。

(3)确定漏电范围

取下分路熔断器或断开开关,电流表若不变化,则表明是总线漏电;电流表指示为零,则表明是分路漏电;电流表指示变小但不为零,则表明总线与分路均有漏电。

(4)找出漏电点

按前面介绍的方法确定漏电的分路或线段后,依次拉断该线路灯具的开关。当拉断某一开关时,电流表指针回零,则是这一分支线漏电;电流表指示变小,则除该分支漏电外还有其他漏电处。若所有灯具开关都拉断后,电流表指针仍不变,则说明是该段干线漏电。

任务实施

一、照明电路安装的技术要求

(1)灯具安装的高度,室外一般不低于 3 m,室内一般不低于 2.5 m。

(2)照明电路应有短路保护。灯具的火线必须经开关控制,螺口灯座中心部分应接火线,螺口部分与零线连接。不准将电线直接焊在灯泡的接点上使用。绝缘损坏的螺口灯座不得使用。

(3)室内照明开关一般安装在门边便于操作的位置,拉线开关一般应离地 2~3 m,暗装翘板开关一般离地 1.3 m,与门框的距离一般为 0.15~0.20 m。

(4)明装插座一般离地 1.3~1.5 m。暗装插座一般离地 0.3 m,同一场所的暗装插座高度应一致,其高度相差一般应不大于 5 mm。多个暗装插座成排安装时,其高度差应不大于 2 mm。

(5)照明装置的接线必须牢固、接触良好。接线时,火线和零线要严格区别。

(6)应采用保护接地(接零)的灯具金属外壳,要与保护接地(接零)干线连接完好。

(7) 灯具安装应牢固,灯具质量超过 3 kg 时,必须固定在预埋的吊钩或螺栓上。软线吊灯的质量在 1 kg 以下,超过时应加装吊链。固定灯具需用接线盒及木台等配件。

(8) 灯架及管内不允许有接头。

(9) 导线在引入灯具处应有绝缘保护,以免磨损导线的绝缘,也不应使其承受额外的拉力。导线的分支及连接处应便于检查。

二、照明电路的安装

如图 5-16 所示为某室内照明电路的电路图,按要求正确安装。包括常用电工工具的使用、单相电能表的安装。

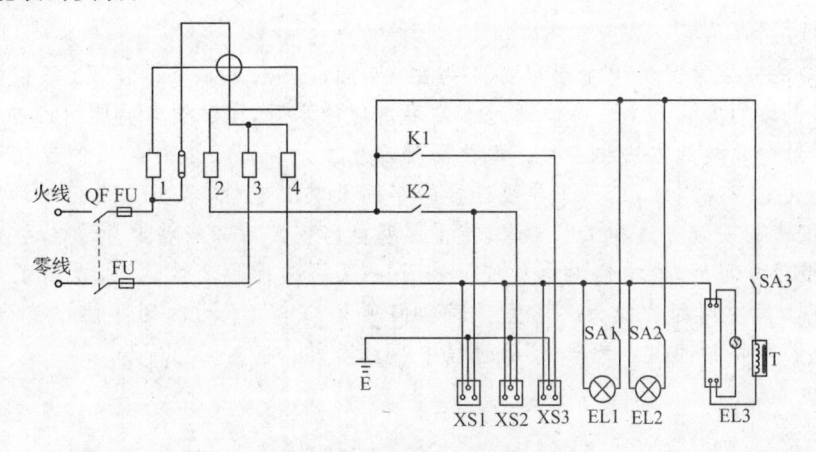

图 5-16 室内照明电路的电路图

1. 布局

根据设计的电路图,确定各元器件安装的位置,要求符合要求,布局合理,结构紧凑,控制方便,美观大方。

2. 布线

先处理好导线,将导线拉直,消除弯、折,布线要横平竖直,整齐,转弯成直角,并做到高低一致或前后一致,少交叉,应尽量避免导线接头。多根导线并拢平行走。而且在走线时应牢记"左零右火"原则。

3. 接线

接线应由上至下,先串后并。接线正确,牢固,各接点不能松动,敷线平直整齐,无漏铜、反圈、压胶,每个接线端子上连接的导线根数一般不超过两根,绝缘性能好,外形美观。红色线接电源火线(L),黑色线接零线(N),黄绿双色线作地线(PE)。火线过开关,零线一般不进开关。电源火线进线接单相电能表端子 1,电源零线进线接端子 3,端子 2 为火线出线,端子 4 为零线出线。进出线应合理汇集在端子排上。

4. 检查线路

用肉眼观看电路,看有没有接出多余线头。参照设计的电路图检查每条线是否严格按要求来接,每条线有没有接错位,注意单相电能表有无接反,漏电保护器、熔断器、开关、插座等元器件的接线是否正确。

5. 通电

由电源端开始往负载依次送电。先合上漏电保护器开关,然后合上控制白炽灯的开关,白炽灯正常发亮;合上控制日关灯开关,日光灯正常发亮;插座可以正常工作;单相电能表根据负载大小决定表盘转动快慢,负荷大时,表盘就转动快,用电就多。

6. 故障排除

操作各转换开关时,若不符合要求,应立即断电,判断照明电路的故障,可以用万用表欧姆挡检查线路,要注意人身安全和万用表挡位。

7. 切断电源

任务完成后,切断单相电源,并整理好现场。

学习情境总结

照明电路的安装学习情境主要以操作为主,包括常用电工工具的使用、单相电能表的安装、室内照明电路的安装三个任务。通过本学习情境的学习,同学们都会使用一些常用电工工具,并掌握了触电急救的方法和步骤。每位同学都独立地完成了各种导线的连接和导线的绝缘恢复,通过反复多次训练,确保了导线连接的牢固及其工艺性,学会了照明电路的所涉及的各种设备和仪表的安装方法和工艺要求,使得照明电路安装后都能够正常通电运行。

本学习情境学习后,同学们对电气安装有了更深的感性和理性认识,提高了实际操作能力、分析问题和解决问题的能力。增强了同学们独立工作的能力和团队协作精神,碰到问题时,同学们能够共同探讨,在"教学做"的过程中获益匪浅。

习 题

一、填空题

5.1.1 电工师傅常用一只额定电压为 220 V 的灯泡 L_0(检验灯泡)取代保险丝来检查新安装的照明电路中每个支路的情况,如图 5-17 所示。当 S 闭合后,再闭合 S_1 时,根据现象判断电路中存在的故障。

(1) L_0 正常发光,说明该支路_____。

(2) L_0 发光呈暗红色,说明该支路_____。

(3) L_0 不亮,说明该支路_____。

(4) 若闭合 S_1 后,L_0 和 L 都不亮,为进一步明确故障,电工师傅用验电笔测试 a、b、c、d 4 点时,氖管都发光,则电路的故障可能是_____。

5.1.2 如图 5-18 所示是家庭电路的一部分,其中_____(填 A、B 或 C)是火线,A、B 两根电线之间的电压是_____。

图 5-17 习题 5.1.1 图   图 5-18 习题 5.1.2 图

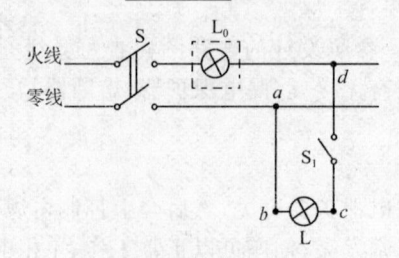

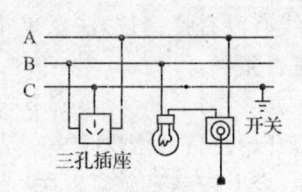

5.1.3 家庭电路中短路或超负荷运行很容易引发火灾,为了避免此类事故的发生,家庭电路中必须安装_____;如果家用电器内部导线的绝缘皮破损,人体接触家用电器金属外壳时容易发生触电事故,为防止此类事故的发生,家用电器的金属外壳应该_____。

5.1.4 为了节约用电、延长用电器的使用寿命,小红将两只标有"220 V 100 W"的灯泡串联在家庭电路中使用,此时若只有这两只灯泡工作,则电路消耗的总功率为_____W。为了用电安全,控制用电器的开关应接在_____上。

5.1.5 家庭电路中各盏照明灯是_____联的。如图5-19所示,人们用验电笔辨别火线和零线的两种使用方法中,正确的是_____。

5.1.6 当失电火时,应先切断电源,绝对不能不切断电源就用水救火,这主要是因为通常水是_____的。

5.1.7 验电笔是用来_____的。正确使用时,如果氖管发光,表明验电笔接触的是_____。

图5-19 习题5.1.5图

5.1.8 所谓短路,就是家庭电路中的_____和_____直接接触了,造成电路中_____很大,产生大量的_____,容易烧坏电源,或者烧坏导线的绝缘层而引起火灾。

5.1.9 家庭电路中的触电事故都是人体直接或间接与_____相连,并构成通路造成的。

5.1.10 家庭电路的电压是_____V,家庭电路的组成包括进户线_____、_____、_____、插座、开关、电灯和其他用电器等。

5.1.11 在三相四线制供电系统,零线上不准装_____和_____。零线截面应不小于火线截面的_____。

5.1.12 一般照明的灯座中心部分应接_____,灯座的螺口部分应接_____。从安全角度考虑,这是为了防止人身触电事故的发生。

5.1.13 遇有电气设备着火时,应立即将有关设备的_____切断,然后进行救火。对带电设备应使用干式灭火器、二氧化碳灭火器和四氧化碳灭火器等灭火,不得使用_____灭火。对注油设备使用泡沫灭火器或四氧化碳灭火器等灭火。

5.1.14 电气照明平面布置图上,须表示所有灯具的_____、_____、_____、安装高度和安装方法,以及_____。

5.1.15 导线接头长期允许的工作温度通常不应超过_____。

5.1.16 大型室内照明支路,每一单相回路允许电流_____A。

5.1.17 一般室内照明支路电流不应大于_____A。

5.1.18 一个照明支路所接灯数(包括插座)一般应不超过_____。

二、单项选择题

5.2.1 关于照明电路的安装,下列说法中正确的是_____。
A. 控制灯的开关应与灯并联
B. 插座应与灯串联
C. 控制灯的开关应与灯串联,且接在火线上
D. 控制灯的开关应与灯串联,且接在零线上

5.2.2 随着人民生活水平的提高,家用电器不断增多,为了安全用电,以下措施中正确的是_____。
A. 照明电路中保险丝安装在火线上
B. 在现有的照明电路中,增加用电器时只需换上足够粗的保险丝即可

C. 在现有的照明电路中,增加用电器时一定要同时考虑电能表、输电线和保险丝的承受能力
D. 在现有的照明电路中,增加用电器时只需要考虑电能表和保险丝的承受能力

5.2.3 某家庭部分电路可简化成如图 5-20 所示的情况,当灯泡、电视和台灯三个用电器均工作时,它们之间的连接方式是_____。

A. 串联　　　　　　　　　　B. 并联
C. 电视与台灯串联后再与灯泡并联　　D. 灯泡与台灯串联后再与电视并联

5.2.4 小刚有一个带有开关、指示灯和多个插座的接线板,如图 5-21 所示,每当接线板的插头插入家庭电路中的插座,闭合接线板上的开关时,总出现"跳闸"现象。关于"跳闸"原因和接线板中的电路连接,下列说法中正确的是_____。

A. "跳闸"的原因是接线板中的电路发生了断路
B. "跳闸"的原因是接线板中的电路发生了短路
C. 接线板上的多个插座与指示灯串联
D. 接线板上的开关与指示灯并联

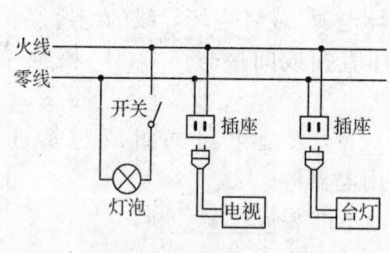

图 5-20　习题 5.2.3 图　　　　图 5-21　习题 5.2.4 图

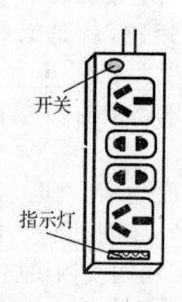

5.2.5 某同学在家中更换台灯的灯泡时,先将一只灯泡插入灯座,灯泡正常发光,再将另一只灯泡插入该灯座的一瞬间,灯泡接口冒出火花,同时家中停电,保险丝烧断。其原因是_____。

A. 灯座短路　　B. 灯座断路　　C. 灯丝断路　　D. 灯泡的接头短路

5.2.6 教室内两盏日光灯由一个开关控制,以下电路中能反映它们正确连接的是_____。

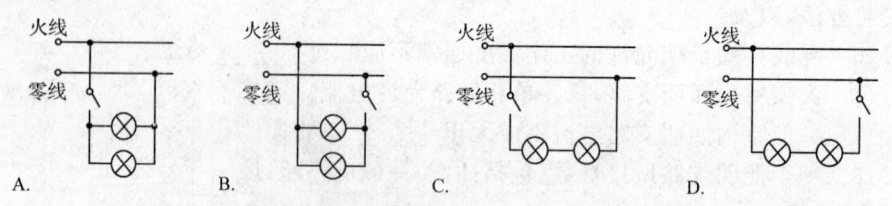

A.　　　　B.　　　　C.　　　　D.

5.2.7 在家庭电路中,下列说法中正确的是_____。
A. 灯与控制它的开关是并联的,与插座是串联的
B. 使用验电笔时,不能用手接触到笔尾的金属体
C. 增加大功率用电器时,只需换上足够粗的保险丝即可
D. 电路中电流过大的原因之一是使用的电器总功率过大

5.2.8 电的利用越来越广泛,给我们的生活带来方便,但若不注意安全用电,也会给我们的生活带来危害,下列做法中错误的是_____。
A. 有金属外壳的用电器必须使用三线插头
B. 发现有人触电,应迅速切断电源

C. 不能在电线上晾晒衣服

D. 拉线开关接在零线和灯泡之间

5.2.9　关于家庭电路,下列做法中正确的是_____。

A. 家用电器以串联方式接入电路

B. 控制灯泡的开关串联在火线与灯之间

C. 将家用洗衣机的三线插头改成两线使用

D. 保险丝烧断了,直接用铜丝代替

5.2.10　下列关于家庭电路中一些元件和工具的使用的说法中正确的是_____。

A. 控制电路的开关应接在零线和用电器之间

B. 三线插头中间较长的铜片应与用电器的金属外壳相连

C. 熔丝(保险丝)熔断后可以用铜丝代替

D. 在使用验电笔时,手不能接触笔尾金属体

5.2.11　目前电能的应用已渗透到我们生产、生活中的各个领域,安全用电已成为常识,下列做法或认识中正确的是_____。

A. 保险丝熔断后,可以用铜丝或铁丝代替

B. 家中的电灯、电视机、电冰箱等用电器可以串联使用

C. 三孔插座中相应的导线必须和室外的大地相连

D. 只要不直接接触高压输电线路,不会对人体造成伤害

5.2.12　关于家庭电路,下列说法中正确的是_____。

A. 空气开关"跳闸"不一定是出现了短路

B. 电灯的开关必须接在零线与电灯之间

C. 工作时的电冰箱和电视机可以是串联的

D. 工作的用电器越多,总电阻越大

5.2.13　小花家新购住房刚装修完毕,家中部分照明电路如图 5-22 所示。验收工程时,小花闭合了开关 S(家中其他用电器均处于断开状态),白炽灯 L 亮了一段时间后熄灭了,她用验电笔分别测试了图中插座的两个孔,发现验电笔都发光。她断开开关 S,再次用验电笔测试插座的两个孔,她将观察到_____。(假设故障只有一处)

A. 测试两孔时验电笔都发光　　　B. 测试两孔时验电笔都不发光

C. 只有测试左面的孔时验电笔才发光　　　D. 只有测试右面的孔时验电笔才发光

5.2.14　小丽根据家庭电路画了如图 5-23 所示的电路图,其中包括插座 1、插座 2、电灯 L 和开关 S,图中元件的接法画错了的是_____。

A. 电灯 L　　　B. 插座 1　　　C. 插座 2　　　D. 开关 S

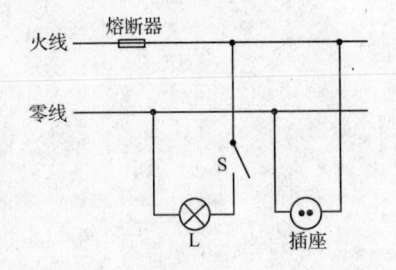

图 5-22　习题 5.2.13 图

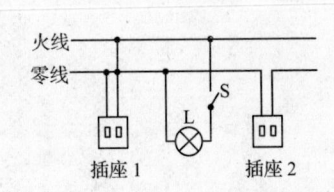

图 5-23　习题 5.2.14 图

5.2.15 电灯、插座、电视机在家庭电路中的连接方式是_____。
A. 全部串联　　　　　　　　　　　　B. 插座与电灯串联,与电视机并联
C. 全部并联　　　　　　　　　　　　D. 电灯与电视机串联,与插座并联

5.2.16 电灯、插座、电视机在家庭电路中的连接方式是_____。
A. 全部串联　　　　　　　　　　　　B. 插座与电灯串联,与电视机并联
C. 全部并联　　　　　　　　　　　　D. 电灯与电视机串联,与插座并联

5.2.17 关于照明用电电路的安装,下列做法中错误的是_____。
A. 所有的电灯及其他用电器和插座均并联
B. 保险盒应装在总开关的前面
C. 各个灯座的控制开关应和灯串联,并联在火线上
D. 火线接在灯座内中央金属片上,零线接螺口

5.2.18 下列情况中,可能引起触电事故的是_____。
A. 两手分别接触一节干电池的两个电极
B. 站在干燥的木凳上,一手接触照明电路的火线
C. 站在地面上,一手接触照明电路的火线
D. 站在地面上,一手接触照明电路的零线

5.2.19 当有人触电或电气设备着火时,下列做法中正确的是_____。
A. 立即将触电人拉开
B. 立即用身边的小刀或剪刀将电线剪断
C. 电气设备着火,立即用水灭火
D. 有人触电时,应先拉断电源开关或用绝缘物将电线挑开,再进行抢救

学习情境六

三相交流电路的测量

任务书

任务总述

现提供三相调压器、三相组合负载、交流电压表、交流电流表、单相功率表、三相功率表、三相三线制有功电能表、三相四线制有功电能表各一只,请选择对应的仪表,分别测量:

(1)测量对称三相电路中负载为 Y 形(有中线和无中线两种情况)和△形两种连接方式下的相电压、线电压、相电流、线电流,并归纳对称电路中,负载为 Y 形和△形连接时线电压与相电压的关系、线电流与相电流的关系。

(2)测量不对称三相电路中负载为 Y 形(有中线和无中线两种情况)连接方式下的相电流、线电流、相电压、线电压与中线电流、中点电压,结合测量中灯泡的现象,理解中点位移的概念并总结三相四线制电路的中线的作用。

(3)总结三相电路有功功率的测量方法及每种方法适用的情况,分别用单相功率表(主要是二表法)、三相功率表测量三相电路负载为 Y 形和△形两种连接方式下的功率,并将两种方法的测量结果进行比较,同时总结负载在电源电压不变的前提下,两种连接方式下功率的关系。

(4)总结三相电路无功功率的测量方法及每种方法适用的情况,并用单相功率表(主要是一表法、二表法)测量三相电路的无功功率。

(5)用三相三线制有功电能表与三相四线制有功电能表测量三相电路中的电能。

对本学习情境的实施,要求根据引导文 6 进行。同时,进行以下基本技能的过程考核:

(1)在规定的时间内分别完成负载为 Y 形、△形连接,负载为对称与不对称情况下,电压与电流的测量。

(2)在规定的时间内分别完成负载为 Y 形、△形连接,用单相功率表和三相功率表对三相电路的功率的测量。

(3)在规定的时间内分别完成用单相功率表对三相电路的无功功率的测量。

(4)在规定的时间内分别完成三相三线制与三相四线制电路的电能的测量。

(5)口述有功功率、无功功率的测量方法及每种方法的适用情况,测量值与三相总有功功率、三相总无功功率的关系。

已具备资料

(1)三相交流电路的测量自学资料:学电手册、引导文。

(2)三相交流电路的测量教学资料:多媒体课件、教学视频。

(3)三相交流电路的测量复习(考查)资料:习题。

工作单

相关任务描述	(1)三相电路电压与电流的测量 (2)三相电路功率的测量 (3)三相电路电能的测量
相关学习资料的准备	三相交流电路的测量自学资料、教学资料
学生课后作业的布置	三相交流电路的测量习题
对学生的考核方法	过程考核 作业检查
采用的主要教学方法	多媒体、实验实训教学手段 情境启发式、任务驱动式、自主探究式、协作学习式等教学方法
教学及实验实训场所	电工测量一体化多媒体教室
教学及实验实训设备	交流电压表、交流电流表、单相功率表、三相功率表、三相三线制有功电能表、三相四线制有功电能表、三相调压器、三相组合负载、电工操作台等
教学日期	
备注	

引导文

引导文 6	三相交流电路的测量引导文	姓　名		页数：	

一、任务描述

现提供三相调压器、三相组合负载、交流电压表、交流电流表、单相功率表、三相功率表、三相三线制有功电能表、三相四线制有功电能表各一只，请选择对应的仪表，分别测量：

(1) 测量对称三相电路中负载为 Y 形和 △ 形两种连接方式下的相电压、线电压、相电流、线电流，并归纳对称电路中，负载为 Y 形和 △ 形连接时线电压与相电压的关系、线电流与相电流的关系。

(2) 测量不对称三相电路中负载为 Y 形连接方式下的相电流、线电流、相电压、线电压与中线电流、中点电压，结合测量中灯泡的现象，理解中点位移的概念并总结三相四线制电路的中线的作用。

(3) 总结三相电路有功功率的测量方法及每种方法适用的情况，分别用单相功率表（主要是二表法）、三相功率表测量三相电路负载为 Y 形和 △ 形两种连接方式下的功率，并将两种方法的测量结果进行比较，同时总结负载在两种连接方式下功率的关系。

(4) 总结三相电路无功功率的测量方法及每种方法适用的情况，并用单相功率表（主要是一表法、二表法）测量三相电路的无功功率。

(5) 用三相三线制有功电能表与三相四线制有功电能表测量三相电路中的电能。

二、任务资讯

(1) 什么是对称三相电源？

(2) 下图中，三相电源的连接方式是什么？可以提供给负载几种电压？请说明 U_{AN}、U_{BN}、U_{AB}、U_{BC}、U_{CA} 分别属于哪种电压，并在图中一一标出。

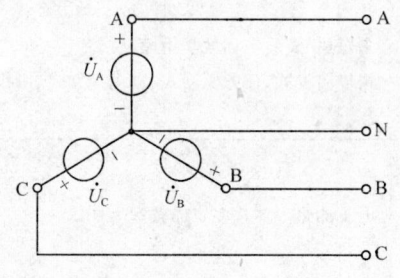

(3) 对称三相电路与不对称三相电路的区别是什么？

(4) 不对称三相 Y 形连接电路，若去掉中线，对负载有什么影响？为什么三相四线制的总中线上不接开关，也不接熔断器？

(5) 下图所示为一栋三层教学楼的照明电路原理图，三相电源的输电方式为三相四线制，线电压为 380 V，每层楼的用电设备为一相负载。若用电设备的额定电压为 220 V，请说明每层楼的各教室的负载采用了哪种连接方式，整栋教学楼的三相负载采用的又是哪种连接方式。三相负载的连接方式是根据什么来确定的？

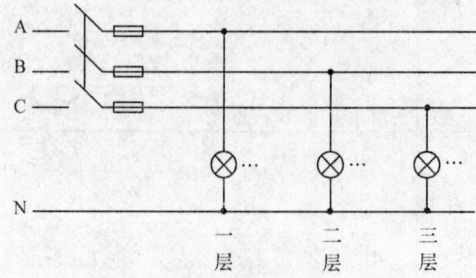

(6) 三相负载作 △ 形连接时，为什么是将三相调压器的线电压调至 220 V，而不是将三相调压器的相电压调至 220 V？

三、任务计划

(1) 请画出三相电路负载为 Y 形(有中线和无中线)连接方式下,测量各电压、电流的原理电路图。
(2) 请画出三相电路负载为△形连接方式下,测量各电压、电流的原理电路图。
(3) 请画出用二表法测量三相电路的功率及用三相功率表测量三相电路的功率的原理电路图。
(4) 请画出用三相三线制有功电能表和三相四线制有功电能表测量三相电路中的电能的原理电路图。
(5) 选择相关仪器、仪表,制订设备清单。
(6) 制作任务实施情况检查表,包括小组各成员的任务分工、任务准备、任务完成、任务检查情况的记录,以及任务执行过程中出现的困难和应急情况的处理等。(单独制作)

四、任务决策

(1) 分小组讨论,分析阐述各自计划和测量方案。
(2) 教师指导测量方案的实施。
(3) 每组选派一位成员阐述三相带电路电压、电流、功率与电能的测量步骤及测量过程中注意事项。

五、任务实施

(1) 整个测量过程中出现了什么问题? 如何分析与解决这些问题?
(2) 单相功率表、三相功率表、三相电能表使用时要注意哪些事项? 如何选择电压表、电流表、功率表等仪表的量程?
(3) 三相调压器能否作△形连接? 三相调压器使用前后的注意事项有哪些?
(4) 你认为完成该项工作任务要注意哪些安全问题?
(5) 对整个任务的完成情况进行记录。

六、任务检查

(1) 学生填写检查单。
(2) 教师填写评价表。
(3) 学生提交实训心得。

七、任务评价

(1) 小组讨论,自我评述完成情况及操作中发生的问题,小组共同给出处理和提高方案。
(2) 小组准备汇报材料,每组选派一位成员进行汇报。
(3) 教师对方案评价说明。

学习资料

学习情境描述

三相交流电路是由三个频率相同而相位不同的电源所组成的三相供电系统,是一种在电气上和结构上都具有特点的正弦交流电路,简称三相电路。目前,三相供电系统在国民经济各部门和城乡都获得了广泛应用。因此,分析三相交流电路具有重要的实用意义。

本学习情境的教学内容包括两个部分:
(1)对称三相电路。
(2)不对称三相电路。

本学习情境的基本要求是:教师引导学生掌握三相对称交流量的特点,三相电源与负载的连接,加深对三相电路的基本物理量的理解,为分析、计算三相电路做好铺垫。同时在技能上要求学生掌握三相电路中电压与电流的测量,三相电路中功率与电能的测量。通过实际操作,加深对三相电路的分析与理解,从而为今后的工作打下扎实的基础。

教学环境

整个教学在电工测量一体化多媒体教室中进行,教室内应有学习讨论区、操作区,并必须配置多媒体教学设备,同时提供任务中涉及的三相电源与三相负载以及交流电压表、交流电流表、单相功率表、三相功率表和三相电能表等。

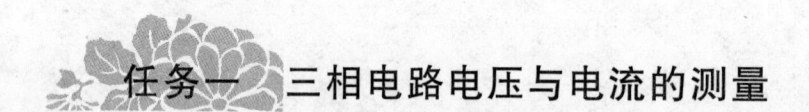

任务一 三相电路电压与电流的测量

教学目标

知识目标:
(1)掌握对称三相正弦量的概念与相序的概念,掌握三相电源与负载的连接方式以及三相电路中的基本物理量。
(2)掌握对称三相电路的相电压与线电压、相电流与线电流的关系以及对称三相电路的特点与电压、电流的计算。

能力目标:
(1)能熟练地用交流电压表、交流电流表测量三相电路中的电压与电流。
(2)能根据测量的结果分析三相电路的运行情况。

任务描述

在电力系统中,三相电压、电流是最基本的电量,无论是发电厂、变电站还是大型用户的配电房都必须对它们进行监视,因为通过测量它们的大小,可以分析了解系统的运行状况。本任务是在小组组长的带领下,教师引导各成员认真学习三相电路中电压、电流的测量学习资料后,正确完成任务,并确保电路安全运行。主要任务是:

(1)测量对称三相电路中负载为 Y 形(有中线和无中线两种情况)和△形两种连接方式下的相电压、线电压、相电流、线电流,并归纳对称三相电路中,负载为 Y 形和△形连接时线电压与相电压的关系、线电流与相电流的关系。

(2)测量不对称三相电路中负载为 Y 形(有中线和无中线两种情况)连接方式下的相电流、线电流、相电压、线电压与中线电流、中点电压,结合测量中灯泡的现象,理解中点位移的概念并观察三相四线制电路的中线的作用。

任务准备

课前预习"相关知识"部分。根据三相电路中电压与电流测量的知识,结合测量过程中的注意事项,经讨论后制订三相电路中电压与电流测量的操作步骤,并独立回答下列问题:

(1)负载作 Y 形连接时,该如何接线?负载作△形连接时,又该如何接线?
(2)解释下列定义:线电压、相电压、相电流、线电流、中点电压。
(3)在负载作 Y 形连接的对称三相四线制与三相三线制电路中,为什么测量的结果几乎一样?
(4)本次测量中为什么要通过三相调压器将 380 V 的线电压降为 220 V 的线电压使用?
(5)在现实生活中的三相电路中,负载侧的线电压与电源侧的线电压会相等吗?那教室里的呢?
(6)在负载为 Y 形连接的三相三线制电路中,当负载不对称时,实训中的灯泡会有什么现象?此时如果接上中线,实训中的灯泡又会有什么现象?中线的作用是什么?
(7)负载作 Y 形连接且一相负载短路的实验时,为什么只能作无中线情况?
(8)在三相四线制供电系统中,中线为什么不允许安装熔断器或开关?
(9)对称负载作△形连接,如两相灯泡亮度变暗,一相灯泡亮度正常,是什么原因?如果两相灯泡亮度正常,另外一相灯不亮,又是什么原因?
(10)为什么不对称负载作 Y 形连接时,灯泡会有亮暗不同的现象,而不对称负载作△形连接时,每相灯泡都是一样亮?

相关知识

一、关于三相电源

1. 对称三相电源的概念

仔细观察,你会发现马路旁电线杆上的电线共有 4 根,而进入居民家庭的进户线只有两根。这是因为电线杆上架设的是三相交流电的输电线,进入居民家庭的是单相交流电的输电线。自从 19 世纪末世界上首次出现三相制电路以来,它几乎占据了电力系统的全部领域。目前世界上电力系统所采用的供电方式,绝大多数属于三相制电路。与单相交流电相比,三相交流电有很多优越性:在用电方面,三相电动机比单相电动机结构简单、价格便宜、性能好;在送电方面,采用三相制,在相同条件下比单相输电节约输电线用铜量。实际上单相电源就是取三相电源的一相,因此,三相交流电得到了广泛的应用。

对称三相电源是由三个最大值相等,角频率相同而相位差互差 120°的电源组成,它是按特定的方式连接而成的三相正弦供电系统,其中每一个电压源被称为三相电源中的一相。

三相正弦电源通常是三相交流发电机产生的,其定子安装有三个完全相同的线圈,由于三个线圈在空间位置上彼此相差 120°,当转子以 ω 的角速度旋转时,三个线圈中将感应出电动势,即三个线圈上有对称的三相正弦电压,分别称之为 A、B、C 三相。高电位端称为首端,分别用 A、B、C 表示;低电位端称之为末端,分别用 X、Y、Z 表示。用电压源表示三相定子绕组电压如图 6-1 所示,若以 u_A 为参考正弦量,对称三相电源的瞬时值表达式和相量表达式为

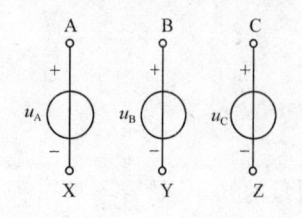

图 6-1 用电压源表示三相定子绕组电压

$$u_A = U_m \sin\omega t$$
$$u_B = U_m \sin(\omega t - 120°)$$
$$u_C = U_m \sin(\omega t + 120°)$$

对应相量为

$$\dot{U}_A = U \angle 0°$$
$$\dot{U}_B = U \angle -120°$$
$$\dot{U}_C = U \angle -240° = U \angle 120°$$

其对应相量图如图 6-2 所示,其各相电压波形如图 6-3 所示。

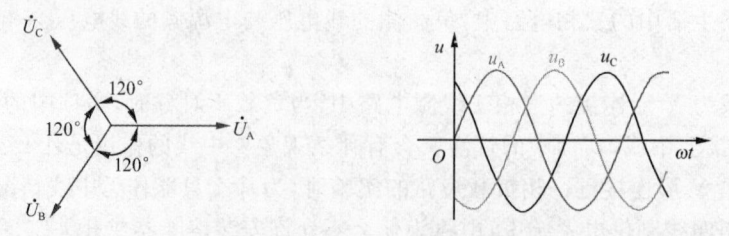

图 6-2 对称三相电源电压相量图

图 6-3 对称三相电源电压波形图

由对称三相电源的瞬时值表达式和相量表达式可以证明:对称三相电源的三个相电压瞬时值之和为零,即

$$u_A + u_B + u_C = 0 \quad 或 \quad \dot{U}_A + \dot{U}_B + \dot{U}_C = 0 \tag{6-1}$$

2. 相序的概念

若对称三相电源电压到达正(负)最大值的先后次序为 A→B→C→A,则称为正序或顺

序;若对称三相电源电压到达正(负)最大值的先后次序为 A→C→B→A,则称为负序或逆序。如图 6-3 所示为正序对称三相电源电压波形图。

三相发电机在并网发电时或用三相电驱动三相交流电动机时,必须考虑相序的问题,否则会引起重大事故。为了防止接线错误,低压配电线路中规定用颜色区分各相,黄色表示 A 相,绿色表示 B 相,红色表示 C 相。

三相电动机在正序电压供电时正转,改为负序电压供电时则反转。因此,一些需要正反转的生产设备可通过改变供电相序来控制三相电动机的正反转。电力系统中各并列运行的三相电源电压的相序必须相同,在实际工作中必须注意。

一般情况下,无特殊说明,三相电源电压的相序均是正序。

二、三相电路的连接

1. 三相电路的连接方式

三相电源或负载的主要连接方式有 Y 形连接(星形连接)和 △ 形连接(三角形连接)两种。

(1) Y 形连接方式

将三相电源或负载的末端拧成一个节点,其首端分别引出一端线与负载或电源连接的连接方式,称为 Y 形连接,如图 6-4 所示。Y 形连接有一个公共点,称为中性点,简称中点。

(a) 电源的 Y 形连接　　(b) 负载的 Y 形连接

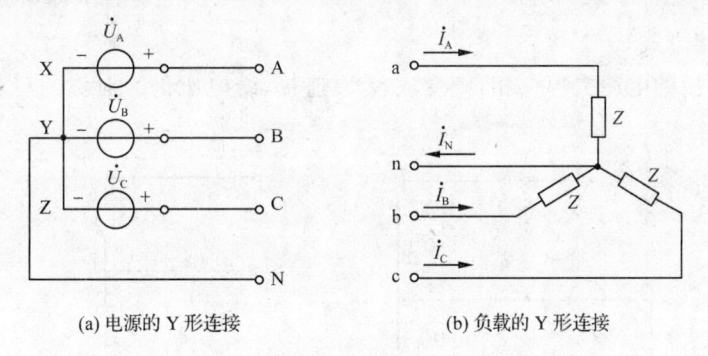

图 6-4　电源或负载的 Y 形连接

(2) △ 形连接方式

将 A 相电源或负载的末端与 B 相电源或负载的首端相连,B 相电源或负载的末端与 C 相电源或负载的首端相连,C 相电源或负载的末端与 A 相电源或负载的首端相连,即 A、B、C 三相按首尾相连后,然后从每两相的连接处引出一端线的连接方式,称为 △ 形连接,如图 6-5 所示。

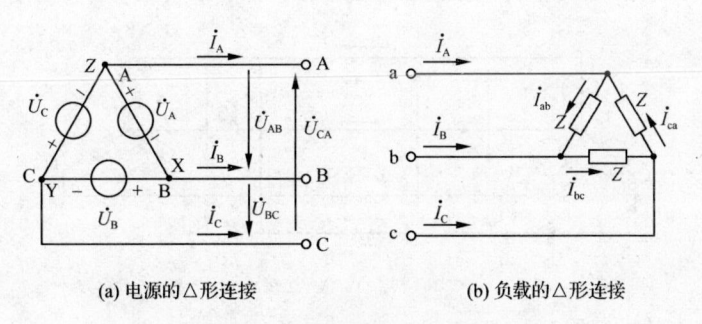

(a) 电源的 △ 形连接　　(b) 负载的 △ 形连接

图 6-5　电源或负载的 △ 形连接

当电源采取 △ 形连接时,若电源不对称或连接不正确,任何一相定子绕组接法相反,则三个相电压之和将不为零,此时在△形连接的闭合回路中将产生很大的环行电流,造成严重恶果:将发电机绕组烧掉。因此若电源作△形连接,在其闭合之前,一定要在△形开口处并联一块电压表,如图 6-6 所示。若电压表的读数为 0,则说明连线正确,此时只要将电压表去掉,将开口△形连成闭口△形即可。若其中一相接反,电压表的读数为一相电压的 2 倍,必须将其中一相的首尾端对调,而后再次测量开口电压,直至端口电压为 0。电源的正确接线与错误接线相量图如图 6-7 所示。因为发电机发出的电不是绝对的对称电压,所以,发电机一般不作△形连接。

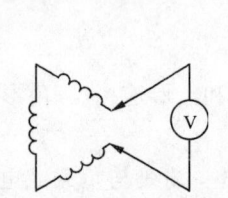

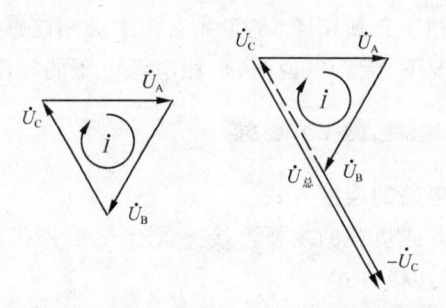

(a) 电源的正确接线相量图　(b) 电源的错误接线相量图

图 6-6　电源的开口△形连接　　图 6-7　电源的正确接线与错误接线相量图

(3) V 形连接方式

若将△形连接的电源去掉一相,则变成 V 形连接,线电压仍为对称的三相电源,如图 6-8 所示。

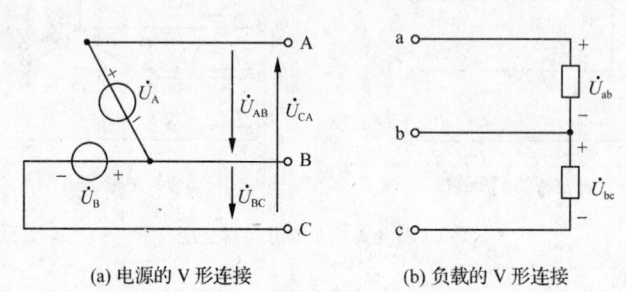

(a) 电源的 V 形连接　　(b) 负载的 V 形连接

图 6-8　电源或负载的 V 形连接

因此在三相电路中,电源与负载的组合连接方式有 Y/Y、Y_0/Y_0、$Y/\triangle$、$\triangle/Y$、$\triangle/\triangle$ 五种连接方式,其中只有 Y_0/Y_0 连接为三相四线制,其他四种均为三相三线制连接方式。三相四线制(由三根端线和一根中线组成)通常在低压配电系统中采用。Y_0/Y_0 连接如图 6-9 所示。

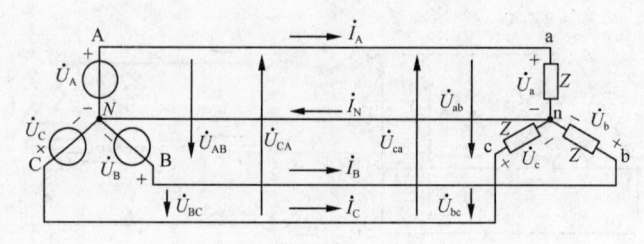

图 6-9　Y_0/Y_0 连接

2. 基本概念问题

(1) 端线

电源始端与负载始端之间的连接线称为端线，俗称火线，它相当于现实电路中的输电线。

(2) 中线

电源中点 N 与负载中点 n 之间的连接线称为中线。当中线接地时，也称为零线。只有电源与负载都采用 Y 形连接时，才有可能有中线。有中线的连接，称为三相四线制 Y 形连接；没有中线的连接，称为三相三线制 Y 形连接。

(3) 相电压

相电压指每相电源（或负载）首端到尾端之间的电压。在 Y 形连接电路中，相电压的相量一般用 $\dot{U}_A$ 或 $\dot{U}_a$、$\dot{U}_B$ 或 $\dot{U}_b$、$\dot{U}_C$ 或 $\dot{U}_c$ 表示。在三相对称的 Y/Y 连接电路中，若不考虑端线阻抗，则电源与负载的相电压相等，即 $\dot{U}_A = \dot{U}_a$，$\dot{U}_B = \dot{U}_b$，$\dot{U}_C = \dot{U}_c$；在三相对称的 Y/Y 连接电路中，若考虑端线阻抗，则电源与负载的相电压不相等，即 $\dot{U}_A \neq \dot{U}_a$，$\dot{U}_B \neq \dot{U}_b$，$\dot{U}_C \neq \dot{U}_c$。对称三相电路中相电压的有效值用 U_P 表示。

(4) 线电压

线电压指两两端线之间的电压。若考虑端线阻抗，则电源侧的线电压和负载侧的线电压不相等。若电源或负载都采取 △ 形连接，则电源或负载的线电压就是对应的相电压，因此 △ 形连接时一般都用线电压表示相电压，且按字母的排列顺序为参考方向，分别用相量 $\dot{U}_{AB}$ 或 $\dot{U}_{ab}$、$\dot{U}_{BC}$ 或 $\dot{U}_{bc}$、$\dot{U}_{CA}$ 或 $\dot{U}_{ca}$ 表示。对称三相电路中线电压的有效值用 U_L 表示。

(5) 相电流

流过每相电源或负载的电流称为相电流。在 △ 形连接负载中，其相量用 $\dot{I}_{AB}$ 或 $\dot{I}_{ab}$、$\dot{I}_{BC}$ 或 $\dot{I}_{bc}$、$\dot{I}_{CA}$ 或 $\dot{I}_{ca}$ 表示，参考方向按字母的顺序排列。对称三相电路中相电流的有效值用 I_P 表示。

(6) 线电流

流过端线的电流称为线电流。若负载采取 Y 形连接，则负载的相电流就是线电流，因此 Y 形连接电路一般都用线电流表示相电流。一般参考方向由电源指向负载。其相量用 $\dot{I}_A$、$\dot{I}_B$、$\dot{I}_C$ 表示。对称三相电路中线电流的有效值用 I_L 表示。

在三相电路中，一般我们所说的电压、电流都是指线电压、线电流。例如，220 kV 线路是指线电压的有效值为 220 kV。

(7) 中线电流

流过中线的电流称为中线电流。相量用 $\dot{I}_N$ 表示。一般参考方向由负载指向电源。

(8) 中点电压

电源中点与负载中点之间的电压称为中性点电压，简称中点电压。并且只有电源与负载同时采取 Y 形连接时才存在中点电压。相量用 $\dot{U}_{nN}$ 表示。一般参考方向由负载指向电源。

3. 对称三相电路中线电压与相电压、线电流与相电流的关系

(1) Y 形连接方式

以电源侧为例，在如图 6-10(a) 所示 Y 形连接电路图中，电源的相电压是对称的。从图中可以看出，电路的线电流即电源的相电流。若选 A 相作为参考相量，令 $\dot{U}_{AN} = \dot{U}_A = U\angle 0°$，则 $\dot{U}_{BN} = \dot{U}_B = U\angle -120°$，$\dot{U}_{CN} = \dot{U}_C = U\angle 120°$，那么，线电压与相电压的关系为

$$\begin{cases} \dot{U}_{AB} = \dot{U}_A - \dot{U}_B = U(1\angle 0° - 1\angle -120°) = \sqrt{3}U\angle 30° = \sqrt{3}\dot{U}_A \angle 30° \\ \dot{U}_{BC} = \dot{U}_B - \dot{U}_C = U(1\angle -120° - 1\angle 120°) = \sqrt{3}U\angle -90° = \sqrt{3}\dot{U}_B \angle 30° \\ \dot{U}_{CA} = \dot{U}_C - \dot{U}_A = U(1\angle 120° - 1\angle 0°) = \sqrt{3}U\angle 150° = \sqrt{3}\dot{U}_C \angle 30° \end{cases} \quad (6\text{-}2)$$

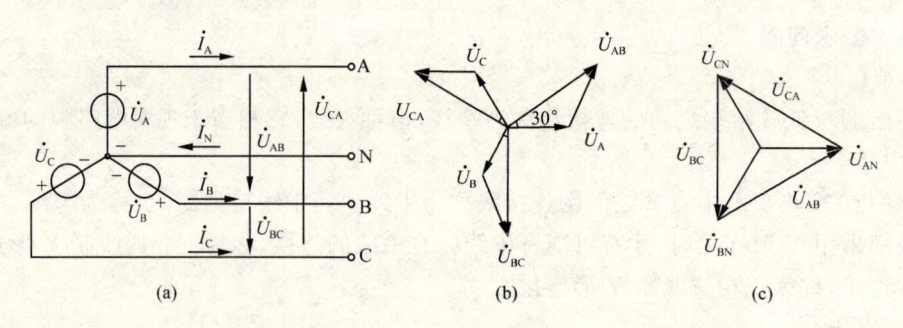

图 6-10 Y形连接电路图及Y形连接电路线电压与相电压的相量图

线电压与对应相电压的相量图如图 6-10(b)、图 6-10(c)所示,由此得出结论:在 Y 形连接对称三相电路中,若电源相电压对称,则电源的线电压也是对称的,线电压的有效值为相电压的 $\sqrt{3}$ 倍,线电压的初相角超前对应相电压 30°,并且,线电流和相电流是同一值。即

①相电压对称,线电压也对称;

②$U_L = \sqrt{3} U_P$;

③线电压超前对应相电压 30°;

④线电流与相电流的关系:$I_L = I_P$。

所谓"对应",是指对应的相电压用线电压的第一个字母标出。

对应关系为:$\dot{U}_{AB} \to \dot{U}_A, \dot{U}_{BC} \to \dot{U}_B, \dot{U}_{CA} \to \dot{U}_C$。

必须说明的是:上述的特点只是在电路对称的前提条件下成立,若电路不对称,则每相的相电流还是线电流,线电压的相量关系必然满足 KVL,即

$$\dot{U}_{AB} = \dot{U}_A - \dot{U}_B, \dot{U}_{BC} = \dot{U}_B - \dot{U}_C, \dot{U}_{CA} = \dot{U}_C - \dot{U}_A \tag{6-3}$$

由式(6-3)可知,在任何时刻,三相电路三个线电压的相量和或瞬时值之和都恒等于零,与电路对不对称没有关系。

(2)△形连接方式

以负载侧为例,从如图 6-11(a)所示△形连接电路图中可以看出,电路中负载的相电压即线电压。若负载的相电流是对称的,以 a 相负载的相电流作为参考相量,即令 $\dot{I}_{ab} = I \angle 0°$,则 $\dot{I}_{bc} = I \angle -120°, \dot{I}_{ca} = I \angle 120°$,那么,线电流与相电流的关系为

$$\begin{cases} \dot{I}_A = \dot{I}_{ab} - \dot{I}_{ca} = I \angle 0° - I \angle 120° = \sqrt{3} I \angle -30° = \sqrt{3} \dot{I}_{ab} \angle -30° \\ \dot{I}_B = \dot{I}_{bc} - \dot{I}_{ab} = I \angle -120° - I \angle 0° = \sqrt{3} I \angle -150° = \sqrt{3} \dot{I}_{bc} \angle -30° \\ \dot{I}_C = \dot{I}_{ca} - \dot{I}_{bc} = I \angle 120° - I \angle -120° = \sqrt{3} I \angle 90° = \sqrt{3} \dot{I}_{ca} \angle -30° \end{cases} \tag{6-4}$$

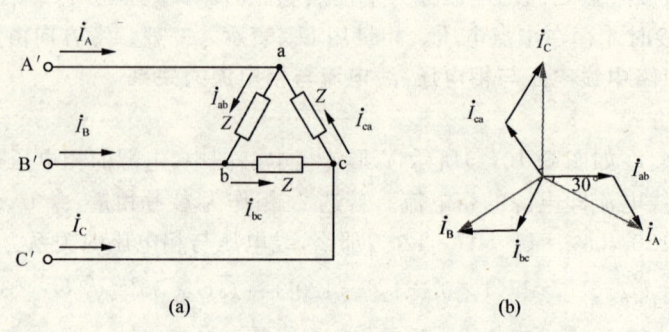

图 6-11 △形连接电路图及△形连接电路线电流与相电流的相量图

线电流与对应相电流的相量图如图 6-11(b)所示,由此得到结论:在△形连接对称三相电路中,若负载相电流是对称的,则负载的线电流也是对称的,线电流的有效值为相电流的 $\sqrt{3}$ 倍,线电流的初相角滞后于对应相电流 30°,并且,线电压和相电压是同一值。即

① 相电流对称,线电流也对称;
② $I_L = \sqrt{3} I_P$;
③ 线电流滞后对应相电流 30°;
④ 线电压与相电压的关系:$U_L = U_P$。

所谓"对应",是指对应的线电流用相电流的第一个字母标出。

对应关系为:$\dot{I}_{ab} \rightarrow \dot{I}_A, \dot{I}_{bc} \rightarrow \dot{I}_B, \dot{I}_{ca} \rightarrow \dot{I}_C$。

必须说明的是:上述的特点只是在电路对称的前提条件下成立,若电路不对称,则负载每相的相电压还是线电压,线电流的相量关系必然满足 KCL,即

$$\dot{I}_A = \dot{I}_{ab} - \dot{I}_{ca}, \dot{I}_B = \dot{I}_{bc} - \dot{I}_{ab}, \dot{I}_C = \dot{I}_{ca} - \dot{I}_{bc} \tag{6-5}$$

由式(6-5)可知,在任何时刻,三相三线制的三个线电流的相量和或瞬时值之和都恒等于零,与电路对不对称没有关系。

三、对称三相电路的特点与计算

1. 对称三相电路的特点

(1)何谓对称三相电路

对称三相电路是指电源对称(频率相同、有效值相等、相位角互差 120°,也即 $\dot{U}_A + \dot{U}_B + \dot{U}_C = 0$),负载 A、B、C 三相的阻抗都相等,若考虑端线阻抗或电源内阻,则三相电源内阻和三相端线阻抗也均相等的电路。并且,上述的条件必须同时满足,缺一不可。

(2)对称三相电路的特点

由于三相电路是单相电路的一个特例,因此在单相正弦电路中分析的有关理论、基本定律与分析方法对三相电路同样适用,并且在对称三相电路中,其还具有自身的特点。下面以如图 6-12(a)所示电路为例来说明其特点,它只有 2 个节点,因而应用弥尔曼定理计算较为方便。以电源的中点为参考点,则负载中点 n 到电源中点 N 的电压 $\dot{U}_{nN}$ 为

$$\dot{U}_{nN} = \cfrac{\cfrac{\dot{U}_A}{Z+Z_L} + \cfrac{\dot{U}_B}{Z+Z_L} + \cfrac{\dot{U}_C}{Z+Z_L}}{\cfrac{1}{Z+Z_L} + \cfrac{1}{Z+Z_L} + \cfrac{1}{Z+Z_L} + \cfrac{1}{Z_N}} = \cfrac{\cfrac{1}{Z+Z_L}(\dot{U}_A + \dot{U}_B + \dot{U}_C)}{\cfrac{3}{Z+Z_L} + \cfrac{1}{Z_N}} = 0$$

(a) 对称三相四线制电路图   (b) 单线电路图

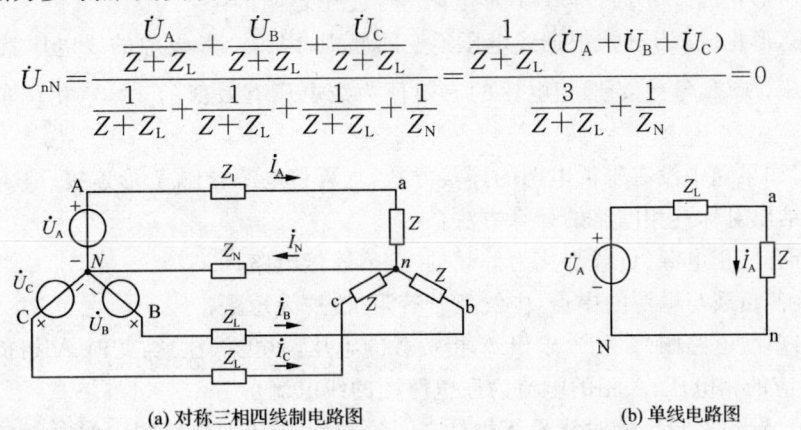

图 6-12 对称三相四线制电路图及其单线电路图

即 n 与 N 等电位，则由 KVL 的相量形式得

$$\begin{cases} \dot{I}_A(Z_L+Z)+\dot{U}_{nN}=\dot{U}_A \rightarrow \dot{I}_A=\dfrac{\dot{U}_A}{Z+Z_L}, \dot{U}_{an}=\dot{I}_A Z \\ \dot{I}_B(Z_L+Z)+\dot{U}_{nN}=\dot{U}_B \rightarrow \dot{I}_B=\dfrac{\dot{U}_B}{Z+Z_L}, \dot{U}_{bn}=\dot{I}_B Z \\ \dot{I}_C(Z_L+Z)+\dot{U}_{nN}=\dot{U}_C \rightarrow \dot{I}_C=\dfrac{\dot{U}_C}{Z+Z_L}, \dot{U}_{cn}=\dot{I}_C Z \end{cases} \quad (6\text{-}6)$$

$$\dot{I}_N=\dot{I}_A+\dot{I}_B+\dot{I}_C=0 \quad (6\text{-}7)$$

由此可见，各相负载的相电压、线电压及负载的电流均完全对称，并且各相之间完全独立，与其他两相毫无关系。

Y_0/Y_0 连接对称三相电路的特点总结如下：

①中线不起作用。从以上的分析可知，尽管中线阻抗 $Z_N \neq 0$，但是 $\dot{U}_{N'N}=0$，即电源的中点与负载的中点等电位，同时 $\dot{I}_N=0$，即可看作中线开路。所以在对称三相电路中，不论有没有中线，中线阻抗为何值，电路的情况都一样。

②$Y_0/Y_0(Y/Y)$ 连接对称三相电路中，每相的电流、电压仅由该相的电源与阻抗决定，各相之间彼此无关，形成了各相的独立性，这是 $\dot{U}_{N'N}=0$ 造成的结果。

③三相电路中负载的电流、电压都是和电源同相序的对称量。

根据上述的特点，对于对称三相电路，只要分析其中一相的电压与电流，其他两相可根据对称关系直接写出，不必再去计算，也就是说对称三相电路的计算可归结为一相的计算。在分析计算时，可单独画出其中一相的等效电路图（一般作 A 相的电路图），称为单线电路图，如图 6-12(b)所示。画法很简单，只要画出 A 相的电源与负载，然后用短路线将电源与负载的中点连接起来即可。需要特别注意的是：作 A 相的单线电路图千万不能将中线的阻抗画出，因为 $\dot{U}_{N'N}=0$，中线阻抗不起作用，应视为短路。

2. 对称三相电路的计算

上述的方法可以推广到其他连接方式的对称三相电路，因为根据 Y 形与 △ 形的等效变换原理，最后均可化成 Y/Y 连接电路。

负载由 △ 形化成 Y 形时，等效 Y 形电阻等于 △ 形电阻的 1/3。

电源由 △ 形化成 Y 形时，根据线电压不变的原则，因为 △ 形电源的线电压就是等效 Y 形电源的线电压，所以，等效 Y 形相电压的有效值为线电压有效值的 $1/\sqrt{3}$，相位角滞后对应线电压 30°。

一般地，如果题中没有告诉电源的连接方式，均可将电源看作 Y 形连接。

由此总结出对称三相电路的计算方法：

(1) 将所有三相电源、负载都化为等效的 Y/Y 连接电路；
(2) 连接各负载与电源的中点，中线上若有阻抗，视为短路；
(3) 画出单线电路图（A 相），求出 A 相负载的电压与电流（注意：此时 A 相负载的电压为等效 Y 形对应的相电压，A 相的电流为原电路图的线电流）；
(4) 根据 Y 形、△ 形连接时线量与相量之间的关系，求出原电路图中的电压与电流；
(5) 由三相电路中的对称关系，得出其他两相的电压与电流。

例 6-1 如图 6-13(a)所示，已知对称三相电源线电压为 380 V，负载 $Z=(11+j14)\ \Omega$，端线阻抗为 $Z_L=(1+j2)\ \Omega$，求各相负载的相电流与相电压。

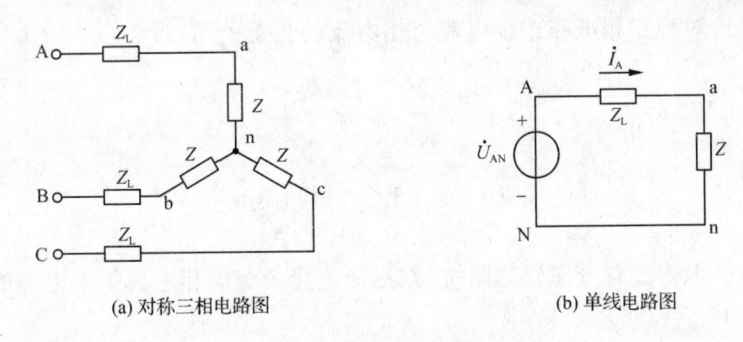

学习情境六 三相交流电路的测量 191

(a) 对称三相电路图   (b) 单线电路图

图 6-13 对称三相电路图与单线电路图

解 将电源看作 Y 形连接,则电源的相电压有效值为 220 V,并设 $\dot{U}_{AN}=220\angle 0°$ V,作出单线电路图如图 6-13(b)所示,则

$$\dot{I}_A=\frac{\dot{U}}{Z+Z_L}=\frac{220\angle 0°}{1+2j+11+14j}=\frac{220\angle 0°}{20\angle 53.1°}=11\angle -53.1° \text{ A}$$

根据对称关系得

$$\dot{I}_B=11\angle -173.1° \text{ A}$$
$$\dot{I}_C=11\angle 66.9° \text{ A}$$

负载相电压为

$$\dot{U}_{an}=\dot{I}_A Z=11\angle -53.1°\times(11+14j)=195.8\angle -1.3° \text{ V}$$

则

$$\dot{U}_{bn}=195.8\angle -121.3° \text{ V}$$
$$\dot{U}_{cn}=195.8\angle 118.7° \text{ V}$$

例 6-2 如图 6-14(a)所示,已知对称线电压为 380 V 的三相三线制电路中,对称△形连接的负载 $Z=150\angle 45°$ Ω,求负载各相电流及线电流的相量。

(a) 原电路图   (b) △→Y 后的单线电路图

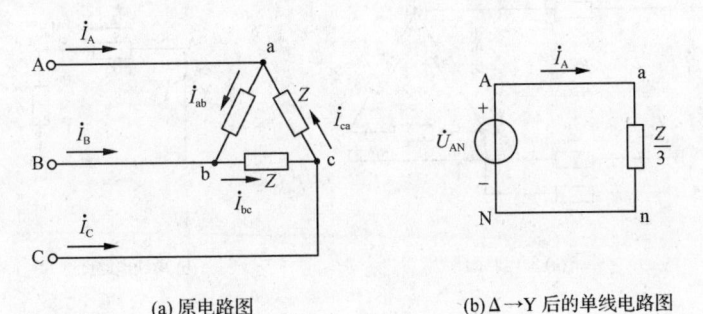

图 6-14 原电路图与单线电路图

解法一 将负载由△形连接转化为 Y 形连接,则对应 Y 形连接负载阻抗 $Z'=Z/3=50\angle 45°$ Ω。因为 $U_L=380$ V,所以 $U_P=220$ V,令 $\dot{U}_{AN}=220\angle 0°$ V,转化后的单线电路图如图 6-14(b)所示。则线电流

$$\dot{I}_A=\frac{\dot{U}_{AN}}{Z'}=\frac{220\angle 0°}{50\angle 45°}=4.4\angle -45° \text{ A}$$

根据三相电路的对称性得

$$\dot{I}_B=4.4\angle -165° \text{ A}$$
$$\dot{I}_C=4.4\angle 75° \text{ A}$$

根据△形连接对称三相电路中线电流与相电流的相量关系,得

$$\dot{I}_{AB} = \frac{1}{\sqrt{3}} \dot{I}_A \angle 30° = 2.54 \angle -15° \text{ A}$$

由对称关系得

$$\dot{I}_{BC} = 2.54 \angle -135° \text{ A}$$
$$\dot{I}_{CA} = 2.54 \angle 105° \text{ A}$$

解法二 由于本题没有考虑线路阻抗,则△形连接负载的相电压等于电源的线电压,直接令负载的相电压 $\dot{U}_{AB} = 380 \angle 0°$ V,则

$$\dot{I}_{ab} = \frac{\dot{U}_{AB}}{Z} = \frac{380 \angle 0°}{150 \angle 45°} = 2.54 \angle -45° \text{ A}$$

根据对称关系得

$$\dot{I}_{bc} = \frac{\dot{U}_{AB}}{Z} = 2.54 \angle -165° \text{ A}$$
$$\dot{I}_{ca} = 2.54 \angle 75° \text{ A}$$

由△形连接对称三相电路线电流与相电流的关系可得

$$\dot{I}_A = \sqrt{3} \dot{I}_{ab} \angle -30° = \sqrt{3} \times 2.54 \angle -45° \times \angle -30° = 4.4 \angle -75° \text{ A}$$

根据对称三相电路的关系得

$$\dot{I}_B = 4.4 \angle 165° \text{ A}$$
$$\dot{I}_C = 4.4 \angle 45° \text{ A}$$

注意:两种方法所求结果的初相角不同,是因为所选取的参考相量不同。

例 6-3 如图 6-15(a)所示,已知对称三相电路的电源线电压 $U_L = 380$ V,△形负载阻抗 $Z = (13.5+j42)$ Ω,端线阻抗 $Z_L = (1.5+j1)$ Ω,求端线电流 I_L 与负载电流 I_P。

(a) 原电路图 (b) 单线电路图

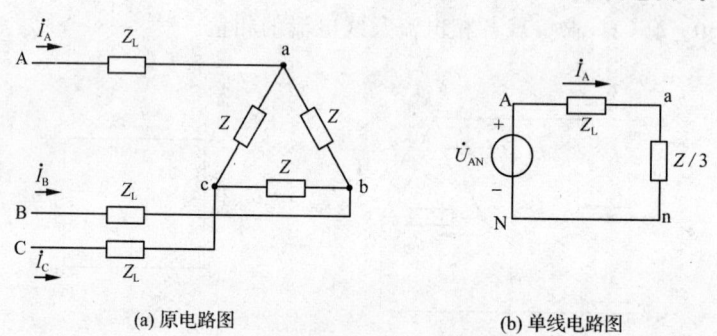

图 6-15 原电路图与单线电路图

解 此题与上题的区别是考虑了端线阻抗,所以,必须将△形转化为 Y 形。因为 $U_L = 380$ V,所以 $U_P = 220$ V,令 $\dot{U}_{AN} = 220 \angle 0°$ V。转化后的单线电路图如图 6-15(b)所示。则

$$\dot{I}_A = \frac{\dot{U}_A}{Z_L + \frac{Z}{3}} = \frac{220 \angle 0°}{4.5+j14+1.5+j1} = 13.61 \angle -68.2° \text{ A}$$

于是得到负载线电流 $I_L = 13.61$ A。

根据△形对称负载线电流与相电流的关系,负载的相电流为

$$I_P = \frac{1}{\sqrt{3}} I_A = 7.86 \text{ A}$$

例 6-4 如图 6-16(a)所示对称三相电路中,已知电源的线电压为 380 V,$|Z_1| = 10$ Ω,

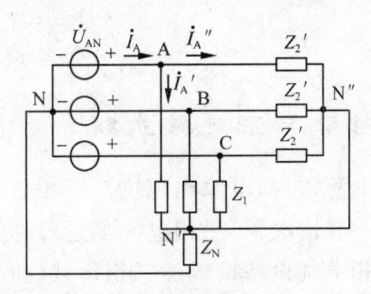

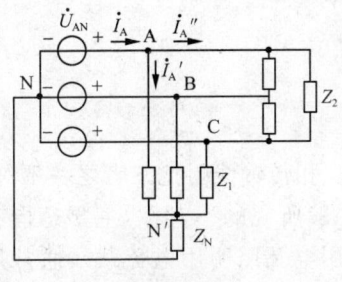

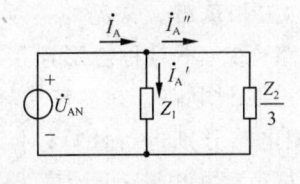

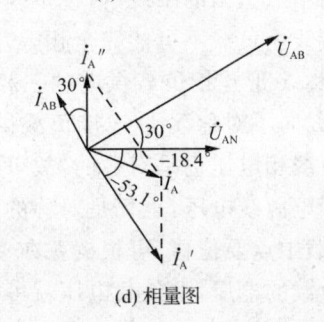

图 6-16 例 6-4 图

$\cos\varphi_1 = 0.6$(滞后),$Z_2 = -\mathrm{j}50\ \Omega, Z_\mathrm{N} = (1+\mathrm{j}2)\ \Omega$。求负载的线电流与相电流,并画出相量图。

解 先将△形连接的负载 Z_2 转换成 Y 形连接,阻抗为 Z_2',由原电路图画出等效电路图,如图 6-16(b)所示,然后短接电源中点和各相负载的中点,进一步画出单线电路图,如图 6-16(c)所示,相量图如图 6-16(d)所示。因为 $U_\mathrm{L} = 380\ \mathrm{V}$,所以 $U_\mathrm{P} = 220\ \mathrm{V}$。设 $\dot{U}_\mathrm{AN} = 220\angle 0°\ \mathrm{V}$,由 $\cos\varphi_1 = 0.6$ 得 $\varphi_1 = 53.1°$,则有

$$Z_1 = 10\angle 53.1° = (6+8\mathrm{j})\ \Omega$$

$$Z_2' = \frac{1}{3}Z_2 = -\mathrm{j}\frac{50}{3}\ \Omega$$

那么

$$\dot{I}_\mathrm{A}' = \frac{\dot{U}_\mathrm{AN}}{Z_1} = \frac{220\angle 0°}{10\angle 53.1°} = 22\angle -53.1°\ \mathrm{A}$$

$$\dot{I}_\mathrm{A}'' = \frac{\dot{U}_\mathrm{AN}}{Z_2'} = \frac{220\angle 0°}{-\mathrm{j}50/3} = 13.2\angle 90°\ \mathrm{A}$$

由 KCL 的相量形式得线电流

$$\dot{I}_\mathrm{A} = \dot{I}_\mathrm{A}' + \dot{I}_\mathrm{A}'' = 22\angle -53.1° + 13.2\angle 90° = 13.9\angle -18.4°\ \mathrm{A}$$

根据对称性,得 B 相、C 相的端线的线电流为

$$\dot{I}_\mathrm{B} = 13.9\angle -138.4°\ \mathrm{A}$$

$$\dot{I}_\mathrm{C} = 13.9\angle 101.6°\ \mathrm{A}$$

则第一组负载的相电流为

$$\dot{I}_\mathrm{A}' = 22\angle -53.1°\ \mathrm{A}$$

$$\dot{I}_\mathrm{B}' = 22\angle -173.1°\ \mathrm{A}$$

$$\dot{I}_\mathrm{C}' = 22\angle 66.9°\ \mathrm{A}$$

第二组负载的相电流为

$$\dot{I}_\mathrm{AB2} = \frac{1}{\sqrt{3}}\dot{I}_\mathrm{A}''\angle 30° = 7.6\angle 120°\ \mathrm{A}$$

$$\dot{I}_{BC2} = 7.6\angle 0° \text{ A}$$
$$\dot{I}_{CA2} = 7.6\angle 120° \text{ A}$$

四、不对称 Y 形连接负载

只要三相电源(包括电源内阻抗)、三相负载和三相传输线阻抗三者之一不对称,就是不对称三相电路。一般情况下,三相电源都是对称的,一般所说的不对称,主要是指三相负载不对称。一些由单相电气设备接成的三相负载(如生活用电及照明用电负载),通常是取一条端线(俗称火线)和由中点引出的中线(俗称零线)供给一相用户,取另一端线和中线给另一相用户。这类接法三条端线上负载不可能完全相等,属于不对称三相负载。常见的不对称三相电路有三种:①向不对称 Y 形连接负载供电的三相四线制电路;②向不对称 △ 形连接负载供电的三相三线制电路;③向不对称 Y 形连接负载供电的三相三线制电路。在忽略传输线路阻抗时,第一种电路的负载相电压仍是对称的,故可按 3 个单相电路分别进行计算;对于第二种电路,负载相电压等于电源线电压,也仍是对称的,故可先计算负载相电流,再计算线电流;对于第三种电路,因为负载中点要位移,可根据弥尔曼定理先求得中点电压,然后再根据 KVL 的相量形式计算三相负载的电压,由负载电压就可计算出负载电流。

1. 三相四线制

(1)在如图 6-17 所示电路中,若 $Z_a \neq Z_b \neq Z_c$,而中线阻抗 $Z_N = 0$,则 $\dot{U}_{nN} = 0$,那么

$$\begin{cases} \dot{I}_A = \dfrac{\dot{U}_A - \dot{U}_{nN}}{Z_a} = \dfrac{\dot{U}_A}{Z_a} \\ \dot{I}_B = \dfrac{\dot{U}_B}{Z_b} \neq \dot{I}_A \angle -120° \\ \dot{I}_C = \dfrac{\dot{U}_C}{Z_c} \neq \dot{I}_A \angle 120° \end{cases} \qquad (6-8)$$

$$\dot{I}_N = \dot{I}_A + \dot{I}_B + \dot{I}_C \neq 0 \qquad (6-9)$$

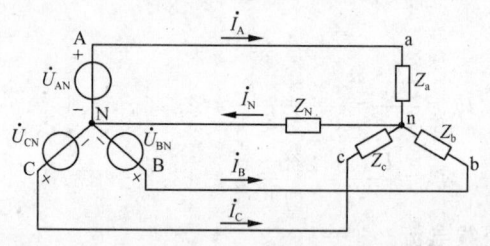

图 6-17 不对称的三相四线制电路

从图 6-17 和式(6-8)及式(6-9)可以看出电路的特点:三相相互独立,互不影响,负载的各相相电压仍然对称,只是负载电流不对称,导致中线上有电流通过。

(2)若 $Z_a \neq Z_b \neq Z_c$,中线阻抗 $Z_N \neq 0$,即 $\dot{U}_{nN} \neq 0$,由 KVL 的相量形式可知,负载的各相相电压不对称,负载电流同样不对称,中线上一样有电流通过。

2. 三相三线制

在如图 6-18 所示电路图中,由于 $Z_a \neq Z_b \neq Z_c$,由弥尔曼定理可知

$$\dot{U}_{nN} = \dfrac{\dfrac{\dot{U}_A}{Z_a} + \dfrac{\dot{U}_B}{Z_b} + \dfrac{\dot{U}_C}{Z_c}}{\dfrac{1}{Z_a} + \dfrac{1}{Z_b} + \dfrac{1}{Z_c}} \neq 0 \qquad (6-10)$$

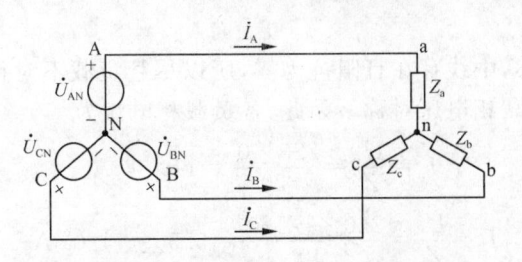

图 6-18 不对称的三相三线制电路

由式(6-10)可知,负载中点 n 与电源中点 N 之间有电位差,使得负载的相电压不再对称,如图 6-19 中点位移相量图所示(图中 $\dot{U}_{nN}$ 是假设的任意值)。

由 KVL 的相量形式得

$$\begin{cases} \dot{U}_{an} = \dot{U}_{AN} - \dot{U}_{nN} \\ \dot{U}_{bn} = \dot{U}_{BN} - \dot{U}_{nN} \\ \dot{U}_{cn} = \dot{U}_{CN} - \dot{U}_{nN} \end{cases} \quad (6-11)$$

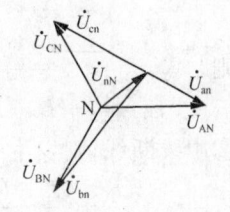

图 6-19 不对称的 Y/Y 连接三相三线制电路中点位移相量图

再由欧姆定律的相量形式得

$$\begin{cases} \dot{I}_A = \dot{U}_{an} Y_a = (\dot{U}_{AN} - \dot{U}_{nN}) Y_a \\ \dot{I}_B = \dot{U}_{bn} Y_b = (\dot{U}_{BN} - \dot{U}_{nN}) Y_b \\ \dot{I}_C = \dot{U}_{cn} Y_c = (\dot{U}_{CN} - \dot{U}_{nN}) Y_c \end{cases} \quad (6-12)$$

3. 中点位移及中线的作用

从以上两大项的分析可知,在三相三线制电路(或三相四线制电路且 $Z_N \neq 0$)中,若 $Z_a \neq Z_b \neq Z_c$,则中点电压 $\dot{U}_{nN} \neq 0$,即负载的中点电位与电源的中点电位不相等,这种现象称为中点位移。

从图 6-19 可知,由于负载不对称,造成 $\dot{U}_{nN} \neq 0$,从而使得各相负载的相电压 $\dot{U}_{an}$、$\dot{U}_{bn}$、$\dot{U}_{cn}$ 不对称,即负载的相电压有的高于电源的相电压,有的低于电源的相电压。在电源对称情况下,可以根据中点位移的情况来判断负载端不对称的程度。当中点位移较大时,会造成负载相电压严重不对称,可能使负载的工作状态极不正常。

从上面的分析可知,要使 Y/Y 连接不对称负载能正常地工作,就必须防止中点位移现象的发生,即必须保证 $\dot{U}_{nN} = 0$。而要使 $\dot{U}_{nN} = 0$,由式(6-10)和上面的分析可知,就必须有中线且中线阻抗为零。由此说明,中线的作用是:它可以强制电源中点与负载中点的电压为 0,从而保证负载的相电压等于电源的相电压,即保证负载正常工作。由此可见,中线的存在是非常重要的,因为中线一旦断开,就必然会发生中点位移,引起负载相电压不对称,造成设备损坏。因此,在低压配电系统中,必须保证中线连接可靠,且具有一定的机械强度,为此规定:在采取三相四线制的低压配电系统的总中线上,不准安装熔断器或开关。

例 6-5 在如图 6-20 所示的三相四线制电路中,对称电源相电压的有效值为 220 V,不对称负载 $Z_a = 20\ \Omega$,$Z_b = 40\ \Omega$,$Z_c = 50\ \Omega$,中线阻抗不计。求:

(1)中线正常时,各相负载电压、电流及中线电流;

(2)中线断开时,各相负载的电压与电流。

解 令电源的相电压 $\dot{U}_A = 220\angle 0°$ V,则 $\dot{U}_B = 220\angle -120°$ V,

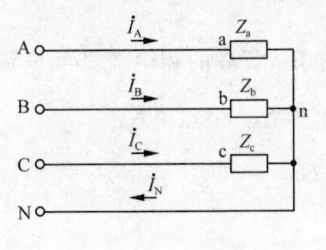

图 6-20 例 6-5 图

$\dot{U}_{\mathrm{C}} = 220\angle 120°$ V。

① 因为电源电压对称,中线存在且阻抗为零,所以尽管负载不对称,但负载的相电压依旧等于电源的相电压,即负载相电压对称。因此,各负载相电流为

$$\dot{I}_{\mathrm{A}} = \frac{\dot{U}_{\mathrm{A}}}{Z_{\mathrm{a}}} = \frac{220\angle 0°}{20} = 11\angle 0° \text{ A}$$

$$\dot{I}_{\mathrm{B}} = \frac{\dot{U}_{\mathrm{B}}}{Z_{\mathrm{b}}} = \frac{220\angle -120°}{40} = 5.5\angle -120° \text{ A}$$

$$\dot{I}_{\mathrm{C}} = \frac{\dot{U}_{\mathrm{C}}}{Z_{\mathrm{c}}} = \frac{220\angle 120°}{50} = 4.4\angle 120° \text{ A}$$

则

$$\dot{I}_{\mathrm{N}} = \dot{I}_{\mathrm{A}} + \dot{I}_{\mathrm{B}} + \dot{I}_{\mathrm{C}} = 11\angle 0° + 5.5\angle -120° + 4.4\angle 120° = 6.12\angle -8.92° \text{ A}$$

② 中线断线,则发生中点位移,中点电压为

$$\dot{U}_{\mathrm{nN}} = \frac{\dfrac{\dot{U}_{\mathrm{A}}}{Z_{\mathrm{a}}} + \dfrac{\dot{U}_{\mathrm{B}}}{Z_{\mathrm{b}}} + \dfrac{\dot{U}_{\mathrm{C}}}{Z_{\mathrm{c}}}}{\dfrac{1}{Z_{\mathrm{a}}} + \dfrac{1}{Z_{\mathrm{b}}} + \dfrac{1}{Z_{\mathrm{c}}}} = \frac{\dfrac{220\angle 0°}{20} + \dfrac{220\angle -120°}{40} + \dfrac{220\angle 120°}{50}}{\dfrac{1}{20} + \dfrac{1}{40} + \dfrac{1}{50}} = 64.42\angle -8.92° \text{ V}$$

则负载相电压

$$\dot{U}_{\mathrm{an}} = \dot{U}_{\mathrm{A}} - \dot{U}_{\mathrm{nN}} = 220\angle 0° - 64.42\angle -8.92° = 157.6\angle 3.66° \text{ V}$$

$$\dot{U}_{\mathrm{bn}} = \dot{U}_{\mathrm{B}} - \dot{U}_{\mathrm{nN}} = 220\angle -120° - 64.42\angle -8.92° = 250.5\angle -133.9° \text{ V}$$

$$\dot{U}_{\mathrm{cn}} = \dot{U}_{\mathrm{C}} - \dot{U}_{\mathrm{nN}} = 220\angle 120 - 64.42\angle -8.92° = 265.2\angle 130.1° \text{ V}$$

负载相电流

$$\dot{I}_{\mathrm{A}} = \frac{\dot{U}_{\mathrm{an}}}{Z_{\mathrm{a}}} = \frac{157.6\angle 3.66°}{20} = 7.88\angle 3.66° \text{ A}$$

$$\dot{I}_{\mathrm{B}} = \frac{\dot{U}_{\mathrm{bn}}}{Z_{\mathrm{b}}} = \frac{250.5\angle -133.9°}{40} = 6.26\angle -133.9° \text{ A}$$

$$\dot{I}_{\mathrm{C}} = \frac{\dot{U}_{\mathrm{cn}}}{Z_{\mathrm{c}}} = \frac{265.2\angle 130.1°}{50} = 5.3\angle 130.1° \text{ A}$$

例 6-6 在 Y/Y 连接对称三相电路中,若 A 相负载开路,如图 6-21 所示,分析负载的相电压与相电流变化情况。

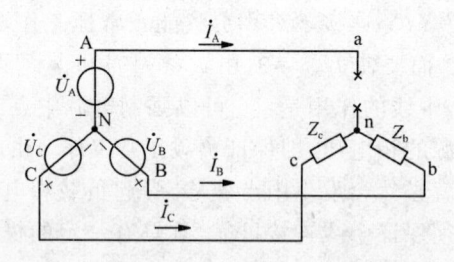

图 6-21 例 6-6 图

解 三相对称负载正常运行时,负载的相电压等于电源的相电压,负载的相电流即线电流 $I_{\mathrm{A}} = I_{\mathrm{B}} = I_{\mathrm{C}} = \dfrac{U_{\mathrm{P}}}{|Z|}$,现 A 相负载发生断线,则 $Z_{\mathrm{a}} = \infty$,$Y_{\mathrm{a}} = 0$,$Y_{\mathrm{b}} = Y_{\mathrm{c}} = Y$。中点电压

$$\dot{U}_{\mathrm{nN}} = \frac{\dot{U}_{\mathrm{A}}Y_{\mathrm{a}} + \dot{U}_{\mathrm{B}}Y_{\mathrm{b}} + \dot{U}_{\mathrm{C}}Y_{\mathrm{c}}}{Y_{\mathrm{b}} + Y_{\mathrm{c}}} = \frac{(\dot{U}_{\mathrm{B}} + \dot{U}_{\mathrm{C}})Y}{2Y} = \frac{\dot{U}_{\mathrm{B}} + \dot{U}_{\mathrm{C}}}{2} = -\frac{\dot{U}_{\mathrm{A}}}{2}$$

负载各相的相电压为

$$\dot{U}_a = \dot{U}_A - \dot{U}_{nN} = \dot{U}_A - \frac{-\dot{U}_A}{2} = \frac{3}{2}\dot{U}_A$$

$$\dot{U}_b = \dot{U}_B - \dot{U}_{nN} = \dot{U}_B - \frac{\dot{U}_B + \dot{U}_C}{2} = \frac{\dot{U}_{BC}}{2}$$

$$\dot{U}_c = \dot{U}_C - \dot{U}_{nN} = \dot{U}_C - \frac{\dot{U}_B + \dot{U}_C}{2} = -\frac{\dot{U}_{BC}}{2}$$

即 A 相负载开路后,其电压有效值升高为原来的 1.5 倍,此时 B、C 两相负载串联在线电压 $\dot{U}_{BC}$ 下,各分得一半线电压,且两者方向相反。

负载各相的相电流为

$$\dot{I}_A = 0$$

$$\dot{I}_B = \frac{\dot{U}_b}{Z} = \frac{\dot{U}_{BC}}{2Z} = \frac{\sqrt{3}\dot{U}_B \angle 30°}{2Z}$$

$$\dot{I}_C = \frac{\dot{U}_c}{Z} = \frac{-\dot{U}_{BC}}{2Z} = -\frac{\sqrt{3}\dot{U}_B \angle 30°}{2Z}$$

即

$$I_A = 0$$

$$I_B = I_C = 0.866 \frac{U_P}{|Z|}$$

例 6-7 Y/Y 连接对称三相电路中,若 A 相负载短路,如图 6-22 所示,分析负载的相电压与相电流变化情况。

解 三相对称负载正常运行时的线电流为 $I_A = I_B = I_C = I_P = \frac{U_P}{|Z|}$。现 A 相负载发生短路,则 $Z_a = 0, Y_a = \infty, Y_b = Y_c = Y$。中点电压

$$\dot{U}_{nN} = \frac{\dot{U}_A Y_a + \dot{U}_B Y_b + \dot{U}_C Y_c}{Y_a + Y_b + Y_c} = \dot{U}_A$$

负载各相的相电压为

$$\dot{U}_a = \dot{U}_A - \dot{U}_{nN} = \dot{U}_A - \dot{U}_A = 0$$

$$\dot{U}_b = \dot{U}_B - \dot{U}_{nN} = \dot{U}_B - \dot{U}_A = -\dot{U}_{AB}$$

$$\dot{U}_c = \dot{U}_C - \dot{U}_{nN} = \dot{U}_C - \dot{U}_A = \dot{U}_{CA}$$

即 A 相负载短路时,其他两相的电压有效值升高到正常时的 $\sqrt{3}$ 倍,则 B、C 两相电流的有效值也升高为正常的 $\sqrt{3}$ 倍,而 $\dot{I}_A = -\dot{I}_B - \dot{I}_C = \frac{\dot{U}_{AB} - \dot{U}_{CA}}{Z}$。对应相量图如图 6-23 所示。A 相电流有效值为

$$I_A = \frac{\sqrt{3}U_L}{|Z|} = \frac{3U_P}{|Z|} = 3I_P$$

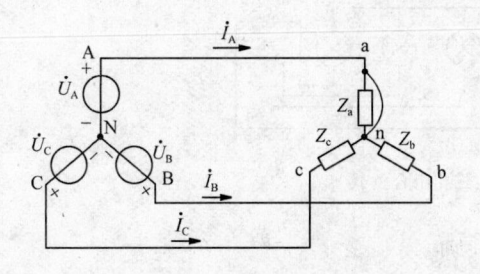

图 6-22 例 6-7 电路图

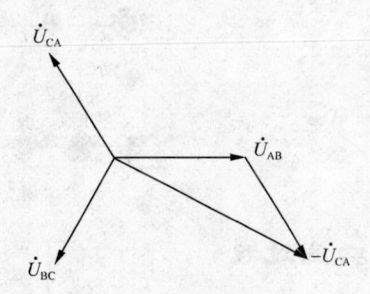

图 6-23 例 6-7 相量图

任务实施

一、设备介绍

1. 三相电源

如图 6-24 所示,该三相电源是由三个单相的调压器连接而成的,调节三相电源时必须一相一相地调节。我们能看见的是每个调压器的调压把手,且每个调压把手上有两个插孔,是调压器二次侧的接线孔,调压器的一次侧在内部已经接通了电源,二次侧在内部已做了 Y 形连接,即每个调压把手上蓝色的接线孔在内部已被短接。调压把手周围的数据是指二次侧的输出电压,但并不准确,所以必须在调压器的二次侧连接一块电压表。

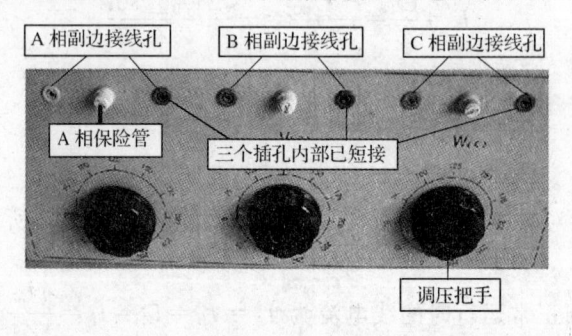

图 6-24　三相电源

2. 三相组合负载

如图 6-25 所示是三相组合负载。负载 A、B、C 三相(分别用黄、绿、红表示)之间没作任何连接,可方便负载作 Y 形或 △ 形连接,且每相负载(灯泡)都有开关控制。

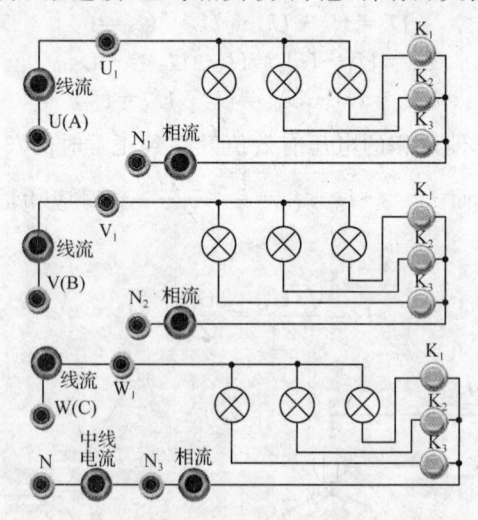

图 6-25　三相组合负载

二、实施过程

整个测量实施过程中,应严格遵守下列规定:

(1)必须严格遵守先接线、后通电,先断电、后拆线的实训操作原则。

(2) 实训台上的三相电源是由三个单相的调压器组成的,其二次侧的内部已做了 Y 形连接,所以电源的连接方式不能设为△形连接。

(3) 为了负载的安全,建议将三相电源的线电压均调为 220 V,即三相电源相电压为 127 V。

(4) 按图 6-26 所示进行接线(分有中线、无中线两种连接方式)。接线完毕,同组同学应自查一遍,然后经指导教师检查确认无误后,方可接通电源。

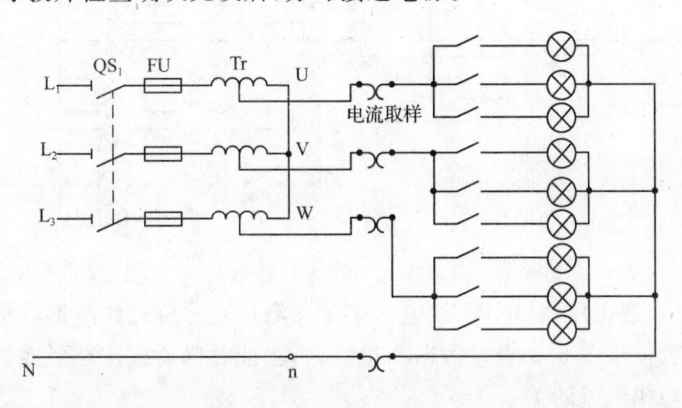

图 6-26 三相负载 Y 形连接

(5) 根据相电压、线电压、相电流、线电流等定义测量对称负载与不对称负载两种情况下的各电压与电流等,并记录测量数据于表 6-1 中。

注意:负载对称时,每相灯泡的个数相同;负载不对称时,每相灯泡的个数不相同,并且负载不对称包括两种特殊情况,即某相负载开路或某相负载短路。

表 6-1　　　　　　　　　三相负载 Y 形连接测量数据

任务与测量数据	线电流/mA			线电压/V			相电压/V			中线电流/mA	中点电压/mA
	I_A	I_B	I_C	U_{AB}	U_{BC}	U_{CA}	U_a	U_b	U_c	I_N	U_{nN}
Y_0 形接对称负载											
Y 形接对称负载										—	
Y_0 形接不对称负载											
Y 形接不对称负载										—	
Y_0 形 A 相断线											
Y 形 A 相断线										—	
Y 形 A 相短路										—	

(6) Y 形连接负载做短路测量时,必须首先断开中线,以免发生短路事故。

(7) 根据测量数据,验证对称负载作 Y 形连接时线电压与相电压的关系、线电流与相电流的关系;同时注意观察不对称负载在三相三线制电路与三相四线制电路中的现象(灯泡的明暗变化),根据现象与测量数据,深刻理解中点位移,同时观察中线的作用。

(8) 断开电源,按图 6-27 所示连接负载为△形连接的实训电路。接线完毕,同组同学应自查一遍,然后经指导教师检查确认无误后,方可接通电源。

注意: 相电压最高不能超过 130 V。

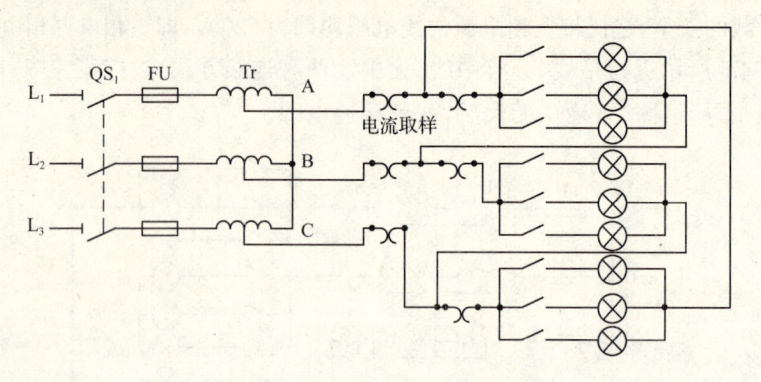

图 6-27 三相负载△形连接

(9)根据相电压、线电压、相电流、线电流等定义测量对称负载作△形连接时的各电压与电流等,并记录测量数据于表 6-2 中。根据测量数据,验证对称负载作△形连接时线电压与相电压的关系、线电流与相电流的关系。

表 6-2   三相负载△形连接测量数据

任务与测量数据	线电流/mA			线电压/V			相电压/V		
	I_A	I_B	I_C	I_{ab}	I_{bc}	I_{ca}	U_{ab}	U_{bc}	U_{ca}
△形接对称负载									
断开 A 相负载									
断开 A 相电源									

(10)断开 A 相电源或 A 相负载,测量各负载的相电压、相电流与线电流等。

(11)每次测量完毕,均须将三相调压器的旋钮调回零位,以确保人身安全。

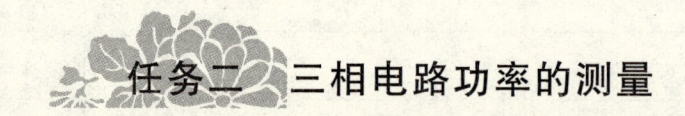

任务二　三相电路功率的测量

教学目标

知识目标:

(1)掌握对称三相电路有功功率、无功功率、视在功率的计算及它们三者之间的关系。
(2)掌握对称三相电路有功功率、无功功率的测量方法。

能力目标:

(1)能熟练地用单相功率表测量三相电路中的有功功率和无功功率。
(2)能熟练地使用三相功率表测量三相电路中的有功功率。

学习情境六　三相交流电路的测量

任务描述

有功功率是交流电路的一个重要性能指标,其准确的测量对国民生产具有非常重要的现实意义。测量三相电路中的功率可以使用单相功率表或三相功率表来直接测量。

本任务是在小组组长的带领下,教师引导各成员认真学习三相电路中功率测量的学习资料后,能用功率表正确测量三相电路中的有功功率、无功功率,并确保电路安全运行。主要任务是:

(1)总结三相电路有功功率的测量方法及每种方法适用的情况,分别用单相功率表(主要是二表法)、三相功率表测量三相电路负载为 Y 形连接与△形连接两种连接方式下的功率,并将两种方法的测量结果进行比较,同时总结负载在电源电压不变的前提下,两种连接方式下功率的关系。

(2)总结三相电路无功功率的测量方法及每种方法适用的情况,并用单相功率表(主要是一表法、二表法)测量三相电路的无功功率。

任务准备

课前预习"相关知识"部分。根据三相电路中功率测量的知识,结合测量过程中的注意事项,经讨论后制订三相电路中功率测量的操作步骤,并独立回答下列问题:

(1)对称三相电路中的有功功率 $P=\sqrt{3}UI\cos\varphi$,式中的 U、I 和 φ 的含义是什么?

(2)三相电路中视在功率、有功功率、无功功率三者的关系是什么?

(3)对称三相电路中的视在功率可用公式 $S=\sqrt{3}UI$ 计算,那么不对称三相电路的视在功率如何计算?

(4)对称三相电路中瞬时功率之和有什么特点?

(5)有功功率的测量方法可分为哪几种?每种方法各适用于什么电路中的测量?三相电路中的总功率与功率表的测量值是什么关系?

(6)为什么二表法能测量三相电路中的功率且与电路的对称方式无关?

(7)无功功率的测量方法分为哪几种?每种方法各适用于什么电路中的测量?三相电路中总的无功功率与功率表的测量值是什么关系?

相关知识

一、三相功率的概念与计算

1.有功功率

根据有功功率平衡的原则,三相电路无论对称与否,三相负载吸收的总的有功功率,应分别等于各相负载吸收的有功功率之和,即

$$P = P_A + P_B + P_C = U_A I_A \cos\varphi_A + U_B I_B \cos\varphi_B + U_C I_C \cos\varphi_C \tag{6-13}$$

式中，φ_A、φ_B、φ_C 分别是 A 相、B 相、C 相在电压与电流为关联参考方向下的相电压与相电流之间的相位差，即等于各相负载的阻抗角。

在对称三相电路中，由于各相负载吸收的有功功率相等，因此有功功率等于一相的 3 倍，即

$$P = 3U_P I_P \cos\varphi \tag{6-14}$$

式中，U_P、I_P 分别是相电压与相电流的有效值；φ 是相电压与相电流之间的相位差，即等于负载的阻抗角。

若负载为 Y 形连接，则 $I_L = I_P$，$U_L = \sqrt{3} U_P$；若负载为 △ 形连接，则 $U_L = U_P$，$I_L = \sqrt{3} I_P$。分别将线电压与线电流代入式(6-14)可知，对称三相电路中负载在任何一种连接方式下，总有 $3U_P I_P = \sqrt{3} U_L I_L$，所以

$$P = \sqrt{3} U_L I_L \cos\varphi \tag{6-15}$$

式中，U_L 是线电压有效值；I_L 是线电流有效值。

2. 无功功率

在三相电路中，根据无功功率平衡的原则，三相负载的总无功功率为

$$Q = Q_A + Q_B + Q_C = U_A I_A \sin\varphi_A + U_B I_B \sin\varphi_B + U_C I_C \sin\varphi_C \tag{6-16}$$

在对称三相电路中有

$$Q = 3U_P I_P \sin\varphi = \sqrt{3} U_L I_L \sin\varphi \tag{6-17}$$

3. 视在功率与功率因数

在三相电路中，三相负载的总视在功率为

$$S = \sqrt{P^2 + Q^2} \tag{6-18}$$

在对称三相电路中有

$$S = \sqrt{P^2 + Q^2} = 3U_P I_P = \sqrt{3} U_L I_L \tag{6-19}$$

注意：三相电路不对称时，总视在功率

$$S \neq S_A + S_B + S_C$$

三相负载的总功率因数为

$$\lambda = \cos\varphi' = \frac{P}{S} \tag{6-20}$$

在三相电路对称情况下，$\cos\varphi = \cos\varphi'$，即 $\varphi' = \varphi$，φ 即负载的阻抗角。在不对称的三相电路中，$\varphi' \neq \varphi$，$\cos\varphi'$ 只有计算上的意义。

4. 对称三相电路瞬时功率的特点

对称三相电路中各相的瞬时功率的和为

$$p(t) = p_A(t) + p_B(t) + p_C(t) = u_A i_A + u_B i_B + u_C i_C$$

根据三角函数的计算可得，三相瞬时功率之和为

$$p = 3U_P I_P \cos\varphi = \sqrt{3} U_L I_L \cos\varphi \tag{6-21}$$

式(6-21)表明，对称三相电路中的瞬时功率是一个不随时间变化的常数，其大小等于三相电路的有功功率。瞬时功率为常数的三相电路称为平衡制三相电路。对称三相电路的瞬时功率为常数这一特点，是三相电路的优点之一。因为三相发电机的瞬时功率为常数，它所产生的机械转矩是恒定的，所以三相发电机在运行中产生的振动要比单相发电机小。

例 6-8 一台三相同步发电机的额定功率 $P_e = 6\,000$ kW，额定电压 $U_e = 6.3$ kV，额定功率因数 $\cos\varphi = 0.8$，求发电机的额定电流、视在功率和无功功率。

解 （1）额定电流为
$$I_e = \frac{P_e}{\sqrt{3}U_e\cos\varphi} = \frac{6\,000}{\sqrt{3}\times 6.3\times 0.8} = 687 \text{ A}$$

（2）视在功率为
$$S_e = \frac{P_e}{\cos\varphi} = \frac{6\,000}{0.8} = 7\,500 \text{ kV}\cdot\text{A}$$

（3）无功功率为
$$Q_e = S_e\sin\varphi = 7\,500\times\sqrt{1-0.8^2} = 4\,500 \text{ kvar}$$

例 6-9 如图 6-28(a)所示对称三相电路中，$U_{A'B'} = 380$ V，三相电动机吸收的功率为 2.5 kW，其功率因数 $\lambda = 0.866$（滞后），$z_L = -\text{j}30\ \Omega$，求 U_{AB} 和电源端的功率因数 λ'。

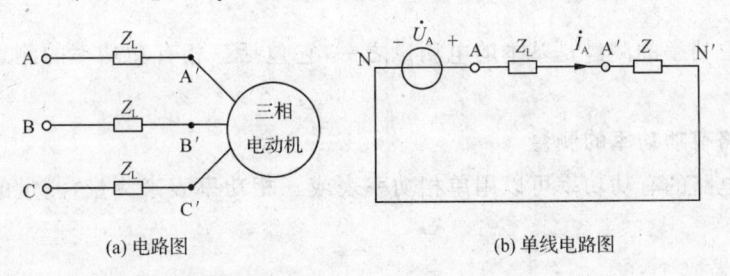

图 6-28 例 6-9 电路图与单线电路图

解 根据题意，画出对应等效单线电路图，如图 6-28(b)所示。
因为 $P = \sqrt{3}U_L I_L\cos\varphi$，所以
$$I_L = \frac{P}{\sqrt{3}U_L\cos\varphi} = \frac{2\,500}{\sqrt{3}\times 380\times 0.866} = 4.386 \text{ A} = I_P$$
$$\varphi = \arccos 0.866 = 30°$$

由 $U_{A'B'} = 380$ V，得 $U_{A'N'} = 220$ V，令 $\dot{U}_{A'N'} = 220\angle 0°$ V，则
$$\dot{I}_A = 4.386\angle -30° \text{ A}$$

电源相电压为
$$\dot{U}_{AN} = Z_L\dot{I}_A + \dot{U}_{A'N'} = 220\angle 0° + 4.386\angle -30°\times 30\angle -90° = 192\angle -36.5° \text{ V}$$

于是电源线电压
$$\dot{U}_{AB} = \sqrt{3}\dot{U}_{AN}\angle 30° = 332.5\angle -6.5° \text{ V}$$

则电源端的功率因数
$$\lambda' = \cos[-36.5°-(-30°)] = \cos(-6.5°) = 0.993\,6$$

例 6-10 如图 6-29 所示，电压为 380 V、频率 $f = 50$ Hz 的对称三相电源，接有一组对称△形负载，已知三相负载的功率为 15.2 kW，功率因数为 0.8（感性），求：

（1）各相电流与线电流；
（2）每相负载的等效阻抗、电阻和电抗。

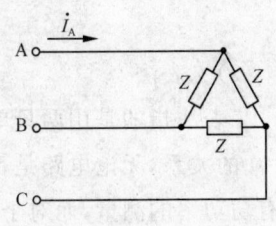

图 6-29 例 6-10 图

解 由题意可知，$U_L = U_P = 380$ V，令 $\dot{U}_{AB} = 380\angle 0°$ V。
因为 $P = \sqrt{3}U_L I_L\cos\varphi$，所以

$$I_L = \frac{P}{\sqrt{3}U_L\cos\varphi} = \frac{15\ 200}{\sqrt{3}\times 380 \times 0.8} = 28.87\ \text{A}$$

则

$$I_P = 28.87/\sqrt{3} = 16.67\ \text{A}$$

由 $\cos\varphi = 0.8$，得 $\varphi = 36.9°$，所以

$$\dot{I}_{AB} = 16.67\angle -36.9°\ \text{A}$$

每相负载的等效阻抗

$$Z = \frac{\dot{U}_{AB}}{\dot{I}_{AB}} = \frac{380\angle 0°}{16.67\angle -36.9°} = 22.8\angle 36.9° = (18.23 + j13.69)\ \Omega$$

即电阻 $R = 18.23\ \Omega$，电抗 $X = 13.69\ \Omega$。

二、三相功率的测量

三相电路中功率的测量是基本的电测量之一，它包括三相有功功率的测量和三相无功功率的测量。

1. 三相电路有功功率的测量

测量三相电路的有功功率可以用单相功率表或三相功率表来测量，测量的常用方法有如下几种：

(1) 一表法

一表法指的是用一只单相功率表测量每相的功率 P_1，只要三相电路是对称的，则不论是三相三线制还是三相四线制，都可以用一只单相功率表测量三相电路中的有功功率，因为这时三个相的有功功率相等，所以只要测量一相的有功功率，则三相总功率 P 等于每相功率的 3 倍，即 $P = 3P_1$。这种方法只能用于三相负载对称的情况。一表法接线图如图 6-30 所示，单相功率表接在相电压与相电流上，因此仪表的读数是一相的有功功率，且单相功率表可接在 A、B、C 三相中的任何一相。

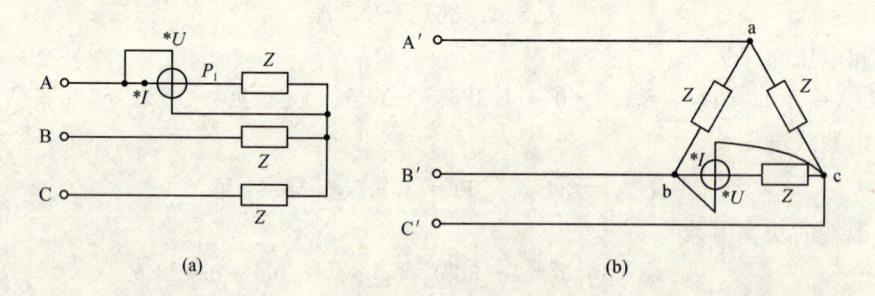

图 6-30　一表法接线图

(2) 二表法

二表法指的是用两只单相功率表测量三相电路的有功功率。该法只要求满足 $i_A + i_B + i_C = 0$ 的关系，无论电路是否对称。因此，二表法可以适用于对称或不对称的三相三线制电路的有功功率的测量，而对于三相四线制电路一般不适用。二表法接线图如图 6-31 所示。二表法接线的特点是：每只单相功率表的电流线圈通过的是线电流，电压线圈接的是线电压。二表法的接线法则是：两只单相功率表的电流线圈分别串联到任意两相火线，且电流线圈的"＊"端

必须接在电源侧；两只单相功率表的电压线圈的"*"端必须各自接到电流线圈的"*"端,而电压线圈的非"*"端必须同时接到没有接入单相功率表电流线圈的第三相火线上。如图 6-31(a)所示,两只单相功率表的电流线圈是串接在 A、C 两相,当然两只单相功率表的电流线圈也可接在 A、B 两相,如图 6-31(b)所示,或 B、C 两相。

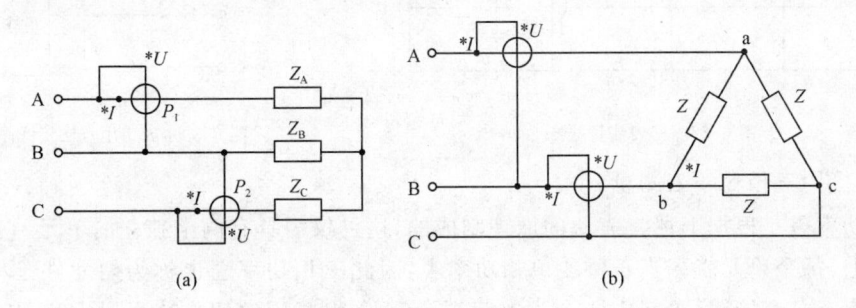

图 6-31 二表法接线图

在图 6-31(a)中,两只单相功率表的瞬时功率为

$$p_1+p_2 = i_A u_{AB}+i_C u_{CB} = i_A(u_A-u_B)+i_C(u_C-u_B)$$
$$= i_A u_A+i_C u_C - u_B(i_A+i_C) = i_A u_A+i_B u_B+i_C u_C$$

即两只单相功率表的读数之和等于三相瞬时功率之和,因此 $i_A u_{AB}+i_C u_{CB}$ 在一个周期内的平均值也就是三相平均值之和,即三相中的有功功率之和。所以三相总功率 P 等于两只单相功率表读数的代数和,即 $P=P_1+P_2$。

在对称三相电路中,两只单相功率表的读数与负载的功率因数之间有如下的关系:

①当对称三相负载为纯电阻时,$\cos\varphi=1$,两只单相功率表读数相等,即 $P=2P_1$(或 $2P_2$)。

②当负载的功率因数 $\cos\varphi=0.5$ 时,即 $\varphi=\pm 60°$ 时,两只单相功率表中有一只表的读数为零,即 $P=P_1$(或 P_2)。

③当负载的功率因数 $\cos\varphi>0.5$ 时,即 $|\varphi|<60°$ 时,两只单相功率表的读数都为正值。

④当负载的功率因数 $\cos\varphi<0.5$ 时,即 $|\varphi|>60°$ 时,两只单相功率表中有一只读数为负值,即 $P=P_1+(-P_2)=P_1-P_2$ 或 $P=(-P_1)+P_2=-P_1+P_2$。

必须说明的是:用二表法测量三相电路的功率,单只单相功率表的读数无直接的物理意义,只有两只单相功率表的代数和才表示三相平均功率。

(3) 三表法

三表法指的是用三只单相功率表测量三相电路的功率。三表法适用于三相负载不对称的三相四线制电路的功率测量,接线图如图 6-32 所示。这时每只单相功率表的读数为其中一相的有功功率,三只单相功率表的读数总和等于三相总功率 P,即 $P=P_1+P_2+P_3$。

(4) 人工中点法

该方法一般用于对称三相负载的中点无法引出时的情况。接线时应注意:两个附加电阻 R_0 应该与单相功率表电压线圈支路的总电阻相等。在满足这个条件时,人工中点与对称负载的中点就等电位了。人工中点法接线图如图 6-33 所示。三相总功率 P 等于每相功率的 3 倍,即 $P=3P_1$。

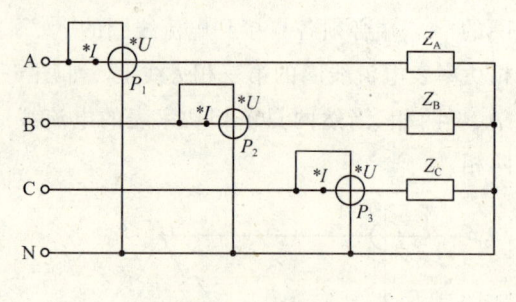

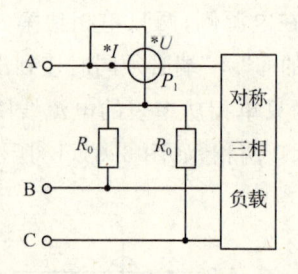

图 6-32 三表法接线图　　　　　图 6-33 人工中点法接线图

(5) 直接用三相功率表测量

三相功率表是根据上述二表法的原理制成的,这种仪表具有两个独立的单元,它们装在同一个支架上,每个单元就相当于一块单相功率表,因此三相功率表也称为两元件三相功率表。三相功率表有 7 个接线柱,其中 4 个为电流端钮,3 个为电压端钮。这里以 D33-W 型三相功率表为例,如图 6-34(a)所示是 D33-W 型三相功率表的表面布置图,如图 6-34(b)所示是其接线图。

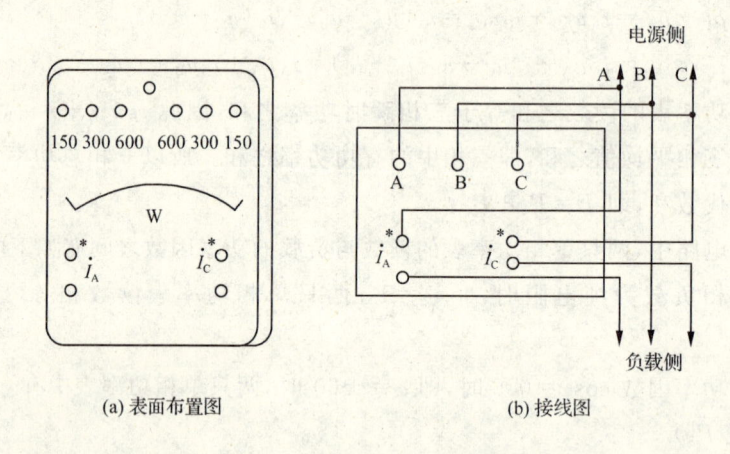

(a) 表面布置图　　　　　(b) 接线图

图 6-34　D33-W 型三相功率表

2. 三相电路的无功功率的测量方法

发电机或变压器等大型电气设备都是以视在功率作为输出容量,在功率因数较小时,有功功率的输出较小,无功功率的输出较大,因而设备没有得到很好的利用。所以在发电机、配电设备上进行无功功率的监视可以进一步了解设备的运行情况,以便进行调度工作。下面是无功功率的测量方法。

(1) 一表跨相法

一表跨相法指的是用一只单相功率表测量三相电路的无功功率。接线方法是:将单相功率表的电流线圈串接在任一相线上,注意发电机端("＊"端)接电源侧。电压线圈支路按正相序跨接在另外两相的相线上。一表跨相法接线图如图 6-35 所示。该方法仅适用于对称三相电路。三相电路的总无功功率等于单相功率表读数的 $\sqrt{3}$ 倍,即 $Q=\sqrt{3}P$。

(2) 二表跨相法

二表跨相法指的是用两只单相功率表测量三相电路的无功功率。接线方法是:每只单相功率表都按照一表跨相法接线,单相功率表的电流线圈可接在三相中的任意两相上。当三相电路对称时，$P_1=P_2$，三相电路的总无功功率 $Q=\dfrac{\sqrt{3}}{2}(P_1+P_2)$。该方法一般用在对称三相电路中。在三相电压不完全对称时，当误差在允许范围内时也可采用如图 6-36 所示的接线图。

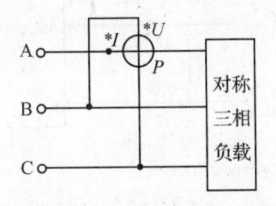

图 6-35　一表跨相法接线图　　　　图 6-36　二表跨相法接线图

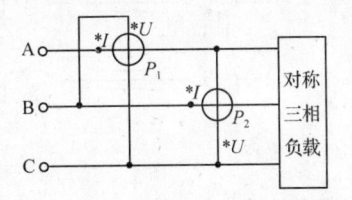

(3) 三表跨相法

三表跨相法指的是用三只单相功率表测量三相电路的无功功率。接线方法是：每只单相功率表都按一表跨相法接线，单相功率表的电流线圈分别接在 A、B、C 三相。该方法可用于电源对称而三相负载对称或不对称的三相总无功功率的测量。三相电路的总无功功率 $Q=\dfrac{1}{\sqrt{3}}(P_1+P_2+P_3)$。三表跨相法接线图如图 6-37 所示。

(4) 二表人工中点法

接线方法是：两只单相功率表的电流线圈、电压线圈交叉连接，附加电阻 R_0 与单相功率表电压线圈支路的电阻值相等。该方法可用于三相负载对称或不对称的两种情况。三相电路的总无功功率 $Q=\sqrt{3}(P_1+P_2)$。二表人工中点法接线图如图 6-38 所示。

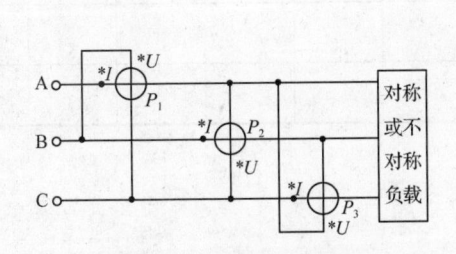

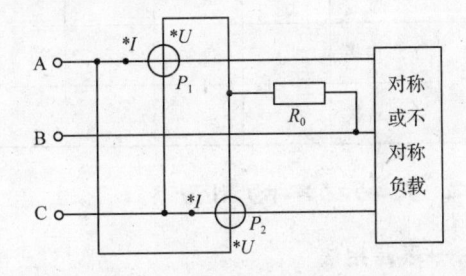

图 6-37　三表跨相法接线图　　　　图 6-38　二表人工中点法接线图

(5) 用三相无功功率表测量三相无功功率

用单相功率表的二表跨相法和三表跨相法的不足之处是：所用仪表多，接线复杂，并且读数不直观。因此发电厂一般用一只三相无功功率表进行三相无功功率的测量。

任务实施

一、有功功率的测量

1. 用单相功率表测量三相电路中的有功功率（二表法）

(1) 检查空气开关是否断开，三相调压器输出是否为零，然后按图 6-39 所示接线（负载分 Y 形与 △ 形连接两种情况），接线完毕，同组同学自查一遍，然后经指导教师检查确定无误后，方可接通电源。

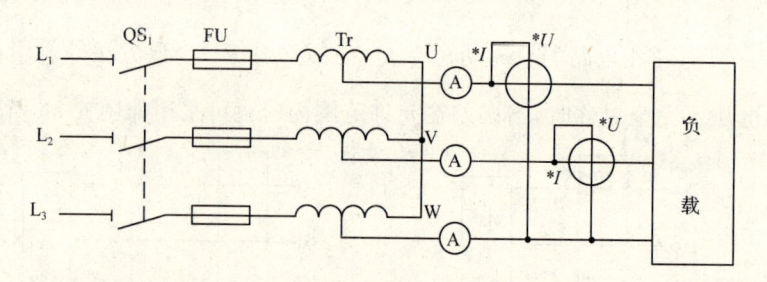

图 6-39　二表法测量三相电路中的有功功率

（2）为了负载的安全,建议将三相电源的线电压均调为 220 V,即三相电源相电压为 127 V。

（3）分别测量负载为 Y 形连接与△形连接时对称三相电路的有功功率,并记录测量数据于表 6-3 中,在电源电压不变的前提下,比较两种接线功率的比例关系。

2. 用三相功率表测量三相电路中的有功功率

按图 6-34(b)所示接线,接线完毕,同组同学自查一遍,然后经指导教师检查确定无误后,接通电源,测量三相电路中的有功功率,并记录测量数据于表 6-3 中,同时将此数据与二表法的数据进行比较。

表 6-3　　　　　　　　　　　有功功率的测量数据

项　目		U_a/V	U_b/V	U_c/V	I_A/A	I_B/A	I_C/A	P_1/W	P_2/W	$P_{测量}$/W	$P_{计算}$/W
二表法	Y 形连接										
	△形连接										
三相功率表	Y 形连接								—	—		
	△形连接								—	—		

二、无功功率的测量

1. 一表跨相法

按图 6-40 所示接线,接线完毕,同组同学自查一遍,然后经指导教师检查确定无误后,接通电源,用一表法测量三相电路中的无功功率,并记录测量数据于表 6-4 中。

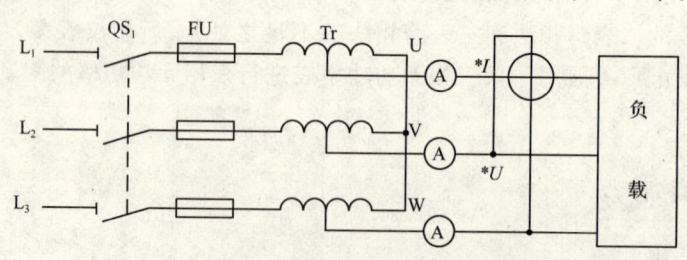

图 6-40　一表跨相法测量无功功率

2. 二表跨相法

按图 6-41 所示接线,接线完毕,同组同学自查一遍,然后经指导教师检查确定无误后,接通电源,用二表法测量三相电路中的无功功率,并记录测量数据于表 6-4 中,同时将此数据与一表跨相法的数据进行比较。

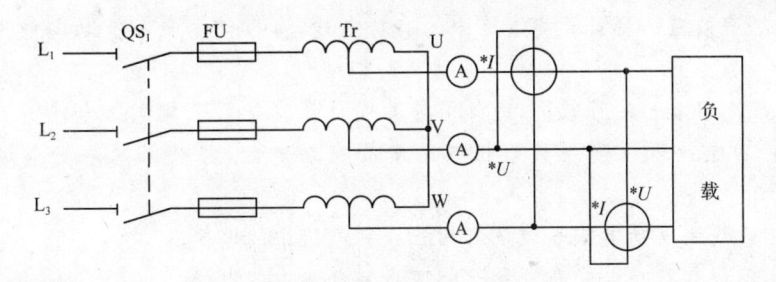

图 6-41　二表跨相法测量无功功率

表 6-4　　　　　　　　　　无功功率的测量数据

项　目	U_a/V	U_b/V	U_c/V	I_A/A	I_B/A	I_C/A	P_1/W	P_2/W	$Q_{测量}$/var	$Q_{计算}$/var
一表跨相法										
二表跨相法										

注意：

(1) 接线时，必须严格遵守先接线、后通电，先断电、后拆线的实训操作原则。

(2) 用单相功率表测量三相电路中的有功功率和无功功率时，单相功率表电压线圈的接线不同，必须注意单相功率表的正确连线及同名端的接线。

(3) 单相功率表不能单独使用，必须和电压表电流表配合起来使用。

(4) 测量完毕，需将三相调压器的旋钮调回零位，以确保人身安全。

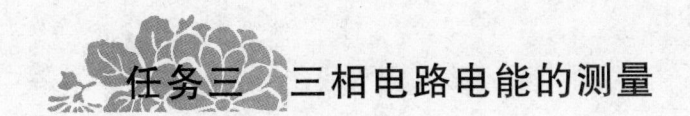

任务三　三相电路电能的测量

教学目标

知识目标：

(1) 掌握三相有功电能表的使用。

(2) 掌握三相电路有功电能的测量方法。

能力目标：

(1) 能熟练地用三相三线制有功电能表测量三相电路的电能。

(2) 能熟练地用三相四线制有功电能表测量三相电路的电能。

任务描述

随着经济的飞速发展，各行各业对电的需求越来越大，为了做到计划生产和经济核算，电能的测量在电力企业管理中占有非常重要的地位，电能表计量的准确性直接影响着供电企业和用电客户的经济效益。测量三相电路中的有功电能,可以使用三相有功电能表直接进行测量。

本任务是在小组组长的带领下,教师引导各成员认真学习三相电路电能的测量学习资料后,能用三相有功电能表正确测量三相电路中的有功电能,并确保电路安全运行。主要任务是:

(1)用三相三线制有功电能表测量三相三线制电路中的电能。
(2)用三相四线制有功电能表测量三相四线制电路中的电能。

任务准备

课前预习"相关知识"部分。根据三相电路中电能测量的知识,结合测量过程中的注意事项,经讨论后制订三相电路中电能测量的操作步骤,并独立回答下列问题:

(1)请画出三相三线制有功电能表直接接入的电路接线图。
(2)请画出三相四线制有功电能表直接接入的电路接线图。
(3)直接接入的三相有功电能表接线时应注意哪些事项?
(4)能否用三相三线制有功电能表测量三相四线制电路的电能,或者用三相四线制有功电能表测量三相三线制电路的电能?
(5)智能电能表上的脉冲常数的含义是什么?说明 3 200 imp/kWh 的意义。

相关知识

一、三相电子式电能表

随着数字电子技术的进步,近几年来,老式感应式电能表正逐步退出历史舞台,取而代之的是计量更准、管理更方便的电子式电能表。由于应用了数字技术,分时计费电能表、预付费电能表、多用户电能表、多功能电能表等纷纷登场,进一步满足了科学用电、合理用电的需求。

1. 电子式电能表的结构

电子式电能表一般由电流变换电路、电压变换电路、测量部分、显示部分、电源部分、通信接口部分、MCU、外壳等部分组成。

(1)电流变换电路、电压变换电路

电流变换电路、电压变换电路的作用是将大电流、高电压的信号转换成微小电压信号,输入到计量芯片的乘法器中。

电流变换电路是利用电流互感器或直接采样来采集用户的电流信号。电流互感器采样的优点是电能表与电网隔离,电能表抗干扰性能好;缺点是体积大成本高。直接采样是用电阻温度系数非常小的锰铜片进行电流采样。直接采样的启动电流、线性范围、功耗和精度等指标都比电流互感器采样好,尤其是小电流时更为突出。

电压变换电路是利用电压互感器或直接采样来采集用户的电压信号。直接采样是用热稳定性高的电阻分压网络来取得电压信号。直接采样的优点是线性好,成本低;缺点是不能实现电气隔离。

(2)测量部分

测量部分是将电压变换电路输出的电压信号和电流变换电路输出的电流信号进行运算，得到电功率信号。该部分实际上是一只专用计量芯片，它是电子式电能表的心脏，决定着电子表的准确度与稳定性。

(3)显示部分

电子式电能表的显示器通常用 LED 数码管、LCD 液晶显示屏与对应的驱动电路实现。

(4)电源部分

电源部分将交流电压(50 Hz,220 V、380 V 或 100 V)降压整流,滤波,稳压后,得到 5 V、9 V 或 12 V 的直流电压,为表内各电子单元提供直流工作电源。

(5)通信接口部分

电子式电能表内具有的标准接口通常为红外通信接口、RS-485 通信接口和 RS-232 通信接口等。通过接口,对电子式电能表进行编程,实现本地或远程数据的信息采集和交换等。

(6)MCU

MCU(Micro Control Unit,微控制单元)接受测量部分的测量信号(电压、电流、功率等),并根据时段设置,进行有功费率、无功费率、电压、电流等计算,并驱动显示部分显示有关信息,通过通信接口部分与外部进行数据传输和通信。

2. 电能表的型号

我国电能表型号的表示方式一般为

类别代号＋组别代号＋设计序号

类别代号:D 表示电能表。

组别代号:D 表示单相;S 表示三相三线制有功;T 表示三相四线制有功;X 表示无功;B 表示标准;Z 表示最大需量;F 表示复费率;后面的 S 表示全电子式;后面的 D 表示多功能;Y 表示预付费。

设计序号:由制造厂家给出,用阿拉伯数字表示。改进序号用小写的汉语拼音字母表示。

派生号:表示电能表的应用环境要求。例如,G 表示高原用;H 表示船用;F 表示化工防腐用。

例如,DS 表示三相三线制有功电能表,如 DS862 型、DS971 型;DT 表示三相四线制有功电能表,如 DT862 型、DT971 型;DTS 表示三相四线制电子式有功电能表,如 DTS971 型;DTSF 表示三相四线制电子式复费率有功电能表,如 DTSF971 型;DSSD 表示三相三线制多功能有功电能表,如 DSSD971 型。

3. 电子式电能表的工作原理

电子式电能表是运用模拟或数字电路得到电压和电流相量的乘积,然后通过模拟或数字电路实现电能计量功能。

智能电能表是在电子式电能表的基础上,近年来开发面世的高科技产品,它的构成、工作原理与传统的感应式电能表有着很大的差别。智能电能表主要是由电子元器件构成,其工作原理是分压器取得电压采样信号,电流互感器取得电流采样信号,取样后的电压、电流信号由乘法器转换为功率信号,经 V/F 频率变换后,产生一个频率与电压、电流乘积成正比的脉冲输出信号推动计数器工作信号,并将此信号输入单片机系统进行处理、控制,把脉冲显示为用电量并输出。要完成上述功能,就要采用专用的电功率测量芯片,其中最常用的 AD7755 就是一种高精度的电功率测量芯片。以 DTZ/DSZ971 型三相四线制/三相三线制智能电能表为例，其工作原理框图如图 6-42 所示，其工作时，A、B、C 三相电压、电流经取样后，通过 A/D 转换后送到高速数据处理单元，CPU 将处理过的数据根据需要送到显示部分、通信接口部分等数据输出单元。

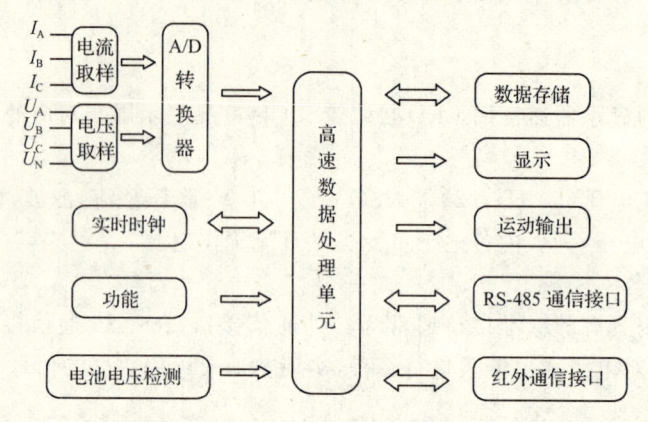

图 6-42 DTZ/DSZ719 型三相四线制/三相三线制智能电能表的工作原理框图

智能电能表不只采用了电子集成电路的设计，还具有远传通信功能，可以与计算机联网并采用软件进行控制，因此与感应式电能表相比，智能电能表不管在性能还是操作功能上都具有很大的优势。通常我们把智能电能表计量 1 度电时 A/D 转换器所发出的脉冲个数称为脉冲常数，对于智能电能表来说，这是一个比较重要的常数，因为 A/D 转换器在单位时间内所发出脉冲个数的多少，将直接决定着该表计量的准确度。例如 3 200 imp/kW·h，意思就是每消耗 1 度电，智能电能表上一闪一闪的 LED 闪烁 3 200 次。目前智能电能表大多都采用一户一个 A/D 转换器的设计原则，但也有些厂家生产的多用户集中式智能电能表采用多户共用一个 A/D 转换器，这样对电能的计量只能采用分时排队来进行，势必造成计量准确度的下降。

二、三相有功电能表的接线

尽管电子式电能表的结构与工作原理与感应式电能表有很大的不同，但是它们的接线是一样的。由于测量电路接线方式不同，三相有功电能表分三相三线制有功电能表和三相四线制有功电能表两种。

1. 直接接入法

（1）三相三线制有功电能表的接线

将三相三线制有功电能表直接接入三相三线制电路测量有功电能，通常采用如图 6-43 所示接线图进行接线。

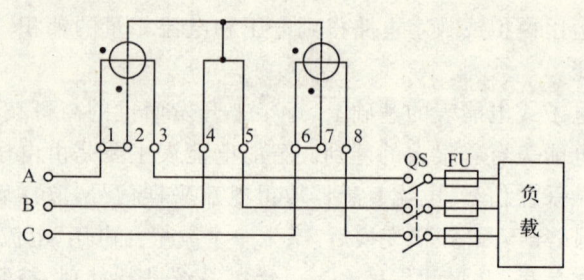

图 6-43 三相三线制有功电能表直接接入电路的接线图

(2)三相四线制有功电能表的接线

将三相四线制有功电能表直接接入三相四线制电路测量有功电能,通常采用如图 6-44 所示接线图进行接线。

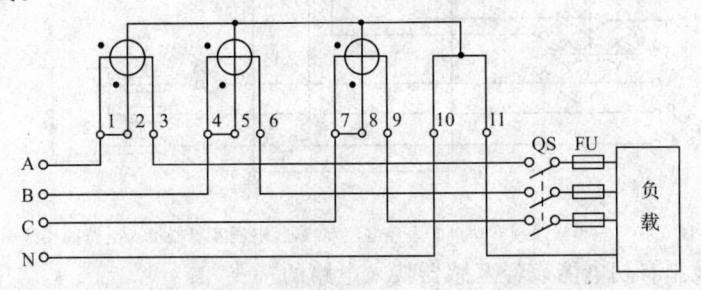

图 6-44 三相四线制有功电能表直接接入电路的接线图

(3)三相有功电能表直接接入电路时的注意事项

①接线前要检查电能表的型号、规格是否与负载的额定参数相适应,电能表的额定电压应与电源电压一致,电能表的额定电流应不小于负载电流。并检查电能表的外观是否完好。

②与电能表相连接的导线必须使用铜芯绝缘导线,导线的截面积应能满足导线的安全载流量及机械强度的要求,对于电压回路应不小于 1.5 mm²,对于电流回路应不小于 2.5 mm²。截面积为 6 mm² 及以下的导线应采用单股导线。导线中间不得有接头。

③应仔细阅读电能表的使用说明书,严格按照使用说明书和接线端钮盒盖板上的接线图接线。

④极性要接对,电压线圈的首端应与电流线圈的首端一起接到相线上。三相四线制有功电能表的零线一定要接牢。

⑤要按规定采用正相序接线,开关、熔断器应接于电能表的负载侧。

2. 经互感器接入法

对于高电压、大电流电路,三相有功电能表的电流线圈和电压线圈应经电流互感器和电压互感器接入电路。

(1)三相三线制有功电能表经互感器接入电路的接线

①三相三线制有功电能表经电流互感器接入电路常用的接线图如图 6-45 所示。

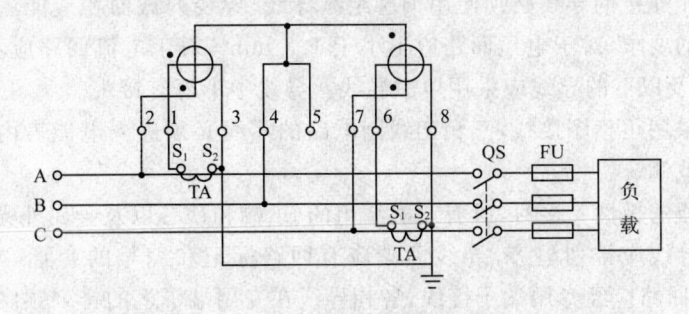

图 6-45 三相三线制有功电能表经电流互感器接入电路的接线图

②三相三线制有功电能表经电流互感器、电压互感器接入电路常用的接线图如图 6-46 所示。

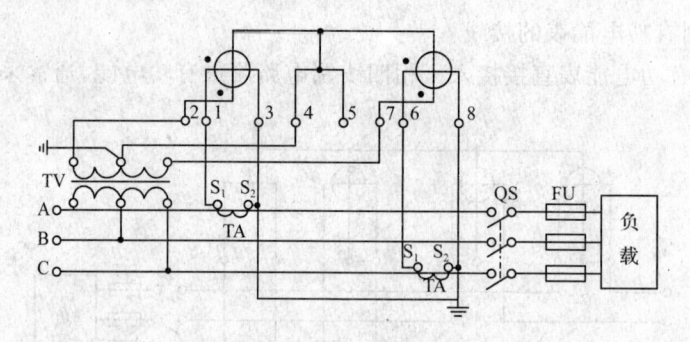

图 6-46 三相三线制有功电能表经电流互感器、电压互感器接入电路的接线图

(2)三相四线制有功电能表经互感器接入电路的接线

三相四线制有功电能表经电流互感器接入电路常用的接线图如图 6-47 所示。

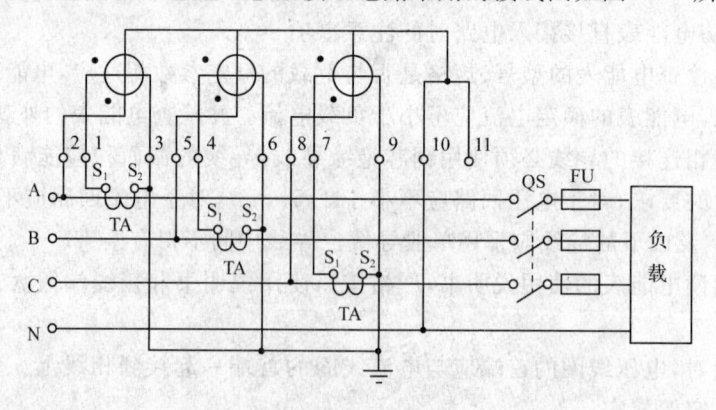

图 6-47 三相四线制有功电能表经电流互感器接入电路的接线图

(3)三相有功电能表经互感器接入电路时的注意事项

①接线前应检查电能表的型号、规格是否与负载的额定参数相适应,电能表的额定电压应与电源电压一致,电能表的额定电流应不小于负载电流。并检查电能表的外观是否完好。

②电流互感器的准确度不应低于 0.5 级。电流互感器的一次额定电流应不小于负载电流。电流互感器的额定电压应不低于连接处的工作电压。

③与电能表相连接的导线必须使用铜芯绝缘导线,导线的截面积应能满足导线的安全载流量及机械强度的要求,对于电压回路应不小于 1.5 mm^2,对于电流回路应不小于 2.5 mm^2。截面积为 6 mm^2 及以下的导线应采用单股导线。导线中不得有接头。

④要按规定采用正相序接线,三相四线制电路的零线必须进入电能表内,开关、熔断器应接于电能表的负载侧。

⑤电流互感器的极性要接对,所有二次绕组的 S_2 端和铁芯以及金属外壳要统一接地。

⑥二次回路导线应排列整齐,导线两端应有回路标记和编号的套管。当计量电流超过 250 A 时,其二次回路应经专用端子接线,各相导线在专用端子上的排列顺序为从上到下或从左到右依次为 A、B、C、N。

学习情境六 三相交流电路的测量

任务实施

一、三相三线制电路电能的测量

由于灯泡功率较小,为了方便记录电能表的测量值,建议负载作△形连接,电源线电压调为 220 V,即电源相电压为 127 V,按图 6-48 所示接线。接线完毕,同组同学自查一遍,然后经指导教师检查确定无误后,接通电源,让负载工作 10 min,并记录测量数据于表 6-5 中。

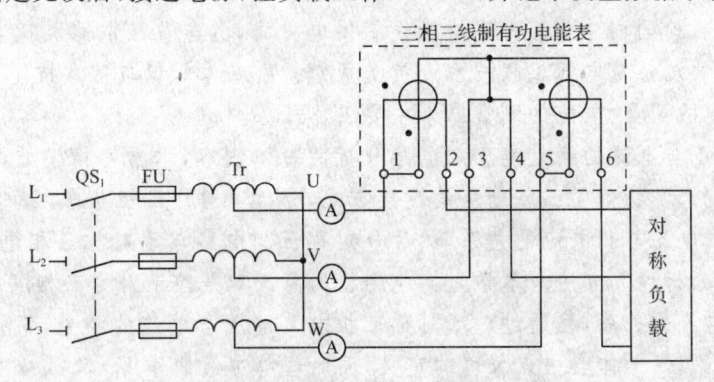

图 6-48 三相三线制电路电能的测量电路图

二、三相四线制电路电能的测量

由于灯泡功率较小,为了方便记录电能表的测量值,建议电源相电压调为 220 V,按图 6-49 所示接线。接线完毕,同组同学自查一遍,然后经指导教师检查确定无误后,接通电源,让负载工作 10 min,并记录测量数据于表 6-5 中。

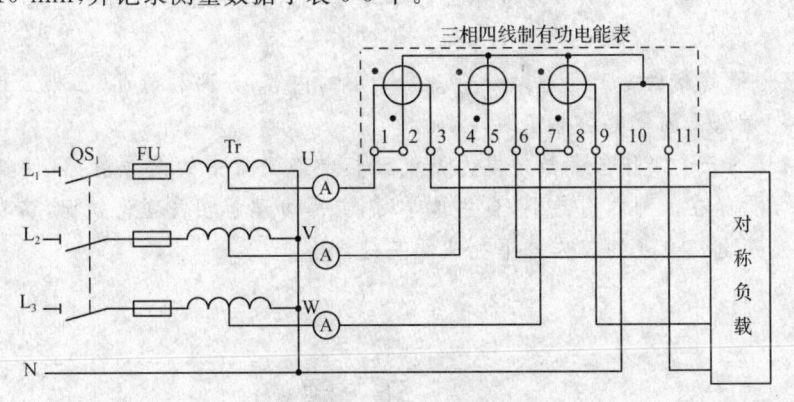

图 6-49 三相四线制电路电能的测量电路图

表 6-5 三相电路电能的测量数据

项目	U_a/V	U_b/V	U_c/V	I_A/A	I_B/A	I_C/A	$W_{测量}$/(kW·h)	$W_{计算}$/(kW·h)	ΔW/(kW·h)
三相三线制									
三相四线制									

注:$\Delta W = W_{测量} - W_{计算}$,$W_{计算} = PT = 3 U_P I_P T \cos\varphi$。

注意：
(1) 接线时，必须严格遵守先接线、后通电，先断电、后拆线的实训操作原则。
(2) 电能表不能单独使用，应该和电压表、电流表配合起来使用。
(3) 每次测量完毕，需将三相调压器的旋钮调回零位，以确保人身安全。

学习情境总结

三相电路是目前国内外普遍采用的三线制供电方式，它与单相电路相比具有明显的优越性。而三相电路的测量是电气工程技术人员必须掌握的基本知识与基本技能。它包括电压与电流的测量、功率的测量、电能的测量三个主要工作任务。

三相电路电压与电流的测量是三相电路分析的基本内容，本学习情境首先阐述了对称三相电路的定义与特点，明确了三相电路的连接方式，分析了对称三相电路在每种连接方式下线电压与相电压、线电流与相电流的关系，然后分对称三相电路与不对称三相电路两种情况，讨论了三相电路的分析计算方法。本学习情境测量的意义就是验证对称三相电路线电压与相电压、线电流与相电流的关系，且通过对不对称三相电路电压与电流的测量，根据测量的数据并结合测量中的现象，深刻体会中点位移的定义，同时理解中线的作用。

三相电路功率的测量是三相电路分析的重要内容，主要按三相有功功率和三相无功功率分类，较详细地总结了三相电路的功率分析计算和测量功率的方法，指明了每种测量方法各自的适用范围及功率表读数在不同接线方式下的物理意义，说明了它们的联系与区别。例如，二表法和三表法的相同点是它们都可以测量三相电路的总功率，但它们的适用范围和意义有所不同。二表法适用于三相三线制对称与不对称三相电路，并且二表法中的单只表的读数无直接的物理意义，只有各表的代数和才表示三相平均功率。三表法则适用于对称与不对称三相四线制电路。

三相电路电能的测量是三相电路分析必须了解的内容，分两种情况（三相三线制电路和三相四线制电路）讨论了测量有功电能的接线。

本学习情境的三个工作任务虽是电力系统三相电路测量中的简易情况，但其接线也较复杂，希望各位学员能在教师的引导下，自主地学习，并尽力理解相关理论知识，认真地完成工作任务，为今后从事电气专业的工作打下扎实的基础。

习 题

一、填空题

6.1.1 已知对称三相电压 $u_A = 220\sin(\omega t - 65°)$ V，则 $u_B = $ _____ V，$u_C = $ _____ V。

6.1.2 三相对称电源（正序）中，比 A 相超前 120°的相是 _____ 相。

6.1.3 已知三相电机的两相电压 $\dot{U}_A = 220\angle -60°$ V，$\dot{U}_B = 220\angle 180°$ V，则其电源的相序为 _____。

6.1.4　对称三相正弦电压或电流的瞬时值之和等于_____。

6.1.5　已知对称三相电流 $\dot{I}_C=12\angle 15°$ A，则 $\dot{I}_A=$_____ A。若以 C 相作为参考相量，则 $\dot{I}_A=$_____ A。

6.1.6　某电网电压为 220 kV，是指_____电压为 220 kV。

6.1.7　三相交流发电机作 Y 形连接，如发电机每相绕组的正弦电压的幅值为 14.14 kV，则其线电压为_____ kV。

6.1.8　我国三相四线制的低压配电系统中，线电压为_____ V。

6.1.9　三相交流发电机作 Y 形连接，已知相电压 $u_A=380\sin(\omega t-90°)$ V，则线电压 $u_{AB}=$_____ V。

6.1.10　对称三相电源作 △ 形连接，若其中一相接反，则三相电压和为_____。

6.1.11　对称三相 △ 形连接负载，若 $\dot{I}_B=8.66\angle-15°$ A，则 $\dot{I}_{AB}=$_____ A，$\dot{I}_{BC}=$_____ A，$\dot{I}_{CA}=$_____ A。

6.1.12　对称三相电路负载 △ 形连接时，线电流 I_L 与相电流 I_P 的关系是_____。

6.1.13　三相四线制可获得两种电压，即线电压和相电压。线电压是_____和_____之间的电压，相电压是_____和_____之间的电压。

6.1.14　有一台三相发电机，作 Y 形连接，其线电压为 380 V，若改为 △ 形连接，则 $U_L=$_____ V。

6.1.15　已知三相对称电源的相电压为 220 V，而 Y 形对称三相负载的相电压是 127 V，则三相电源应作_____连接。

6.1.16　对称三相三线制 Y 形连接电路，可设想在电源中点 N 和负载中点 N′ 之间连上_____，然后再画上单线图；对于对称的三相四线制电路，如果中线有阻抗 Z_N，画单线电路图时，应将此阻抗_____。

6.1.17　三相电路中出现中点电压不等于零的现象称为_____。

6.1.18　不对称负载 Y_0/Y_0 连接，中线电流_____（等于或不等于）零。

6.1.19　对三相 Y 形连接负载，若 A 相负载短路，则 B、C 相的电压升高到_____；若 B 相负载开路，则其余两相负载串联接在_____之间。

6.1.20　在对称三相电路中，总的瞬时功率与平均功率_____。

6.1.21　对称三相电路的有功功率公式 $P=\sqrt{3}U_LI_L\cos\varphi$，该公式的应用与电路的_____无关，并且 φ 是指_____和_____的相位差，而不是指_____和_____的相位差。

6.1.22　对称三相负载的功率因数就是_____的功率因数。

6.1.23　某三相电阻炉每相的电阻为 22 Ω，若将其作 Y 形连接接到电压为 380 V 的对称三相电源上，电阻炉消耗的功率是_____ W；若将其作 △ 形连接到同一电源上，则电阻炉消耗的功率是_____ W。

6.1.24　将三相负载 $Z=10\angle 60°$ Ω 作 △ 形连接后，接到线电压为 380 V 的电源上，则其从电路中吸收的无功功率为_____ var，视在功率为_____ V·A。

6.1.25　三相发电机的额定功率 $P_e=5\,000$ kW，额定电压 $U_e=10.5$ kV，额定功率因数为 0.8，则发电机的额定电流 $I_e=$_____ A，额定视在功率 $S_e=$_____ V·A，额定无功功率 $Q_e=$_____ kvar。

6.1.26 二表法测量功率,是指用两块_____相功率表测量_____相电路中的有功功率。二表法适合于对称或不对称的三相_____线制电路有功功率的测量。若三相对称负载为电阻,则两表读数_____;若负载的功率因数等于_____,则两表读数 p_1 或 p_2 之一为零;若负载的功率因数小于_____,则有一只功率表的读数为负数。

6.1.27 三表法应用于测量三相_____线电路中的有功功率。

6.1.28 二表法的理论接线图有_____种,实际上接线时只需按_____种接线图中的任意一种接线即可。

6.1.29 单相功率表既可测量三相电路中的_____功率,又可测量三相电路中的_____功率。

6.1.30 测量三相电路中的电能与测量三相电路的_____在原理上是相同的,三相有功电能表分_____和_____两种。

二、单项选择题

6.2.1 已知对称三相电路,A 相电压为 $U_A \angle 0°$ V,则 C 相电压为_____V。
A. $U_A \angle 0°$　　　B. $U_A \angle -120°$　　　C. $U_A \angle +120°$　　　D. $U_A \angle +240°$

6.2.2 对称三相正弦量中,C 相的相量图就是将 A 相的相量图_____而得到。
A. 顺时针旋转 120°　　　B. 逆时针旋转 120°
C. 逆时针旋转 240°　　　D. 以上都不正确

6.2.3 若 B—C—A 为正序三相电源,则下列_____为负序三相电源。
A. A—B—C　　　B. C—A—B　　　C. B—A—C　　　D. 以上都不正确

6.2.4 对称 Y 形连接电路中,线电压与相电压的关系是_____。
A. 相等　　　B. $\sqrt{2}$　　　C. $\sqrt{3}$　　　D. 以上都不正确

6.2.5 下列说法中正确的是_____。
A. 只有对称的三相三线制电路,$\dot{I}_A + \dot{I}_B + \dot{I}_C$ 的相量和才会等于零
B. 无论是 Y 形连接还是 △ 形连接,只有对称的三相正弦交流电路的三个线电压的相量和才等于零
C. 无论有无中线,无论中线阻抗为何值,在 Y/Y 连接的三相正弦交流电路中,负载中点与电源中点总是等电位
D. 对称的三相四线制电路中,中线电流一定等于零

6.2.6 如图 6-50 所示三相对称电源,$\dot{U}_{A1} = 380 \angle 0°$ V,则相应的 Y 形连接等效电路的相电压 $\dot{U}_A =$ _____V。
A. $220 \angle -30°$　　　B. $220 \angle 0°$　　　C. $380 \angle 0°$　　　D. $380 \angle 30°$

6.2.7 对称三相负载 △ 形连接时,已知线电流 $\dot{I}_A = 5\sqrt{3} \angle 0°$ A,则相电流 $\dot{I}_{AB}$ 为_____A。
A. $5 \angle 0°$　　　B. $5 \angle -30°$　　　C. $5 \angle 30°$　　　D. $5\sqrt{3} \angle -30°$

6.2.8 如图 6-51 所示,已知对称三相电路 $\dot{U}_{AB} = 380 \angle 0°$ V,$Z = (8+j6)$ Ω,则电流 $\dot{I}_B =$ _____A。
A. $38 \angle -36.9°$　　　　　　B. $38\sqrt{3} \angle -36.9°$
C. $38\sqrt{3} \angle -66.9°$　　　　D. $38\sqrt{3} \angle 173.1°$

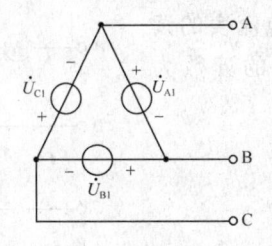

图 6-50 习题 6.2.6 图   图 6-51 习题 6.2.8 图

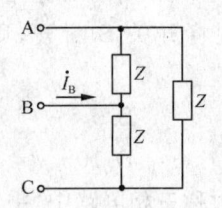

6.2.9 下列关于三相正弦电路的线电压与相电压、线电流与相电流之间关系的说法中正确的是_____。

A. 电源或负载作 Y 形连接时，线电压的有效值一定等于相电压有效值的 $\sqrt{3}$ 倍

B. 电源或负载作 Y 形连接时，线电流的瞬时值总是等于相应的相电流的瞬时值

C. 电源或负载作△形连接时，线电流的有效值一定等于相电流有效值的 $\sqrt{3}$ 倍

D. 以上都不正确

6.2.10 对称三相电路负载 Y 形连接时，已知 $\dot{U}_A = 10\angle-30°$ V，则线电压 $\dot{U}_{CA}$ 为_____V。

A. $10\sqrt{3}\angle 120°$ B. $10\sqrt{3}\angle-90°$

C. $10\sqrt{3}\angle-60°$ D. $10\sqrt{3}\angle-30°$

6.2.11 某三相对称负载，每相阻抗为 10 Ω，负载作△形连接，接于线电压为 380 V 的三相电路中，则线电流为_____A。

A. 22   B. $22\sqrt{3}$ C. 38   D. $38\sqrt{3}$

6.2.12 下列说法中错误的是_____。

A. 三相正弦电路中，若负载的线电压对称，则相电压也一定对称

B. 三相正弦电路中，若负载的相电压对称，则线电压也一定对称

C. 三相正弦电路中，若负载的相电流对称，则线电流也一定对称

D. 三相三线制的正弦电路中，若三个线电流 $I_A = I_B = I_C$，且每两相间的相位差都相等，则这三个线电流一定对称

6.2.13 如图 6-52 所示对称三相电路中，线电流 $\dot{I}_A$ 为_____。

A. $\dfrac{\dot{U}_A}{Z_L + Z_N + Z}$ B. $\dfrac{\dot{U}_A - \dot{U}_B}{Z_L + Z}$ C. $\dfrac{\dot{U}_A}{Z_L + Z}$ D. $\dfrac{\dot{U}_A}{Z}$

6.2.14 如图 6-53 所示对称三相电路中，线电流 $\dot{I}_A$ 为_____。

A. $\dfrac{\dot{U}_A}{Z_L + \frac{1}{3}Z}$ B. $\dfrac{\dot{U}_A - \dot{U}_B}{Z_L + Z}$ C. $\dfrac{\dot{U}_A + \dot{U}_B}{Z_L + Z}$ D. $\dfrac{\dot{U}_A}{\frac{1}{3}Z}$

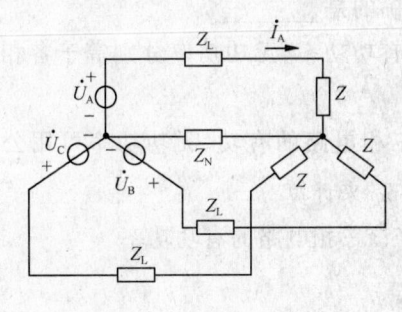

图 6-52 习题 6.2.13 图   图 6-53 习题 6.2.14 图

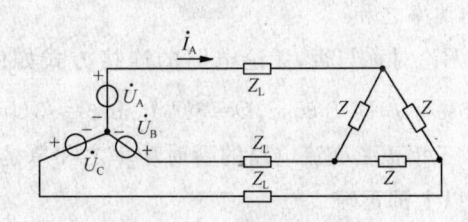

6.2.15 如图 6-54 所示对称三相电路,正常时电流表的读数为 17.32 A,现将开关 S 断开,则稳态时电流表的读数为 _____ A。

A. 8.66　　　B. 0
C. 17.32　　　D. 10

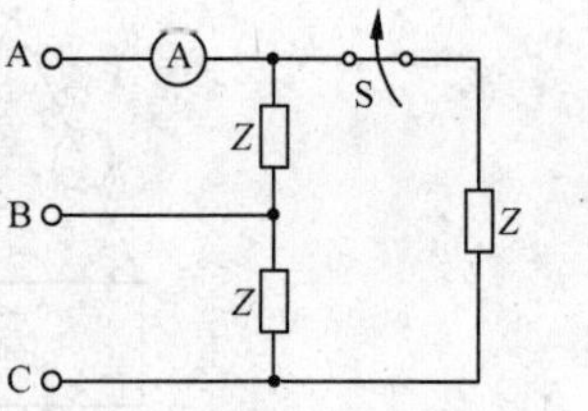

图 6-54　习题 6.2.15 图

6.2.16 不对称三相电路中,中线的电流为 _____。

A. 0　　B. $\dot{I}_A$　　C. $\dot{I}_A+\dot{I}_B$　　D. $\dot{I}_A+\dot{I}_B+\dot{I}_C$

6.2.17 线电压为 380 V 的对称三相电源 Y 形连接,出现了故障。现测得 $U_{ca}=380$ V,$U_{ab}=U_{bc}=220$ V,分析故障的原因是 _____。

A. 相电源接反　　B. 相电源接反　　C. 相电源接反　　D. 无法判定

6.2.18 如图 6-55 所示对称三相电路中,电流表读数均为 1 A(有效值),若因故障发生 A 相短路(即开关闭合),则电流表 A_1 的读数为 _____ A。

A. 1　　B. 2　　C. $\sqrt{3}$　　D. 3

6.2.19 三相四线制照明电路中,忽有两相电灯变暗,一相变亮,出现故障的原因是 _____。

A. 电源电压突然降低　　　　B. 有一相短路
C. 不对称负载中线突然断开　　D. 有一相开路

6.2.20 在相同的电源线电压作用下,同一负载作 △ 形连接时的有功功率是作 Y 形连接时的有功功率的 _____ 倍。

A. 2　　B. $\sqrt{2}$　　C. 3　　D. $\sqrt{3}$

6.2.21 如图 6-56 所示对称三相电路中,已知负载线电流为 $10\sqrt{3}$ A,$Z=2$ Ω,则三相负载所接受的有功功率为 _____ W。

A. 600　　B. 200　　C. $100\sqrt{3}$　　D. 100

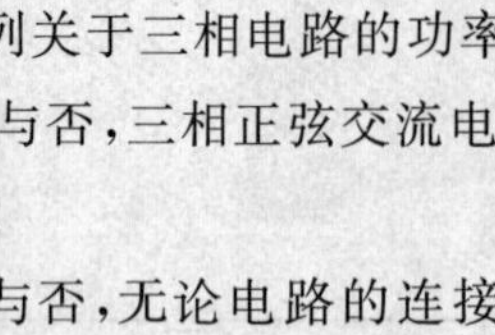

图 6-55　习题 6.2.18 图 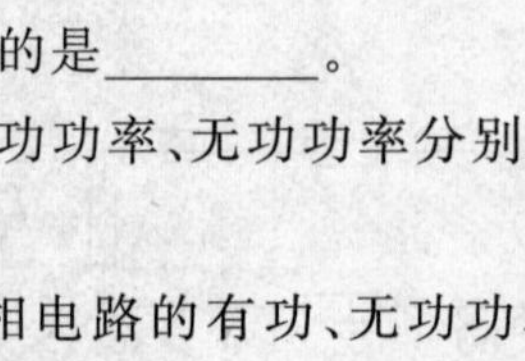　　　图 6-56　习题 6.2.21 图

6.2.22 下列关于三相电路的功率的说法中正确的是 _____。

A. 无论对称与否,三相正弦交流电路中的总的有功功率、无功功率分别等于各相有功功率、无功功率之和

B. 无论对称与否,无论电路的连接方式如何,三相电路的有功、无功功率可用公式 $P=3U_PI_P\cos\varphi=\sqrt{3}U_LI_L\cos\varphi$,$Q=3U_PI_P\sin\varphi=\sqrt{3}U_LI_L\sin\varphi$ 来计算

C. 三相正弦交流电路的瞬时功率之和总是等于该三相电路的有功功率

D. 以上都正确

学习情境六　三相交流电路的测量　221

6.2.23　下列关于三相电路的视在功率的说法中正确的是_____。

A. 由对称三相电路的视在功率 $S=3U_P I_P$，可以断定，三相电路中视在功率和有功功率、无功功率一样保持平衡

B. 不管电路对称与否，三相电路中总的视在功率 S 一定等于 $\sqrt{P_{总}^2+Q_{总}^2}$

C. 无论对称与否，无论电路的连接方式如何，三相电路的视在功率都可用公式 $S=S_A+S_B+S_C$ 来计算

D. 以上都不正确

6.2.24　如图 6-57 所示对称三相电路，正常时电流表（内阻为零）读数为 8.66 A，现将 S 断开，则 S 断开后电流表的读数为_____A。

A. 0　　　　　　　B. 4.33　　　　　　　C. 5　　　　　　　D. 8.66

6.2.25　如图 6-58 所示对称三相电路中，线电流 $\dot{I}_A$ 为_____。

A. $\dfrac{\dot{U}_A}{\frac{1}{3}Z}$　　　B. $\dfrac{\dot{U}_A-\dot{U}_B}{Z}$　　　C. $\dfrac{\dot{U}_A}{Z}$　　　D. $\dfrac{\dot{U}_A+\dot{U}_B}{Z}$

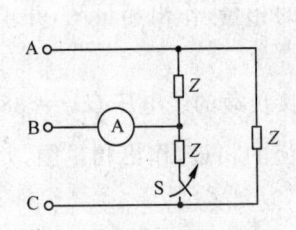

图 6-57　习题 6.2.24 图

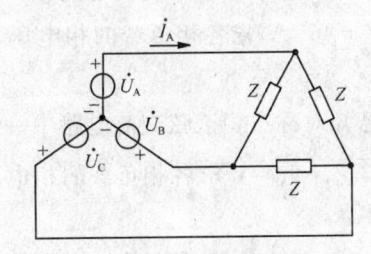

图 6-58　习题 6.2.25 图

三、判断题

6.3.1　对称三相正弦量每两相间的相位差为 120°，若参考相发生改变，则它们间的相位差也发生变化。（　）

6.3.2　某三相四线制电路，测得三相电流都是 10 A，则中线电流一定等于 0 A。（　）

6.3.3　无论是瞬时值还是相量值，对称三相电源三个相电压的和恒等于零，所以，接上负载后不会产生电流。（　）

6.3.4　Y 形连接电路的线电压等于其对应两相的相电压之差。（　）

6.3.5　三相电源无论是否对称，三个线电压的相量和恒等于零。（　）

6.3.6　电源或负载作 Y 形连接时，线电压的有效值一定等于相电压有效值的 $\sqrt{3}$ 倍。（　）

6.3.7　在三相三线制电路中，若三个线电流 $I_A=I_B=I_C$，则这三个线电流一定对称。（　）

6.3.8　三相正弦量的瞬时值（或相量）之和一定等于零。（　）

6.3.9　对称三相正弦量就是频率相同、有效值相等、相位差相等的三个正弦量。（　）

6.3.10　瞬时值之和或相量之和等于零的三相正弦量一定是对称的三相正弦量。（　）

6.3.11　在电力系统中，A、B、C 三相分别用黄、绿、红三种颜色区别。（　）

6.3.12　三相正弦电源 A、B、C 三相是相对的，可以选三相中的任何一相作为参考相。（　）

6.3.13　三相功率表的结构与工作原理来源于二表法的测量。（　）

6.3.14 二表法只适合于对称三相电路中的测量。　　　　　　　　　　　　　（　　）

6.3.15 单相功率表既可以测量三相电路中的有功功率,也可以测量三相电路中的无功功率。　　　　　　　　　　　　　　　　　　　　　　　　　　　　　　　　　　　（　　）

四、计算题

6.4.1 已知 u_A、u_B、u_C 是正序对称三相电压,$u_A = 380\sin(\omega t - 25°)$ V。

(1)写出 u_B、u_C 的解析式。

(2)写出 $\dot{U}_A$、$\dot{U}_B$、$\dot{U}_C$ 的相量式。

(3)画出 $\dot{U}_A$、$\dot{U}_B$、$\dot{U}_C$ 的相量图。

(4)求 $t = \dfrac{T}{4}$ 时的各相电压及三相电压之和。

6.4.2 已知同频率三相正弦电流 $\dot{I}_A = (5\sqrt{3} + j5)$ A,$\dot{I}_B = -j10$ A,$\dot{I}_C = (-5\sqrt{3} + j5)$ A。

(1)该三相电流是否对称?若对称,则指明相序。

(2)求 $\dot{I}_A + \dot{I}_B + \dot{I}_C$,并作相量图。

6.4.3 已知对称三相正弦交流电路中一组 Y 形连接负载的线电压 $\dot{U}_{AB} = 380\angle 60°$ V,线电流 $\dot{I}_A = 11\angle -45°$ A,求各相负载的相电压及相电流的相量,作出相量图,并求每相负载的复阻抗。

6.4.4 已知对称三相正弦交流电路中一组△形连接负载的线电压 $\dot{U}_{AB} = 380\angle 15°$ V,线电流 $\dot{I}_A = 19\sqrt{3}\angle -60°$ A,求各相负载的相电压及相电流的相量,作出相量图,并求每相负载的复阻抗。

6.4.5 一对称三相电源,每相绕组电动势的有效值为 220 V,每相绕组的额定电流为 500 A,每相绕组的电阻为 0.01 Ω,感抗为 0.25 Ω,现将该电源接成△形,若不慎将一相接反,求电源空载时其回路的电流,并说明可能产生的后果。

6.4.6 有一对称三相负载,每相阻抗 $Z = (20 + j15)$ Ω,若将此负载接成 Y 形,接在线电压为 380 V 的对称三相电源上,求负载的相电压、相电流与线电流,并画出电压电流的相量图。

6.4.7 将 6.4.6 题的三相负载接成△形,接在同一电源上,求负载相电流与线电流,画出电压和电流的相量图,并将此题的结果与 6.4.6 题结果进行比较,求得两种接法相应的电流值之比。

6.4.8 已知三相四线制电路中三相电源对称,电源线电压 $U_L = 380$ V,端线阻抗 $Z_L = (0.5 + j0.5)$ Ω,中线阻抗 $Z_N = (0.5 + j0.5)$ Ω。现有"220 V　40 W"、$\cos\varphi = 0.5$ 的日光灯 90 只,将其平分三相接于该电路中,求负载的相电压、线电压及线电流。

6.4.9 如图 6-59 所示,对称电源的电压为 380 V,线路阻抗 $Z_L = (0.3 + j0.4)$ Ω,对称负载 $Z_1 = 60\angle 30°$ Ω,$Z_2 = 50\angle 53.1°$ Ω,求各负载的相电流和线电流的有效值。

6.4.10 已知不对称三相四线制系统中的线电压 $U = 380$ V,不对称的负载分别是 $Z_A = (3 + j2)$ Ω,$Z_B = (4 + j4)$ Ω,$Z_C = (2 + j1)$ Ω。求:

(1)当 $Z_N = 0$ Ω 时的中点电压和线电流和中线电流。

(2)当中线阻抗 $Z_N = (4 + j3)$ Ω 时的中点电压和线电流和中线电流。

6.4.11 如图 6-60 所示,已知电源的线电压 $U_L=380$ V,$Z=(50+j50)$ Ω,$Z_1=(100+j100)$ Ω,Z_A 为 R、L、C 串联组成,$R=50$ Ω,$X_L=314$ Ω,$X_C=264$ Ω。求:

(1)开关打开时的线电流。

(2)开关闭合时的线电流。

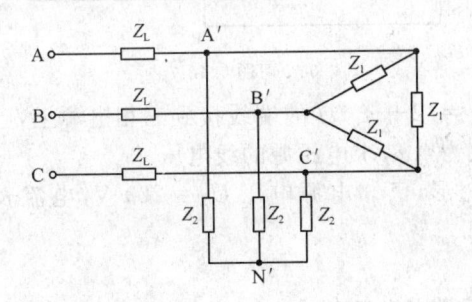

图 6-59 习题 6.4.9 图

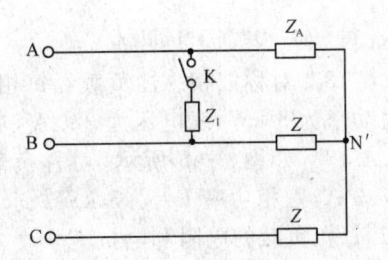

图 6-60 习题 6.4.11 图

6.4.12 如图 6-61 所示电路为对称三相电源供电给两组负载,已知对称负载 $Z=(10+j10)$ Ω,不对称负载 $Z_A=Z_B=30$ Ω,$Z_C=-j30$ Ω,电源线电压 $U_L=380$ V,求电压表的读数。

6.4.13 有电阻、电感和电容三个元件组成的不对称三相负载连接成△形,$R=X_L=X_C=15$ Ω,将它们接于相电压 $U_P=220$ V 的 Y 形连接对称三相电源上,求各相电流及线电流。

6.4.14 如图 6-62 所示电路接到电压为 380 V 的电源上,已知 $Z=(5+j8)$ Ω,$Z_{A'B'}=(240+j80)$ Ω,电压表的阻抗为无穷大,求电压表 V_1、V_2 的读数。

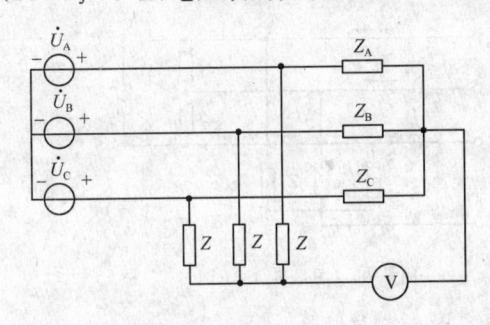

图 6-61 习题 6.4.12 图

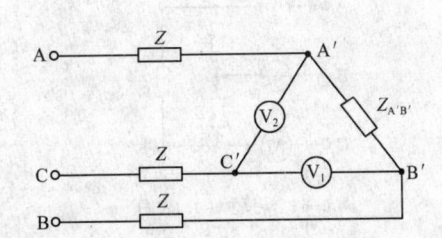

图 6-62 习题 6.4.14 图

6.4.15 有一三相异步发电机,其绕组连接成△形,接于线电压 $U_L=380$ V 的电源上,从电源上所吸收的功率 $P=11.43$ kW,功率因数 $\cos\varphi=0.87$,求电动机的相电流与线电流。

6.4.16 功率为 2.4 kW,功率因数为 0.6 的对称三相感性负载与线电压为 380 V 的供电系统相连,如图 6-63 所示。求:

(1)线电流 I_L。

(2)负载为 Y 形连接时的相阻抗 Z_Y。

(3)负载为△形连接时的相阻抗 $Z_\triangle$。

6.4.17 如图 6-64 所示,△形连接三相电压源每相电压为 380 V,Y 形连接对称三相电阻负载的总功率为 15 kW。求:

(1)正常情况下每相电压源的电流、有功功率、无功功率和视在功率。

(2)电压源断开一相后(如 $\dot{U}_{SA}$ 断开),其他两相的电压源的电流、有功功率、无功功率和视在功率。

图 6-63 习题 6.4.16 图

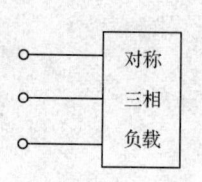

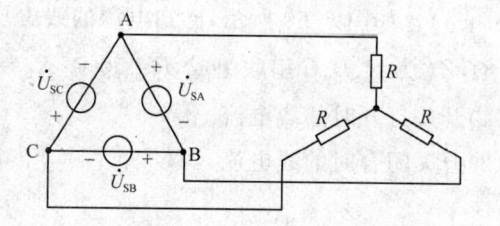

图 6-64 习题 6.4.17 图

6.4.18 对称三相感性负载经每相阻抗 $Z_L=(2+j4)\ \Omega$ 的端线接到三相电源上,已知负载的总功率为 5 kW,线电压为 380 V,功率因数为 0.8,求电压源的线电压。

6.4.19 如图 6-65 所示,对称负载接成△形,已知电源电压 $U_L=220$ V,电流表读数 $I_L=17.3$ A,三相功率 $P=4.5$ kW。求:

(1)每相负载的电阻和电抗。

(2)当 AB 相负载断开时,图中各电流表的读数及总功率。

(3)当 A 线断开时,图中各电流表的读数及总功率。

6.4.20 线电压 $U_L=380$ V 的三相电源,同时接有一组 Y 形和一组△形对称负载,已知 $Z_Y=80\ \Omega, Z_\triangle=(90+j120)\ \Omega$,求三相负载的相电流与线电流以及三相电路中消耗的总功率。

6.4.21 如图 6-66 所示,三相电源电压为 220 V,Y_0 形连接负载 $Z_{A1}=100\ \Omega$,$Z_{B1}=100\angle 60°\ \Omega$,$Z_{C1}=100\angle -60°\ \Omega$,对称△形连接负载 $Z_2=100\angle 30°\ \Omega$。求:

(1)两组负载的相电流与线电流。

(2)中线电流及各端线电流。

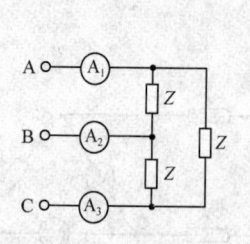

图 6-65 习题 6.4.19 图

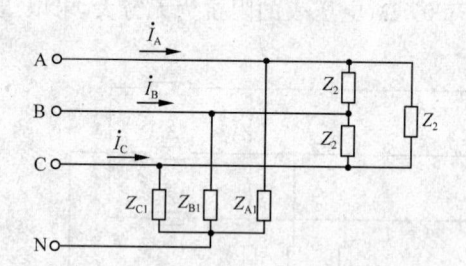

图 6-66 习题 6.4.21 图

五、简答题

6.5.1 三相电源的正序为 A、B、C,三相依次滞后 120°,工程中用黄、绿、红三色标记,它们是如何对应的?

6.5.2 一台三相交流发电机定子三相绕组对称,空载时每相绕组的电压为 230 V,三相绕组的六个端头均引出,但无标记,无法辨识首尾端,则如何确定各相绕组的首尾端?

6.5.3 什么是三相负载、单相负载和单相负载的三相连接?三相电动机有三根电源线接到电源的 A、B、C 三相上,称为三相负载,电灯有两根电源线,为什么不称为两相负载,而称为单相负载?另外,电灯开关为什么一定要接在火线上?

6.5.4 不对称三相 Y 形连接电路,若去掉中线,对负载有什么影响?为什么三相四线制的总中线上不接开关,也不接熔断器?

6.5.5 为什么用二表法可以测量三相三线制电路中的有功功率?

学习情境七

电路过渡过程的观测

任务书

任务总述

电路的过渡过程虽然时间短暂,但在实际工作中却极为重要。例如,在电子技术中常用它来改善波形或产生特定波形;在计算机和脉冲电路中,更广泛地利用了电路的暂态特性;在控制设备中,则利用电路的暂态特性提高控制速度等。当然,过渡过程也有其有害的一面,由于它的存在,可能在电路换路瞬间产生过电压或过电流现象,使电气设备或元件受损,危及人身及设备安全。请根据要求正确使用双踪示波器的相关功能对 RC 及 RL 电路的过渡过程进行观测。

对本学习情境的实施,要求根据引导文 7 进行。同时,进行以下基本技能的过程考核:
(1) 画出观测电路的电路图。
(2) 学会双踪示波器的基本使用方法。
(3) 正确连接观测电路图。
(4) 在规定的时间内对 RC 及 RL 电路的过渡过程进行观测。

已具备资料

(1) 电路过渡过程的观测自学资料:学生手册、引导文。
(2) 电路过渡过程的观测教学资料:多媒体课件、教学视频。
(3) 电路过渡过程的观测复习(考查)资料:习题。

工作单

相关任务描述	(1) 了解双踪示波器的用法 (2) 了解 RC、RL 电路过渡过程的特点 (3) 观测 RC、RL 电路的过渡过程
相关学习资料的准备	电路过渡过程的观测自学资料、教学资料
学生课后作业的布置	电路过渡过程的观测习题
对学生的考核方法	过程考核 作业检查 PPT 汇报
采用的主要教学方法	多媒体、实验实训教学手段 情景启发式、任务驱动式、自主探究式、协作学习式等教学方法
教学及实验实训场所	电工测量一体化多媒体教室
教学及实验实训设备	双踪示波器、电容、电阻、电感、函数信号发生器
教学日期	
备注	

引导文

引导文 7	电路过渡过程的观测引导文	姓　名	页数：

一、任务描述

　　研究电路过渡过程的目的就是要认识和掌握这种客观存在的物理现象的规律。在生产实践中既要充分利用它的特性，又要防止它可能产生的危害，请根据要求对 RC 及 RL 电路的过渡过程进行观测。

二、任务资讯

　　(1) 双踪示波器主要由哪几部分组成？各部分起什么作用？
　　(2) 观测电路中，各主要元件的参数是多少？
　　(3) 观测出的波形说明了什么？

三、任务计划

　　(1) 请画出观测电路图。
　　(2) 选择相关仪器、仪表，制订设备清单。
　　(3) 简述 RC 电路过渡过程的观测步骤。
　　(4) 制作任务实施情况检查单，包括小组各成员的任务分工、任务准备、任务完成、任务检查情况的记录，以及任务执行过程中出现的困难和应急情况的处理等。(单独制作)

四、任务决策

　　(1) 分小组讨论，分析阐述各自计划和观测方案。
　　(2) 经教师指导，确定最终的观测方案。
　　(3) 每组选派一位成员阐述观测方案。

五、任务实施

　　(1) 双踪示波器使用时需要注意哪些事项？(简单说明)
　　(2) 观测过程中发现了什么问题？如何解决这些问题？
　　(3) 观测结果和理论是否相符？如果不符，简单说明原因。
　　(4) 对整个任务的完成情况进行记录。

六、任务检查

　　(1) 学生填写检查单。
　　(2) 教师填写评价表。
　　(3) 学生提交实训心得。

七、任务评价

　　(1) 小组讨论，自我评述完成情况及发生的问题，小组共同给出处理和提高方案。
　　(2) 小组准备汇报材料，每组选派一位成员进行汇报。
　　(3) 教师对方案评价说明。

学习情境七 电路过渡过程的观测

学习资料

学习情境描述

观测电路的过渡过程,了解动态电路的基本概念,了解电感、电容的动态特性,理解零状态响应、零输入响应、全响应、时间常数等概念,掌握分析计算一阶电路的三要素法。

教学环境

整个教学在电工测量一体化多媒体教室中进行,教室内应有学习讨论区、操作区,并必须配置多媒体教学设备,同时提供任务中涉及的所有仪器仪表和所有被测对象。

任务一 RC电路过渡过程的观测

教学目标

知识目标:
(1) 掌握电路过渡过程的基本概念。
(2) 掌握换路定律,并能熟练计算动态电路的初始值。
(3) 了解 RC 电路的零输入响应、零状态响应和全响应。

能力目标:
(1) 能够正确使用双踪示波器。
(2) 能够使用双踪示波器观测 RC 电路的过渡过程。

任务描述

有一 RC 电路,要对其放电、充电情况进行观测。各小组在小组长带领下,认真分析观测电路图,正确完成电路的连接,选择适当的参数,完成 RC 电路过渡过程的观测。

任务准备

课前预习"相关知识"部分。根据 RC 电路过渡过程的观测,讨论后绘制出观测的电路图,并独立回答下列问题:
(1)什么是暂态过程?暂态过程产生的原因是什么?
(2)如何求初始值?
(3)RC 电路的零输入响应、零状态响应及全响应中,电压、电流各有何特点?
(4)简述用双踪示波器观测 RC 电路过渡过程的方法。

相关知识

一、暂态过程

在前面各个学习情境分析的电路中,所有的响应或是恒稳不变,或是按周期规律变动。电路的这种工作状态称为稳定状态,简称稳态。实际上,这样的响应只是全部响应的一部分,而不是响应的全部。在开关接通或断开以后,电路中的某些参数往往不能立即进入稳定状态,而是要经历一个中间的变化过程,我们称之为过渡过程或暂态过程。含有储能元件(L、C)的电路称为动态电路。

1. 过渡过程的产生

如图 7-1 所示,三只灯泡 D_1、D_2、D_3 为同一规格,开始时开关 K 处于断开状态,并且各支路电流为零,在这种稳定状态下,D_1、D_2、D_3 都不亮。当开关 K 闭合后,我们发现,在外施直流电压 U_S 作用下,灯泡 D_1 在开关闭合瞬间立即变亮,而且亮度稳定不变;灯泡 D_2 在开关闭合瞬间忽然闪亮了一下,随着时间的延迟逐渐暗下去,直到完全熄灭;灯泡 D_3 由暗逐渐变亮,最后亮度达到稳定。由此可见含有电感、电容元件的电路,从一种稳态达到

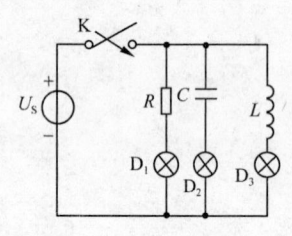

图 7-1 过渡过程的产生

另外一种稳态时存在着一个中间过程,即存在着过渡过程。

在如图 7-1 所示的电路中,是开关的闭合导致了电容、电感支路的过渡过程的产生。我们把这种由于开关的接通或断开、电源电压的变化、元件参数的改变以及电路连接方式的改变,导致电路工作状态发生变化的现象称为换路。

实践证明,换路是电路产生过渡过程的外部因素。而电路含有储能元件,其储能不能突变才是过渡过程产生的内部因素。在如图 7-1 所示电路中,同样是换路,电阻支路由于不含储能元件,就没有过渡过程产生,即灯泡 D_1 在开关闭合瞬间立即变亮,而且亮度稳定不变。而电感和电容支路的情况就不同了,就如同用水桶加装自来水,桶中的水不可能忽然变化、瞬间加满,水的增加需要经历一定的时间一样,电路发生换路时,电感元件和电容元件中储存的能量也不能突变,这种能量的储存和释放也需要经历一定的时间。电容储存的电场能量 $W_C = \frac{1}{2}Cu_C^2$,

电感储存的磁场能量 $W_L = \frac{1}{2}Ci_L^2$。由于两者都不能突变，所以在 L 和 C 确定的情况下，电容电压 u_C 和电感电流 i_L 也不能突变。这样在如图 7-1 所示的电路中，当 K 闭合以后，电感支路电流 i_L 将从零逐渐增大，最终达到稳定，因此，灯泡 D_3 由暗逐渐变亮，最后亮度达到稳定。与此同时，电容两端的电压 u_C 从零逐渐增大，直至最终稳定为 U_S，相应地，灯泡 D_2 两端的电压从 U_S 逐渐减小至零，致使 D_2 的亮度逐渐变暗，直至最后熄灭。

电路的过渡过程虽然时间短暂（一般只有几毫秒，甚至几微秒），在实际工作中却极为重要。例如，在电子技术中常用它来改善波形或产生特定波形；在计算机和脉冲电路中，更广泛地利用了电路的暂态特性；在控制设备中，则利用电路的暂态特性提高控制速度等。当然，过渡过程也有其有害的一面，由于它的存在，可能在电路换路瞬间产生过电压或过电流现象，使电气设备或元件受损，危及人身及设备安全。因此，研究电路过渡过程的目的就是要认识和掌握这种客观存在的物理现象的规律。在生产实践中既要充分利用它的特性，又要防止它可能产生的危害。

2. 换路定律及初始值的计算

从上面分析中，我们已经得出这样的结论：电路在发生换路时，电容元件两端的电压 u_C 和电感元件上的电流 i_L 都不会突变。假设换路是在瞬间完成的，则换路后一瞬间电容元件两端的电压应等于换路前一瞬间电容元件两端的电压，而换路后一瞬间电感元件上的电流应等于换路前一瞬间电感元件上的电流，这个规律就称为换路定律。它是分析电路过渡过程的重要依据。

计算动态电路的暂态响应，一般都把换路的瞬间取为计时起点，即取为 $t=0$，并把换路前最后一瞬间记作 $t=0_-$，把换路后最初一瞬间记作 $t=0_+$，则换路定律可以表达为

$$u_C(0_+) = u_C(0_-) \tag{7-1}$$

$$i_L(0_+) = i_L(0_-) \tag{7-2}$$

例如 RL 串联电路，在 $t=0$ 时刻换路，若换路前电感元件有初始能量，电感元件上的电流 $i_L(0_-)$ 为 2 A，则换路后，电感元件的初始电流 $i_L(0_+) = i_L(0_-) = 2$ A；若该电路在换路前电感上没有初始储能，则换路后，电感元件上的初始电流 $i_L(0_+) = i_L(0_-) = 0$。

响应在换路后最初一瞬间（即 $t=0_+$ 时）的值，统称为初始值。电路换路后，电路中各元件上的电流和电压将以换路后一瞬间的数值为起点而连续变化。初始值是研究电路过渡过程的一个重要指标，它决定了电路过渡过程的起点。

初始值分为独立初始值和相关初始值。电容的电压 $u_C(0_+)$ 及电感的电流 $i_L(0_+)$ 称为独立初始值，其他可以跃变的初始值称为相关初始值。计算初始值一般按如下步骤进行：

(1) 确定换路前电路中的 $u_C(0_-)$、$i_L(0_-)$。

(2) 由换路定律确定独立初始值 $u_C(0_+)$、$i_L(0_+)$。

(3) 根据动态元件初始值的情况画出 $t=0_+$ 时刻的等效电路图：当 $i_L(0_+)=0$ 时，电感元件在图中相当于开路；当 $i_L(0_+) \neq 0$ 时，电感元件在图中用数值等于 $i_L(0_+)$ 的恒流源代替；当 $u_C(0_+)=0$ 时，电容元件在图中相当于短路；当 $u_C(0_+) \neq 0$ 时，电容元件在图中用数值等于 $u_C(0_+)$ 的恒压源代替。

(4) 由 $t=0_+$ 时刻的等效电路图，求出各待求响应的初始值。

例 7-1 在如图 7-2(a) 所示电路中，已知 $U_S = 10$ V，$R_1 = R_2 = 5$ Ω，$R_3 = 20$ Ω，电路原已达到稳态。在 $t=0$ 时断开开关 K，求 $t=0_+$ 时各电压、电流的初始值。

(a) 电路图   (b) $t=0_+$ 时刻的等效电路图

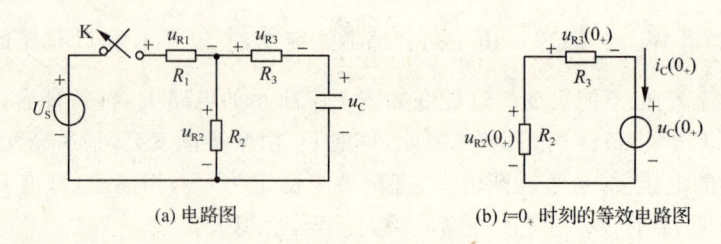

图 7-2 例 7-1 图

解 (1)确定独立初始值 $u_C(0_+)$。电路换路前已达到稳态,电容元件如同开路,故有

$$u_C(0_-)=\frac{U_S}{R_1+R_2}R_2=\frac{10}{5+5}\times 5=5\text{ V}$$

由换路定律得

$$u_C(0_+)=u_C(0_-)=5\text{ V}$$

(2)计算相关初始值。将图 7-2(a)中的电容用等效电压源 $u_C(0_+)$ 代替,则得 $t=0_+$ 时刻的等效电路图,如图 7-2(b)所示,从而可算出相关初始值,即

$$i_C(0_+)=-\frac{u_C(0_+)}{R_2+R_3}=-\frac{5}{5+20}=-0.2\text{ A}$$

$$u_{R_3}(0_+)=R_3 i_C(0_+)=20\times(-0.2)=-4\text{ V}$$

$$u_{R_2}(0_+)=-R_2 i_C(0_+)=-5\times(-0.2)=-1\text{ V}$$

例 7-2 如图 7-3(a)所示电路中,$U_S=12$ V,$R_1=4$ Ω,$R_2=8$ Ω,开关 K 闭合前电路处于稳态。$t=0$ 时开关 K 闭合,求 $i_L(0_+)$、$u_L(0_+)$。

(a) 电路图   (b) $t=0_+$ 时刻的等效电路图

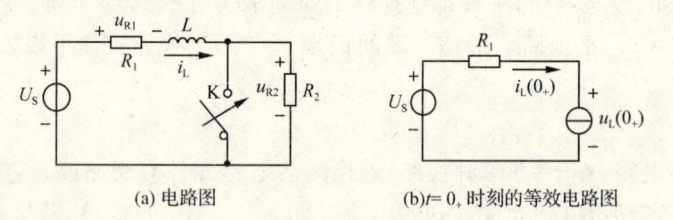

图 7-3 例 7-2 图

解 (1)确定独立初始值 $i_L(0_+)$。电路换路前已达到稳态,电感元件如同短路,故有

$$i_L(0_-)=\frac{U_S}{R_1+R_2}=\frac{12}{4+8}=1\text{ A}$$

由换路定律得

$$i_L(0_+)=i_L(0_-)=1\text{ A}$$

(2)确定 $u_L(0_+)$。将图 7-3(a)中的电感用等效电流源 $i_L(0_+)$ 代替,则得 $t=0_+$ 时刻的等效电路图,如图 7-3(b)所示,从而可算出相关初始值,即

$$u_L(0_+)=-i_L(0_+)R_1+U_S=-1\times 4+12=8\text{ V}$$

由计算结果可以看出,相关初始值可能跃变,也可能不跃变。例如,电感的电压由零跃变到 8 V,但电阻 R_1 的电压却并不跃变。

二、RC 电路的过渡过程

动态电路的激励方式有两种:一种是由电路中储能元件的初始条件来激励,称为无源激励。由于在这种情况下,电路并无独立源输入能量,即输入为零,因而电路中引起的电压或电流就称为电路的零输入响应。另一种是由独立源来激励电路而电路中所有储能元件的 $u_C(0_+)$、$i_L(0_+)$ 都为零,这种情况称为零状态。零状态电路由独立源激励引起的响应,称为零状态响应。

1. RC 电路的零输入响应

如图 7-4(a)所示,RC 放电电路,先将开关 K 置于 1 的位置,电路处于稳定状态,电容 C 已经充电到 U_S。$t=0$ 时,将开关 K 倒向 2 的位置,则已充电的电容 C 与电源脱离并开始向电阻 R 放电,如图 7-4(b)所示。因为此时已没有独立源能量输入,只靠电容中的储能在电路中产生响应,所以这种响应为零输入响应。

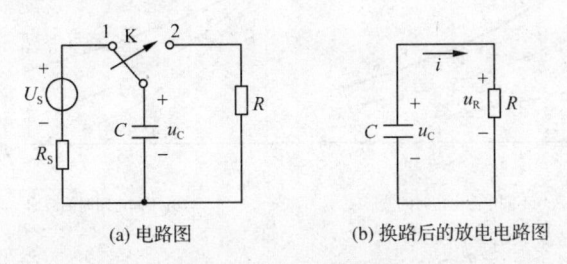

图 7-4 RC 电路的零输入响应

由换路定律可知 $u_C(0_+)=u_C(0_-)=U_S$,在所选各量的参考方向下,由 KVL 得换路后的电路方程,即

$$u_R - u_C = 0$$

元件的电压、电流关系为

$$u_R = Ri$$

$$i = -C\frac{du_C}{dt} \quad (u_C 与 i 为非关联参考方向)$$

代入 KVL 方程,得

$$RC\frac{du_C}{dt} + u_C = 0$$

求解方程,并将 $u_C(0_+)=U_S$ 代入,得

$$u_C = U_S e^{-\frac{t}{RC}} = U_S e^{-\frac{t}{\tau}} \tag{7-3}$$

其中

$$\tau = RC$$

于是有

$$i = -C\frac{du_C}{dt} = \frac{U_S}{R}e^{-\frac{t}{RC}} = \frac{U_S}{R}e^{-\frac{t}{\tau}} \tag{7-4}$$

$$u_R = u_C = U_S e^{-\frac{t}{\tau}} \tag{7-5}$$

由此可见,在 RC 放电电路中,电压 u_C、u_R 和电流 i 均由各自的初始值随时间按指数规律衰减,如图 7-5 所示,其衰减的快慢由时间常数 τ 决定。

$\tau = RC$ 称为 RC 电路的时间常数。开始放电时 $u_C = U_S$,经过一个 τ 的时间,u_C 衰减为

$$u_C = U_S e^{-1} = 0.368 U_S$$

所以,时间常数就是按指数规律衰减的量衰减到它的初始值的 36.8% 时所需的时间。

图 7-5 RC 电路零输入响应 u_C、u_R、i 的变化曲线

从理论上讲,$t=\infty$时,u_C才衰减为零,即放电要经历无限长时间才结束。实际中,可以认为 $3\tau \sim 5\tau$ 后,过渡过程即已结束。所以电路的时间常数 τ 决定了零输入响应衰减的快慢,时间常数越大,衰减越慢,放电持续时间越长。当 R 的单位取 Ω(欧姆),C 的单位取 F(法拉)时,τ 的单位为 s(秒)。

实际电路中,适当选择 R 或 C 就可以改变电路的时间常数,以控制放电的快慢。图 7-6 给出了 RC 电路在几种不同情况下,电压 u_C 随时间变化的曲线。

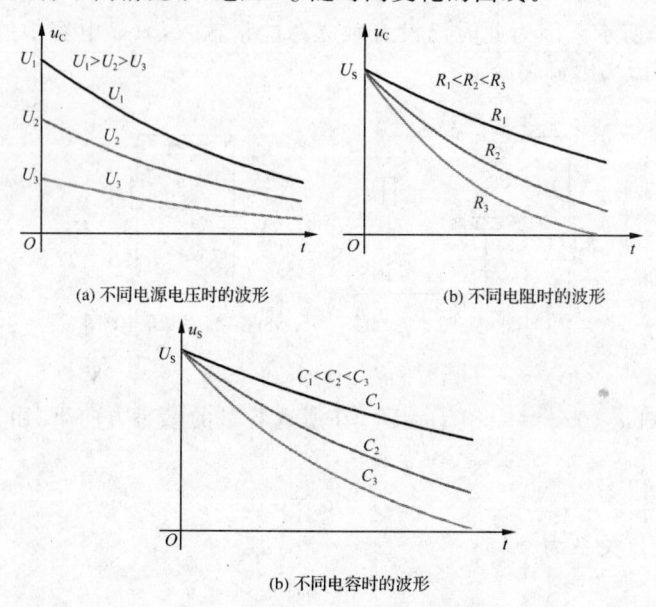

(a) 不同电源电压时的波形

(b) 不同电阻时的波形

(b) 不同电容时的波形

图 7-6 RC 放电电路

在放电过程中,电容不断放出能量,电阻则不断消耗能量,最后,原来储存在电容中的电场能量全部被电阻吸收而转换成热能。

例 7-3 如图 7-7 所示,电路由电容和电阻构成。已知 $R_1=6$ kΩ,$R_2=8$ kΩ,$R_3=3$ kΩ,$C=5$ μF,$u_C(0_-)=8$ V。$t=0$ 时开关 K 闭合,求 $t \geq 0$ 时的电容电压及电流。

(a) 电路图

(b) 换路后的等效电路图

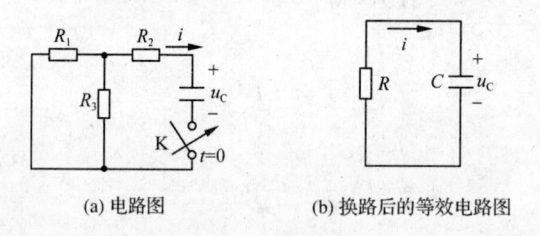

图 7-7 例 7-3 图

解 开关 K 闭合的瞬间,由换路定律,有
$$u_C(0'_+)=u_C(0_-)=8 \text{ V}$$

换路后的等效电路图如图 7-7(b) 所示,图中 R 为换路后除电容外一端口网络的等效电阻。所以

$$R=R_2+\frac{R_1 R_3}{R_1+R_3}=(8+\frac{6 \times 3}{6+3})=10 \text{ kΩ}$$

故

$$\tau=RC=10 \times 10^3 \times 5 \times 10^{-6}=0.05 \text{ s}$$

按式(7-3)，有

$$u_C = U_S e^{-\frac{t}{\tau}} = 8e^{-\frac{t}{0.05}} = 8e^{-20t} \text{ V}$$

$$i = C\frac{du_C}{dt} = -\frac{U_S}{R}e^{-\frac{t}{\tau}} = -\frac{8}{10\times10^3}e^{-\frac{t}{0.05}} = -8\times10^{-4}e^{-20t} \text{ V}$$

例 7-4 一组 $C = 40\ \mu\text{F}$ 的电容器从高压电路断开，断开时电容器电压 $U_S = 5.77\ \text{kV}$，断开后，电容器经它本身的漏电阻放电。如电容器的漏电阻 $R = 100\ \text{M}\Omega$，则断开后经过多长时间，电容器的电压衰减为 $1\ \text{kV}$？

解 电路为零输入响应，所以有

$$\tau = RC = 100\times10^6\times40\times10^{-6} = 4\ 000\ \text{s}$$

$$u_C = U_S e^{-\frac{t}{\tau}} = 5.77 e^{-\frac{t}{4\ 000}}\ \text{kV}$$

将 $u_C = 1\ \text{kV}$ 代入，得

$$t = (4\ 000\ln 5.77) = 7\ 011\ \text{s}$$

2. RC 电路的零状态响应

如图 7-8 所示 RC 充电电路，电容上原来不带电，即 $u_C(0_-) = 0$，在 $t = 0$ 时刻闭合开关 K，这就是 RC 电路的零状态响应。下面分析闭合后电路中各物理量的变化规律。

因为电容上原来不带电，所以 $u_C(0_+) = u_C(0_-) = 0$，在所选各量的参考方向下，由 KVL 得换路后的电路方程，即

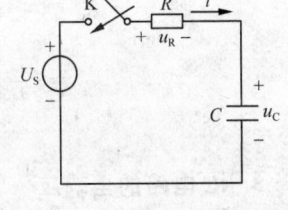

$$u_R + u_C = U_S$$

图 7-8 RC 电路的零状态响应

元件的电压、电流关系为

$$u_R = Ri$$

$$i = C\frac{du_C}{dt}$$

代入 KVL 方程，得

$$RC\frac{du_C}{dt} + u_C = U_S$$

求解方程，并将 $u_C(0_+) = 0$ 代入，得

$$u_C = U_S(1 - e^{-\frac{t}{RC}}) = U_S(1 - e^{-\frac{t}{\tau}}) \tag{7-6}$$

其中

$$\tau = RC$$

于是有

$$i = C\frac{du_C}{dt} = \frac{U_S}{R}e^{-\frac{t}{\tau}} \tag{7-7}$$

$$u_R = Ri = U_S e^{-\frac{t}{\tau}} \tag{7-8}$$

u_C、u_R、i 的变化曲线如图 7-9 所示。在充电过程中，电容电压由零开始，按指数规律随时间逐渐增长，最后趋近于恒定电压源的电压 U_S；充电电流在开始时最大，为 $\frac{U_S}{R}$，以后随时间按指数规律衰减到零。所以在图 7-1 所示的电路中，当 K 闭合以后，通过灯泡 D_2 电流从最大逐渐减小至零，致使 D_2 的亮度逐渐变小，直至最后熄灭。充电电流为正，表明充电时的电

图 7-9 RC 电路零状态响应 u_C、u_R、i 的变化曲线

流与电容电压方向一致。充电结束后,电容的电场储能为 $\frac{1}{2}CU_s^2$。

例 7-5 在如图 7-10 所示的电路中,已知 $U_s=100$ V,$R_1=100$ Ω,$R_2=400$ Ω,$C=10$ μF,开关 K 接通前 $u_C(0_-)=0$,求 K 接通后的 u_C、i、i_1、i_2。

解 R_1 与 R_2 并联,其等效电阻

$$R=\frac{R_1R_2}{R_1+R_2}=\frac{100\times 400}{100+400}=80 \text{ Ω}$$

时间常数为

$$\tau=RC=80\times 10\times 10^{-6}=8\times 10^{-4} \text{ s}$$

由式(7-6)和式(7-7)得

$$u_C=U_s(1-e^{-\frac{t}{\tau}})=100(1-e^{-\frac{10^4}{8}})=100(1-e^{-1.25\times 10^3}) \text{ V}$$

$$i=\frac{U_s}{R}e^{-\frac{t}{\tau}}=\frac{100}{80}e^{-\frac{10^4}{8}}=1.25e^{-1.25\times 10^3} \text{ A}$$

$$i_1=i\frac{R_2}{R_1+R_2}=1.25e^{-1.25\times 10^3}\times\frac{400}{100+400}=e^{-1.25\times 10^3} \text{ A}$$

$$i_2=i-i_1=0.25e^{-1.25\times 10^3} \text{ A}$$

图 7-10 例 7-5 图

3. RC 电路的全响应

在如图 7-11(a)所示电路中,如果开始时电容不带电,即 $u_R(0_-)=0$,此时电路响应为零状态响应。如果,初始条件不为零,即 $u_C(0_-)=U_0$,在 $t=0$ 时刻闭合开关 K,此时既有初始储能,同时又有激励作用,这样的电路的响应就是全响应。这是一个线性动态电路,可应用叠加定理将全响应分解为如图 7-11(b)所示零状态响应和如图 7-11(c)所示零输入响应。

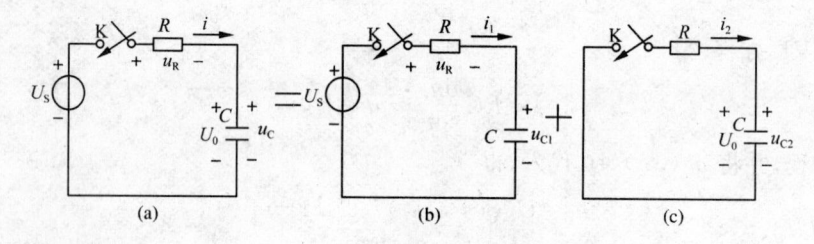

图 7-11 RC 电路的全响应

根据叠加定理,电容两端的电压 u_C 全响应可以表示为

$$u_C=u_{C1}+u_{C2}$$

其中,u_{C1} 由式(7-6)确定,u_{C2} 由式(7-3)确定,即

$$u_{C1}=U_s(1-e^{-\frac{t}{\tau}})$$

$$u_{C2}=U_0 e^{-\frac{t}{\tau}}$$

于是

$$u_C=U_s(1-e^{-\frac{t}{\tau}})+U_0 e^{-\frac{t}{\tau}} \tag{7-9}$$

同理,电流 i 的全响应表达式为

$$\frac{U_s}{R}e^{-\frac{t}{\tau}}-\frac{U_0}{R}e^{-\frac{t}{\tau}} \tag{7-10}$$

如图 7-12(a)所示为全响应 u_C 及其零输入响应 u_{C1}、零状态响应 u_{C2} 之间的关系。

式(7-9)、式(7-10)也可以写成另一种形式，即

$$u_C = U_S + (U_0 - U_S) e^{-\frac{t}{\tau}} \tag{7-11}$$

$$i = \frac{U_S - U_0}{R} e^{-\frac{t}{\tau}} \tag{7-12}$$

在式(7-11)中，U_S 为稳态分量，$(U_0 - U_S) e^{-\frac{t}{\tau}}$ 为暂态分量。于是电路的全响应又可用稳态分量与暂态分量之和来表示。如图 7-12(b)所示为 u_C 及其稳态 u_C'、暂态 u_C'' 两个分量的曲线。

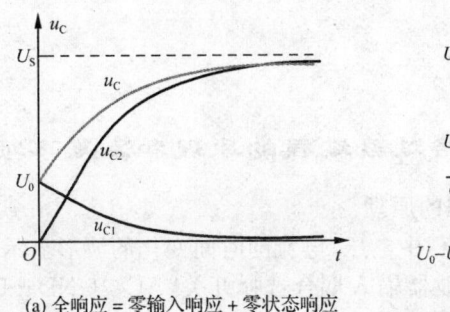

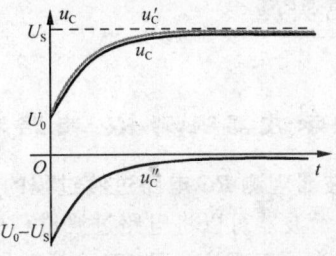

(a) 全响应 = 零输入响应 + 零状态响应　　(b) 全响应 = 稳态分量 + 暂态分量

图 7-12　全响应的两种分解

总之，电路的全响应既可分解为稳态分量与暂态分量之和，又可分解为零输入响应和零状态响应之和，即

全响应＝零输入响应＋零状态响应＝稳态分量＋暂态分量

该结论对任意线性动态电路均适用。

把全响应分解为稳态分量与暂态分量，能较明显地反映电路的工作阶段，便于分析过渡过程的特点。把全响应分解为零输入响应和零状态响应，明显反映了响应与激励的因果关系，并且便于分析计算。这两种分解的概念都是重要的。

例 7-6　在图 7-11(a)中，$U_S = 12$ V，$R = 25$ kΩ，$C = 10$ μF，$u_C(0_-) = 4$ V，$t = 0$ 时，开关 K 闭合。求：

(1) u_C 的零输入响应、零状态响应及全响应，并定性地画出它们的波形；

(2) u_C 的稳态分量、暂态分量及全响应。

解　(1) 由电路可得其时间常数为

$$\tau = RC = 25 \times 10^3 \times 10 \times 10^{-6} = 0.25 \text{ s}$$

由电容电压零输入响应公式，可得

$$u_{C1} = 4 e^{-\frac{t}{\tau}} = 4 e^{-\frac{t}{0.25}} = 4 e^{-4t} \text{ V}$$

由电容电压零状态响应公式，可得

$$u_{C2} = 12(1 - e^{-\frac{t}{\tau}}) = 12(1 - e^{-4t}) \text{ V}$$

全响应为

$$u_C = u_{C1} + u_{C2} = 4e^{-4t} + 12(1-e^{-4t}) = 12 - 8e^{-4t} \text{ V}$$

其波形图如图 7-13 所示。

(2)稳态分量

$$u'_C = 12 \text{ V}$$

暂态分量

$$u''_C = -8e^{-4t} \text{ V}$$

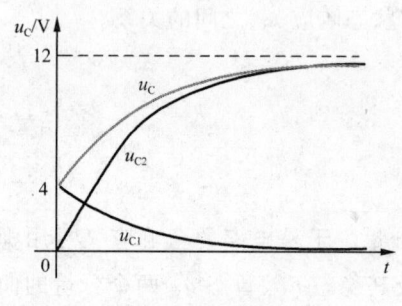

图 7-13　例 7-6 波形图

任务实施

一、双踪示波器观测 RC 电路过渡过程的原理和注意事项

1. 双踪示波器观测 RC 电路过渡过程的原理

(1)用双踪示波器可以将电路过渡过程中电压、电流随时间变化的波形显示出来。但由于过渡过程较快,为便于观察,可将双踪示波器输入耦合选择开关"AC-GND-DC"置于"DC"挡,适当调整 Y 轴衰减及扫描时间,可显示出变化缓慢的电压、电流波形来。

(2)调节 RC 电路的参数,可从双踪示波器上看到不同时间常数时波形的明显差异。

(3)当方波作为 RC 电路电源时,将对电容反复充电、放电。如果电路的时间常数远小于方波周期,可以看成是零状态响应和零输入响应的多次过程。可以用双踪示波器显示出其稳态图形。

2. 双踪示波器使用的注意事项

(1)调节电子仪器各旋钮时,动作不要过猛。实验前,尚需熟读双踪示波器使用说明,特别是观察双踪时,要特别注意那些开关、旋钮的操作与调节。

(2)测量时间常数时,尽量将一个完整周期的波形放大,以减小误差,必要时可对方波频率进行调整。当双踪示波器上观察到的波形最左侧的起始点位置不便于测量时,可通过调节双踪示波器的"触发电平"旋钮,使波形完整。

(3)信号源的接地端与双踪示波器的接地端要连在一起(称为共地),以防外界干扰而影响测量的准确性。

(4)双踪示波器的辉度不应过亮,尤其是光点长期停留在荧光屏上不动时,应将辉度调暗,以延长示波管的使用寿命。

二、观测 RC 电路的过渡过程

(1)按图 7-14 所示连接实验电路,其中 $R = 5.1 \text{ k}\Omega, C = 0.22 \text{ μF}$。输入电压接方波,用双踪示波器观察输入电压和电容电压波形。选择适当方波周期,观察完整的电容电压过渡过程,描绘记录波形。

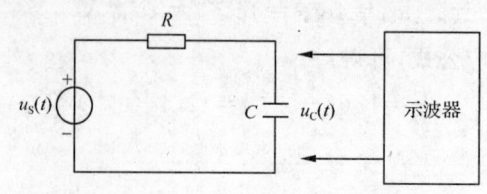

图 7-14　观测 RC 电路的过渡过程实验电路

(2)测量电路的时间常数,采用两种方法:

①直接测量动态波形下降过程中 $0.37U_{max}$ 或上升过程中 $0.63U_{max}$ 时刻与过渡开始时刻的时间差,得到时间常数。

②调整双踪示波器显示动态波形的幅度和垂直位置,让波形初始值和稳态值恰好位于刻度线上,测量波形 1/2 幅度处相对初始时刻时间差 t_1,计算

$$\tau = \frac{t_1}{\ln 2}$$

(3)观测报告要求如下:

①画出实验电路。

②写出测量一阶电路时间常数时,方波频率的确定方法。在坐标纸上用同一坐标系绘制输入、输出波形。标出输入、输出电压的幅值,并在时间轴上标出 τ 及 τ 时刻响应的瞬时值。

③对测量数据作误差分析,与理论计算值进行比较。分析误差产生原因,提出提高测量精度的措施。

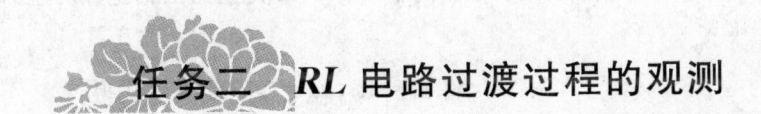

任务二 RL 电路过渡过程的观测

教学目标

知识目标:

(1)掌握 RL 电路的零输入响应、零状态响应和全响应。

(2)掌握一阶电路的三要素法。

能力目标:

(1)能够正确使用双踪示波器。

(2)能够使用双踪示波器观测 RL 电路的过渡过程。

任务描述

有一 RL 电路,要对其放电、充电情况进行观测。各小组在小组长带领下,认真分析观测电路图,正确完成电路的连接,选择适当的参数,完成 RL 电路过渡过程的观测。

任务准备

课前预习"相关知识"部分。根据 RL 电路过渡过程的观测,讨论后绘制出观测的电路图,并独立回答下列问题:

(1)RL 电路的零输入响应、零状态响应及全响应中,电压、电流各有何特点?

(2)什么是一阶电路的三要素?

(3)一阶电路三要素法的公式是什么?各代表什么含义?

(4)用一阶电路三要素法解题的方法及注意事项是什么?

相关知识

任务一讨论分析了 RC 电路的过渡过程,现在我们用同样的方法讨论分析 RL 电路的过渡过程。

一、RL 电路的零输入响应

如图 7-15 所示电路,开关 K 原来在断开位置,开关 K_1 在闭合位置,电路已处于稳态,$i(0_-)=I_0$。在 $t=0$ 时将开关 K 闭合,开关 K_1 断开,因为此时已没有独立源能量输入,只靠电感中的储能在电路中产生响应,所以这种响应为零输入响应。

由换路定律可知 $i_L(0_+)=i_L(0_-)=I_0$,在所选各量的参考方向下,由 KVL 得换路后的电路方程,即

$$u_R+u_L=0$$

将 $u_R=Ri$, $u_L=L\dfrac{di}{dt}$ 代入上式得

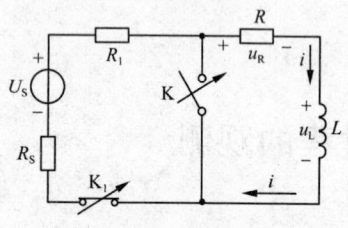

$$L\frac{di}{dt}+Ri=0$$

图 7-15 RL 电路的零输入响应

求解方程,并将 $i_L(0_+)=I_0$ 代入,得

$$i=I_0 e^{-\frac{R}{L}t}=I_0 e^{-\frac{t}{\tau}} \tag{7-13}$$

其中

$$\tau=\frac{L}{R}$$

于是有

$$u_R=iR=RI_0 e^{-\frac{t}{\tau}} \tag{7-14}$$

$$u_L=-u_R=-RI_0 e^{-\frac{t}{\tau}} \tag{7-15}$$

由此可见,电路中 u_L、u_R、i 的大小是按指数规律衰减的,如图 7-16 所示。其衰减的快慢取决时间常数 τ 的大小。RL 电路中,τ 与 L 成正比,与 R 成反比。

例 7-7 如图 7-17 所示电路,原已处于稳态。若 $U_S=200$ V,$R=20$ Ω,电压表的内阻 $R_V=10^4$ Ω,量程为 500 V,求开关 K 断开瞬间,电压表电压的初始值 $U_V(0_+)$。

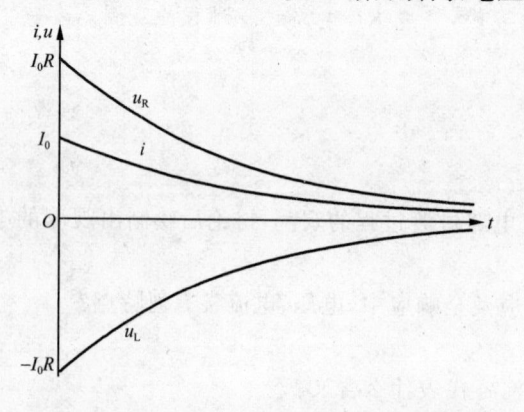

图 7-16 RL 电路零输入响应 u_R、u_L 及 i 的波形

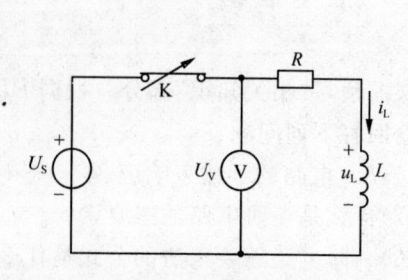

图 7-17 例 7-7 图

解 $t=0_-$ 时，开关 K 尚未断开，电路已稳定，故

$$i_L(0_-)=\frac{U_S}{R}=\frac{200}{20}=10 \text{ A}$$

由换路定律可得换路后的电流

$$i_L(0_+)=i_L(0_-)=10 \text{ A}$$

此时，R、L 与电压表串联构成回路，回路电流即 $i_L(0_+)=10$ A，于是电压表端电压

$$U_V(0_+)=R_V i_L(0_+)=10^4\times 10=10^5 \text{ V}=100 \text{ kV}$$

可见，刚断开开关时，电压表上电压远远超过电压表量程，电压表将被烧坏。

在实际中，电路往往为感性电路，在电路断开瞬间，电感电流 i_L 将在短时间内由初始值 $\frac{U_S}{R}$ 迅速变化到零，其电流变化率 $\frac{di}{dt}$ 很大，将在电感线圈两端产生很大的自感电动势 e_L，常为电感电压 u_L 的几倍。这个高电压加在电路中，将会在开关触点处产生弧光放电，使电感线圈间的绝缘击穿并损坏开关触点。为了防止换路时电感线圈出现高压，人们常在其两端并联一个二极管，如图 7-18 所示。在开关闭合时，二极管不导通，原电路仍正常工作；在开关断开时，二极管为自感电动势 e_L 提供了放电回路，使电感电流按指数规律衰减到零，避免了高电压的产生。这种二极管称为续流二极管。继电器的线圈两端就常并联续流二极管，以保护继电器。

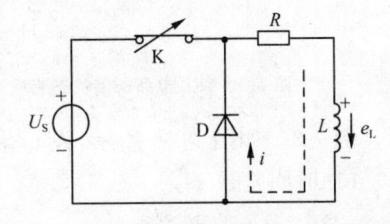

图 7-18 在电感线圈两端并联一个二极管

二、RL 电路的零状态响应

如图 7-19 所示的电路，电感中无初始电流，在 $t=0$ 时，变化开关 K。因为没有初始储能，所以，此响应为零状态响应。

由换路定律可知 $i_L(0_+)=i_L(0_-)=0$，在所选各量的参考方向下，由 KVL 得换路后的电路方程，即

$$u_R+u_C=0$$

将 $u_R=Ri$、$u_C=L\frac{di}{dt}$ 代入上式得

$$L\frac{di}{dt}+Ri=U_S$$

求解方程，并将 $i_L(0_+)=0$ 代入，得

$$i=\frac{U_S}{R}(1-e^{-\frac{R}{L}t})=\frac{U_S}{R}(1-e^{-\frac{t}{\tau}}) \tag{7-16}$$

其中

$$\tau=\frac{L}{R}$$

于是有

$$u_R=iR=U_S(1-e^{-\frac{t}{\tau}}) \tag{7-17}$$

$$u_L=L\frac{di}{dt}=U_S e^{-\frac{t}{\tau}} \tag{7-18}$$

由此可见，电路中 u_L、u_R、i 的大小是按指数规律变化的，如图 7-20 所示。

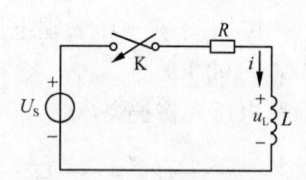

图 7-19　RL 电路的零状态响应 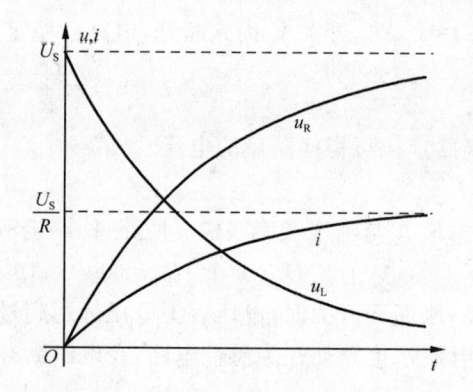　　　　图 7-20　RL 电路零状态响应 u_L、u_R、i 的波形

例 7-8　如图 7-19 所示,设 $U_S=10$ V,$R=2$ Ω,$L=4$ mH,求:

(1)时间常数 τ;

(2)u_L 及 i 的表达式;

(3)求开关 K 闭合 10 ms 后电流 i 的数值。

解　(1)时间常数为

$$\tau=\frac{L}{R}=\frac{4\times10^{-3}}{2}=2\times10^{-3} \text{ s}$$

(2)由式(7-18)得

$$u_L=U_S e^{-\frac{t}{\tau}}=10e^{-\frac{t}{2\times10^{-3}}}=10e^{-5\times10^2 t} \text{ V}$$

由式(7-16)得

$$i=\frac{U_S}{R}(1-e^{-\frac{t}{\tau}})=\frac{10}{2}(1-e^{-\frac{t}{2\times10^{-3}}})=5(1-e^{-5\times10^2 t}) \text{ A}$$

(3)开关 K 闭合 10 ms 后,电流的数值为

$$i=5(1-e^{-5\times10^2\times10\times10^{-3}})=5(1-e^{-5})=4.966 \text{ A}$$

不难看出,RL 充电电路在经历了 5τ 后,电流已接近稳态值 5 A。

三、一阶电路的三要素法

可以用一阶微分方程描述的电路称为一阶电路。仅含有一个储能元件(或经化简后只含一个储能元件)的电路列出的微分方程都是一阶的,所以为一阶电路。

我们已经知道,一阶电路的全响应可以表示为稳态分量与暂态分量之和的形式,观察 RC 电路全响应 u_C 的表达式

$$u_C=U_S+(U_0-U_S)e^{-\frac{t}{\tau}}$$

不难发现式中只要将稳态值 U_S、初始值 U_0 和时间常数 τ 确定下来,u_C 的全响应也就随之确定。如果列出 u_R、i 和 u_L 等的表达式,同样可以发现这个规律。可见初始值、稳态值和时间常数,是分析一阶电路的三个要素,称为一阶电路的三要素。根据这三个要素确定一阶电路全响应的方法,就称为三要素法。

因为一阶非齐次微分方程的解由特解和对应的齐次微分方程的通解组成,特解为换路后的稳态值,通解为一指数函数,所以一阶电路的响应

$$f(t)=f'(t)+f''(t)=f'(t)+Ae^{-\frac{t}{\tau}}$$

常数 A 由初始值确定：由 $f(0_+) = f'(0_+) + A$ 得 $A = f(0_+) - f'(0_+)$。因此，一阶电路响应的一般表达式为

$$f(t) = f'(t) + [f(0_+) - f'(0_+)]e^{-\frac{t}{\tau}} \quad (7\text{-}19)$$

只要求出稳态分量 $f'(t)$、初始值 $f(0_+)$ 和时间常数 τ 这三个要素，代入式(7-19)便可得到一阶电路的响应。

在直流电源作用下，稳态分量 $f'(t)$ 和稳态分量的初始值 $f'(0_+)$ 是相同的，即 $f'(t) = f'(0_+) = f(\infty)$。式(7-19)可写成

$$f(t) = f(\infty) + [f(0_+) - f(\infty)]e^{-\frac{t}{\tau}} \quad (7\text{-}20)$$

注意：
① 三要素法仅适用于一阶线性电路；
② 一阶电路的任何响应都具有式(7-19)的形式；
③ 在同一个一阶电路中的各响应具有相同的时间常数。

三要素法解题的一般步骤：
(1) 画出换路前 ($t=0_-$) 的等效电路。求出电容电压 $u_C(0_-)$ 或电感电流 $i_L(0_-)$。
(2) 根据换路定律 $u_C(0_+) = u_C(0_-)$，$i_L(0_+) = i_L(0_-)$，画出换路瞬间 $t=0_+$ 时的等效电路，求出响应电流或电压的初始值。
(3) 画出 $t=\infty$ 时的稳态等效电路（直流稳态时电容相当于开路，电感相当于短路），求出稳态时电流或电压的值。
(4) 求出电路的时间常数 τ。$\tau = RC$ 或 $\tau = \dfrac{L}{R}$，其中 R 值是换路后断开储能元件 C 或 L，由储能元件两端看进去，用戴维宁等效电路求得的等效内阻。
(5) 根据以上所求各要素，代入三要素公式，即可得响应电压或电流的动态过程表达式。

例 7-9 如图 7-21 所示，已知 $I_S = 1$ A，$R_1 = 2\ \Omega$，$R_2 = 1\ \Omega$，$C = 300\ \mu\text{F}$，$t<0$ 时，开关断开已久，在 $t=0$ 时开关闭合，求 $u(t)$。

解 换路前开关 K 断开，$u(0_-) = 1 \times 2 = 2$ V，由换路定律得

$$u(0_+) = u(0_-) = 2\text{ V}$$

换路后电压的稳态分量为

$$u(\infty) = 1 \times \frac{2 \times 1}{2+1} = \frac{2}{3}\text{ V}$$

图 7-21 例 7-9 图

时间常数为

$$R = \frac{R_1 R_2}{R_1 + R_2} = \frac{2 \times 1}{2+1} = \frac{2}{3}\ \Omega$$

$$\tau = RC = \frac{2}{3} \times 300 \times 10^{-6} = 2 \times 10^{-4}\text{ s}$$

由式(7-20)求 $u(t)$ 的全响应，得

$$u = u(\infty) + [u(0_+) - u(\infty)]e^{-\frac{t}{\tau}} = \frac{2}{3} + \left(2 - \frac{2}{3}\right)e^{-\frac{t}{2 \times 10^{-4}}} = \frac{2}{3} + \frac{4}{3}e^{-5 \times 10^3 t}\text{ V}$$

例 7-10 在如图 7-22(a) 所示电路中，$t=0$ 时开关由 1 投向 2，设换路前电路已处于稳态，求电流 i 和 i_L。

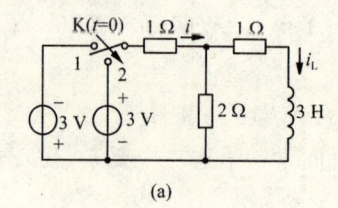

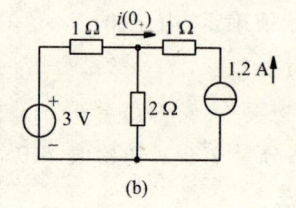

图 7-22 例 7-10 图

解 初始值
$$i_L(0_-) = -\frac{3}{1+\frac{1\times 2}{1+2}} \times \frac{2}{1+2} = -1.2 \text{ A}$$

$$i_L(0_+) = i_L(0_-) = -1.2 \text{ A}$$

换路后瞬间($t=0_+$)的等效电路如图 7-22(b)所示,其左边网孔 KVL 方程为
$$3 = 1\times i(0_+) + 2\times[i(0_+) + 1.2]$$

解方程得
$$i(0_+) = 0.2 \text{ A}$$

稳态值
$$i_L(\infty) = \frac{3}{1+\frac{1\times 2}{1+2}} \times \frac{2}{2+1} = 1.2 \text{ A}$$

$$i(\infty) = \frac{3}{1+\frac{1\times 2}{1+2}} = 1.8 \text{ A}$$

时间常数
$$\tau = \frac{L}{R} = \frac{3}{1+\frac{1\times 2}{1+2}} = 1.8 \text{ s}$$

由式(7-20)求 $i(t)$ 的全响应,得
$$i_L(t) = i_L(\infty) + [i_L(0_+) - i_L(\infty)]e^{-\frac{t}{\tau}}$$
$$= 1.2 + (-1.2-1.2)e^{-\frac{t}{\tau}} = 1.2 - 2.4e^{-0.56t} \text{ A}(t \geq 0)$$

$$i(t) = i(\infty) + [i(0_+) - i(\infty)]e^{-\frac{t}{\tau}} = 1.8 + (0.2-1.8)e^{-\frac{t}{\tau}} = 1.8 - 1.6e^{-0.56t} \text{ A}(t \geq 0)$$

任务实施

一、研究 RL 电路的零状态响应与零输入响应

(1)以小组为单位,讨论观测 RL 电路过渡过程的方案。教师对方案进行指导。
(2)按设计的实验电路图接线,经教师检查后方可合上电源。
(3)用双踪示波器测出 u_L、u_R 的波形,在坐标纸上描绘出 u_L、u_R 的波形。

二、时间常数 τ 的求取

(1)计算时间常数 $\tau = \frac{L}{R}$。

(2)用作图法求时间常数。

三、研究参数 R 或 L 对过渡过程的影响

(1)增大电阻,观察电压 u_L 波形的变化,记录观察到的现象。
(2)减小电阻,观察电压 u_L 波形的变化,记录观察到的现象。
(3)根据所观察到的现象,进行分析、总结。

学习情境总结

电路的过渡过程有其特殊的性质和规律。利用这些性质和规律可以制成各种控制电器和保护装置,在自动控制、测量、调节、接收系统和计算机系统中的许多电路始终工作在过渡过程中。因此,研究电路的过渡过程,用其利而避其害,具有重要的实际意义。本学习情境包括 RC 电路过渡过程的观测和 RL 电路过渡过程的观测两个工作任务。

通过本学习情境的学习,同学们能够正确运用动态电路的基本知识分析计算简单的一阶电路,并观测电路的过渡过程。本学习情境主要的相关知识有:

(1)当电路中响应都是恒定量或周期量时为稳态,否则为暂态;由一个稳态过渡到另一个稳态之间的这一暂态称为过渡过程。

(2)若电路中无冲击作用,则换路后一瞬间电容元件两端的电压应等于换路前一瞬间电容元件两端的电压,而换路后一瞬间电感元件上的电流应等于换路前一瞬间电感元件上的电流,这个规律称为换路定律。其表达式为

$$u_C(0_+) = u_C(0_-), \quad i_L(0_+) = i_L(0_-)$$

(3)求解微分方程必须先求出其初始条件,利用换路定律求出电路初始条件的方法(即初始值的运算)需要牢固掌握。

(4)一阶电路:可以用一阶微分方程描述的电路称为一阶电路,包括 RC 和 RL 两类电路。其中 C 和 L 称为储能元件或动态元件。

零输入响应:仅由储能元件初始值储能引起的响应。
零状态响应:仅由外施激励引起的响应。
一阶电路的全响应:初始储能及外施激励共同产生的响应。

$$全响应 = 零输入响应 + 零状态响应 = 稳态分量 + 暂态分量$$

(5)初始值、稳态值和时间常数,是分析一阶电路的三个要素,称为一阶电路的三要素。

习 题

一、填空题

7.1.1 含有储能元件的电路,称为_____电路。
7.1.2 _____是指从一种_____态过渡到另一种_____态所经历的过程。

7.1.3　换路定律指出：在电路发生换路后的一瞬间，_____元件上通过的电流和_____元件上的端电压，都应保持换路前一瞬间的原有值不变。

7.1.4　把电路中支路的_____和_____、元件参数的改变等，称为换路。

7.1.5　只含有一个_____的电路，称为一阶电路。

7.1.6　外加激励为零，仅由动态元件的初始储能引起的电流或电压，称为_____响应。

7.1.7　一阶电路的零输入响应分为_____和_____两种电路。

7.1.8　在 RC 零输入电路里，电流 i 由初始值随时间按_____规律衰减。

7.1.9　若初始状态增大 α 倍，则零输入响应相应_____α 倍。

7.1.10　RC 电路的零输入响应是由电容的_____和_____所决定。

7.1.11　一个零初始状态的电路，在换路后只受电源（激励）的作用而产生的电流或电压（响应），称为_____。

7.1.12　零状态响应时，$i_L(0_+)=$_____。

7.1.13　RC 串联电路充电过程的快慢由 RC 控制，RC 的值越大，充电过程_____。

7.1.14　在一阶电路的零状态响应方程中，其一个特解与外施激励有关，称为强制分量，当激励为直流量时，称为_____。

7.1.15　外施激励增大 k 倍，则其零状态响应增大_____。

7.1.16　当电路中既有外加激励的作用，又存在非零的初始储能时，所引起的响应称为_____。

7.1.17　一阶电路的全响应可以分解为_____响应和_____响应。

7.1.18　一阶电路的全响应又可用_____分量和_____分量之和来表示。

7.1.19　在直流电路里，电路稳定时电容相当于_____。

7.1.20　一阶电路的三要素是指_____、_____、_____。

7.1.21　在直流电路里，电路稳定时电感相当于_____。

7.1.22　在 RC 电路中，$\tau=$_____；在 RL 电路中，$\tau=$_____。

7.1.23　三要素法只适用于_____电路。

7.1.24　三要素公式为_____。

二、单项选择题

7.3.1　在换路瞬间，下列说法中正确的是_____。
A. 电感电流不能跃变　　B. 电感电压必然跃变　　C. 电容电流必然跃变

7.3.2　暂态过程产生的原因是因为电路_____。
A. 发生换路　　　　　B. 有储能元件　　　　C. 既要发生换路还必须有储能元件

7.3.3　一阶电路是指_____。
A. 不含储能元件的电路
B. 经简化后只含一个储能元件的电路
C. 经简化后含任意个储能元件的电路

7.3.4　计算初始值时_____。
A. 先求独立初始值　　B. 先求相关初始值　　C. 以上都不正确

7.3.5　在绘制 $t=0_+$ 时刻的等效电路时，若 $u_C(0_+)=0$ 或 $i_L(0_+)=0$，则_____。
A. 应将电容视为开路　　B. 应将电容视为短路　　C. 应将电感视为短路

7.3.6 一阶电路的零输入响应_____。
A.外施激励不为零　　　B.初始储能为零　　　C.初始储能不为零

7.3.7 下述电路中属于一阶电路零输入响应的是_____。
A.RC放电电路　　　B.RC充电电路　　　C.RL充电电路

7.3.8 在RL电路零输入响应中,u_R、i的变化为_____。
A.都按指数规律增大　　B.都按指数规律衰减　　C.u_R增大,i衰减

7.3.9 RL电路的零输入响应_____。
A.仅由电感的初始电流I_0决定　　　B.仅由电路的时间常数τ决定
C.由电感的初始电流I_0及电路的时间常数τ共同决定

7.3.10 实际电路中,常在继电器的线圈两端并联续流二极管,是为了_____。
A.防止换路时电感线圈出现高电压
B.防止换路时电感线圈出现大电流
C.增大换路时电感线圈两端的电流

7.3.11 一阶电路的零状态响应_____。
A.仅有RC电路　　　B.仅有RL电路　　　C.包括RC和RL两类电路

7.3.12 对未带电量的电容进行充电的RC电路中,当其电压为$0.632U_{max}$时,经过的时间为_____。
A.τ　　　　　　　B.2τ　　　　　　　C.3τ

7.3.13 因为电路中有电阻,所以在充电时,不论电阻、电容量值如何,充电效率皆为_____。
A.30%　　　　　　　B.50%　　　　　　　C.80%

7.3.14 RL电路的零状态响应中电感电流的变化是_____。
A.电流由初始值随时间呈指数增长,最后趋于稳态值
B.电流由初始值随时间呈线性增长,最后趋于稳态值
C.电流由初始值随时间呈线性增长

7.3.15 在RC电路中,电容原来不带电,现对其进行充电,其电流在_____时为最大。
A.$t=0$　　　　　　　B.$t=\tau$　　　　　　C.$t=5\tau$

7.3.16 在一阶电路中以下为全响应的是_____。
A.电感元件$i_L(0_+)=0$
B.RC放电电路
C.$u_C(0_+)=2\text{ V},U_S=10\text{ V}$的$RC$串联闭合电路

7.3.17 RC串联电路中,已知$R=10\text{ k}\Omega,C=3\text{ }\mu\text{F}$,则其时间常数$\tau$为_____ms。
A.10　　　　　　　　B.30　　　　　　　　C.60

7.3.18 电路的全响应,可以分解为_____。
A.零输入响应和稳态响应之和
B.暂态响应和稳态响应之和
C.零状态响应和稳态响应之和

7.3.19 如果电路中存在储能元件,对电路进行换路,下列说法中正确的是_____。
A.电路一定发生过渡过程
B.电路一定不发生过渡过程
C.如果换路前后,储能元件储存的能量不变,将不发生过渡过程

7.3.20 在过渡过程中,下列说法中正确的是_____。
A. u_L 只有暂态分量　　B. u_L 只有稳态分量　　C. u_L 既有暂态分量又有稳态分量

7.3.21 三要素法可以_____。
A. 求任何电路的稳态值
B. 求任何电路中的电压、电流
C. 只能求一阶电路的电压、电流响应

7.3.22 三要素法能计算一阶电路的_____。
A. 零输入响应　　　　　B. 全响应　　　　　　C. 任何响应

7.3.23 在 RL 电路中,$\tau=L/R$,此处的 R 是指_____。
A. 与 L 串联的一个电阻
B. 与 R 并联的一个电阻
C. 是除去 L 后得到的线性有源二端网络的等效电阻

7.3.24 时间常数 τ 反映的是_____。
A. 过渡过程持续时间的长短
B. 换路前稳定状态保持的时间
C. 换路后稳定状态保持的时间

7.3.25 求 $f(\infty)$ 时,画出其稳态电路,这时_____。
A. 电感做开路处理　　　B. 电容做短路处理　　　C. 以上都不正确

三、判断题

7.2.1 换路定律指出:电容两端的电压是不能发生跃变的,只能连续变化。　　(　　)
7.2.2 一阶电路的全响应等于其稳态分量和暂态分量之和。　　(　　)
7.2.3 一阶电路中所有的初始值都要根据换路定律进行求解。　　(　　)
7.2.4 RL 一阶电路的零状态响应中,u_L 按指数规律上升,i_L 按指数规律衰减。　　(　　)
7.2.5 RC 一阶电路的零状态响应中,u_C 按指数规律上升,i_C 按指数规律衰减。　　(　　)

四、计算题

7.4.1 如图 7-23 所示电路中,$U_S=2$ V,$R_2=1$ Ω。开关 K 合上前电容电压为 0。求电容电流的初始值。

7.4.2 如图 7-24 所示电路中,$U_S=12$ V,$R_1=4$ Ω,$R_2=8$ Ω。电路原先已达稳态,求 $i_L(0_+)$。

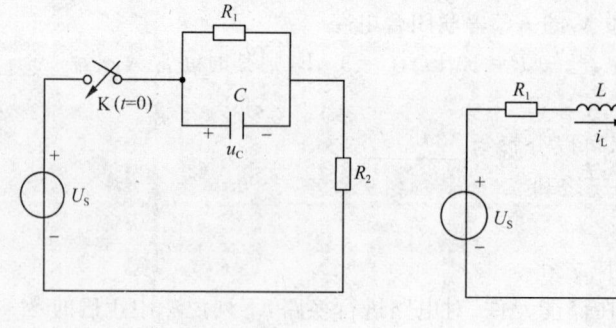

图 7-23 习题 7.4.1 图　　图 7-24 习题 7.4.2 图

7.4.3 如图 7-25 所示电路中,直流电压源的电压 $U_S=24$ V,$R_1=R_2=6$ Ω,$R_3=12$ Ω。电路原先已达稳态,在 $t=0$ 时合上开关 K。求 $u_C(0_+)$、$i_L(0_+)$、$i_2(0_+)$、$i_K(0_+)$、$i_C(0_+)$、$u_L(0_+)$。

7.4.4 如图 7-26 所示电路中，$U_S=12$ V，$R_1=4\ \Omega$，$R_2=8\ \Omega$，开关 K 打开前电路处于稳态。$t=0$ 时，开关 K 打开，求 $i_L(0_+)$ 及 $u_L(0_+)$。

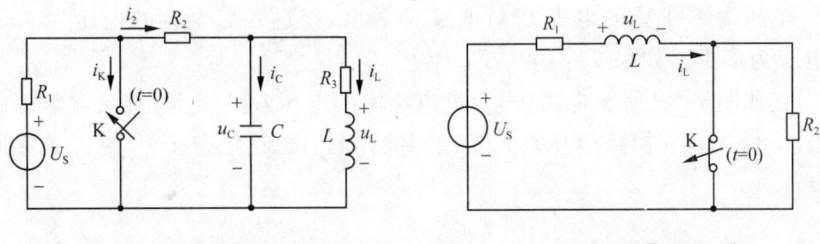

图 7-25 习题 7.4.3 图

图 7-26 习题 7.4.4 图

7.4.5 $C=2\ \mu F$，$u_C(0_-)=100$ V 的电容经 $R=10$ kΩ 的电阻放电。求：
(1) 放电电流的最大值；
(2) 经过 20 ms 时的电容电压和电流。

7.4.6 一个储能的电感线圈被短接后，经过 1 s 电感电路衰减到初始值的 36.8%。如果用 10 Ω 电阻串联短接，则经过 0.5 s 电感电流才衰减到初始值的 36.8%。求线圈的电阻 R 和电感 L。

7.4.7 如图 7-27 所示为一发电机的励磁线圈 $R=2\ \Omega$，$L=0.1$ mH，接于 12 V 直流电源稳定运行。现要断开电源，要求线圈两端出现不超过 10 倍的工作电压，则应接入灭磁电阻 R_f 的数值是多少？

7.4.8 如图 7-28 所示，$U_S=12$ V，$R=25$ kΩ，$C=10\ \mu F$，$u_C(0_-)=5$ V，$t=0$ 时开关 K 闭合。求：
(1) u_C 的稳态分量、暂态分量及全响应；
(2) u_C 的零输入响应、零状态响应及全响应，并定性地画出它们的波形。

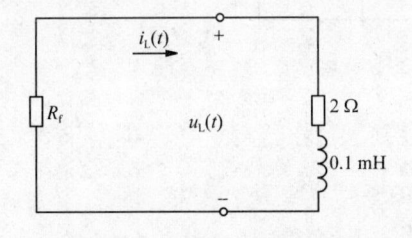

图 7-27 习题 7.4.7 图

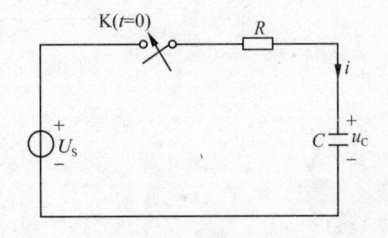

图 7-28 习题 7.4.8 图

7.4.9 求如图 7-29 所示电路换路后的时间常数。

7.4.10 在如图 7-30 所示电路中，若 $u_C(0_+)=5$ V，$u_S=20$ V，$R_1=100\ \Omega$，$R_2=300\ \Omega$，$R_3=25\ \Omega$，$C=0.05$ F，开关 K 闭合前电路处于稳态，$t=0$ 时开关 K 闭合，用三要素法求 $u_C(t)$、$i_1(t)$。

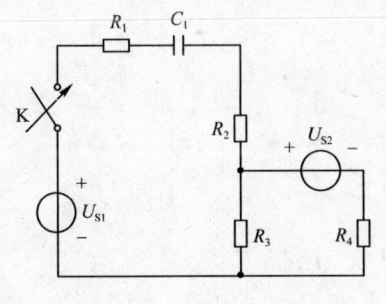

图 7-29 习题 7.4.9 图

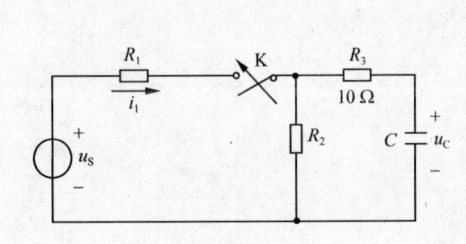

图 7-30 习题 7.4.10 图

7.4.11 如图 7-31 所示电路已达稳定，$t=0$ 时断开开关 K，用三要素法求电流源的电压 $u(t)$。

7.4.12 电压为 100 V 的电容 C 对电阻 R 放电，经过 5 s，电容的电压为 40 V。再经过 5 s，电容的电压为多少？如果 $C=100$ μF，R 为多少？

7.4.13 在如图 7-32 所示电路中，直流电压源的电压 $U_S=8$ V，直流电流源的电流 $I_S=2$ A，$R=2$ Ω，$L=4$ H。在换路前开关 K 接通到位置 1，且已达稳态；$t=0$ 时将 K 接通到位置 2。求 $i(t)$ 和 $u(t)$。

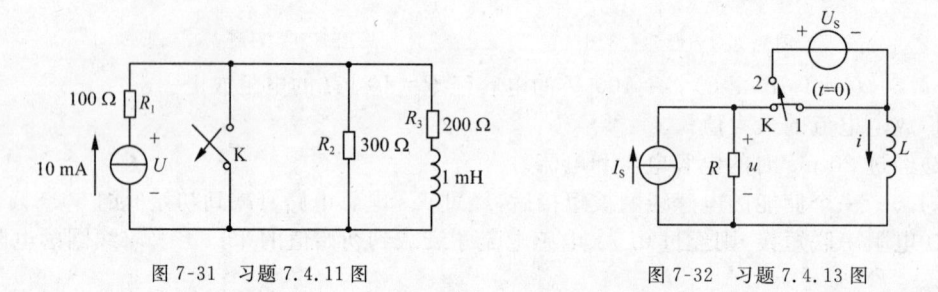

图 7-31 习题 7.4.11 图   图 7-32 习题 7.4.13 图

7.4.14 如图 7-33 所示电路，$t=0$ 时刻开关 K 闭合，换路前电路处于稳态。求 $t \geqslant 0$ 时 $u_c(t)$、$u(t)$、$i(t)$ 和 $i_1(t)$、$i_C(t)$。

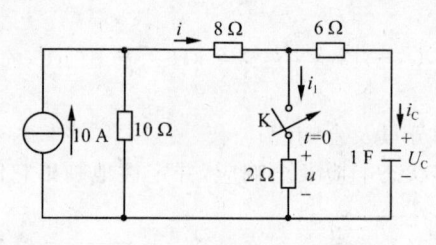

图 7-33 习题 7.4.14 图

学习情境八

电磁电路的测试

任务书

任务总述

实验室有一批旧的互感线圈,铭牌不清楚或已经丢失,请根据要求确定并检测互感线圈,并选择两种同名端判别方法,对互感线圈的同名端进行判别。

对本学习情境的实施,要求根据引导文8进行。同时,进行以下基本技能的过程考核:

(1) 画出同名端判别电路的电路图。
(2) 熟悉万用表,交、直流电压表的使用方法。
(3) 正确连接观测电路图。
(4) 在规定的时间内对互感线圈的同名端进行判别。

已具备资料

(1) 电磁电路的测试自学资料:学生手册、引导文。
(2) 电磁电路的测试教学资料:多媒体课件、教学视频。
(3) 电磁电路的测试复习(考查)资料:习题。

工作单

相关任务描述	(1) 判别互感线圈的同名端 (2) 认知交流铁芯线圈的特点
相关学习资料的准备	电磁电路的测试自学资料、教学资料
学生课后作业的布置	电磁电路的测试习题
对学生的考核方法	过程考核 作业检查 PPT 汇报
采用的主要教学方法	多媒体、实验实训教学手段 情景启发式、任务驱动式、自主探究式、协作学习式等教学方法
教学及实验实训场所	电工测量一体化多媒体教室
教学及实验实训设备	直流电源、交流电源、直流电压表、直流毫安表、万用表、交流电流表、交流电压表、单相调压器、互感线圈
教学日期	
备 注	

引导文

引导文 8	电磁电路的测试引导文	姓　名		页数：

一、任务描述

　　实验室有一批旧的互感线圈，铭牌不清楚或已经丢失，请根据要求确定并检测互感线圈，并选择两种同名端判别方法，对互感线圈的同名端进行判别。

二、任务资讯

　　(1)观察生活、生产中常见的互感线圈，了解其作用。
　　(2)何为互感器的一、二次侧？
　　(3)何为同名端？

三、任务计划

　　(1)请分别画出用直流法、交流法判别变压器绕组极性的电路原理图。
　　(2)选择相关仪器、仪表，制订设备清单。
　　(3)制作任务实施情况检查单，包括小组各成员的任务分工、任务准备、任务完成、任务检查情况的记录，以及任务执行过程中出现的困难和应急情况的处理等。(单独制作)

四、任务决策

　　(1)分小组讨论，分析阐述各自计划并确定互感器极性判别方案。
　　(2)每组选派一位成员阐述本组互感器极性判别方案。
　　(3)经教师指导，确定最终的互感器判别、实施方案。

五、任务实施

　　(1)你认为此次实训过程是否成功？在技能训练方面还需注意哪些问题？
　　(2)任务完成过程中如何减少材料浪费和节约人工？提出你的建议。
　　(3)对整个任务的完成情况进行记录。

六、任务检查

　　(1)学生填写检查单。
　　(2)教师填写评价表。
　　(3)学生提交实训心得。

七、任务评价

　　(1)小组讨论，自我评述完成情况及发生的问题，小组共同给出处理和提高方案。
　　(2)小组准备汇报材料，每组选派一位成员进行汇报。
　　(3)教师对方案评价说明。

学习资料

学习情境描述

了解互感现象,掌握判别互感线圈同名端的方法,了解磁路中磁感应强度、磁通等基本概念,理解磁路的基尔霍夫定律等基本定律,掌握铁芯线圈的特点。

教学环境

整个教学在电工测量一体化多媒体教室中进行,教室内应有学习讨论区、操作区,并必须配置多媒体教学设备,同时提供任务中涉及的所有仪器仪表和所有被测对象。

任务一 同名端的判别

教学目标

知识目标:
(1)了解磁感应强度、磁通、磁场强度和磁导率等磁场物理量的定义。
(2)了解铁磁物质的磁化及磁滞回线、基本磁化曲线。
(3)理解互感电压、同名端的概念。
(4)掌握互感线圈同名端的判别方法。

能力目标:
(1)能够使用万用表、直流电压表、交流电压表。
(2)能够熟悉互感线圈的基本结构和原理。
(3)能够判别互感线圈的好坏。
(4)能够判别互感线圈的同名端。

任务描述

实验室有一批旧的互感线圈，铭牌不清楚或已经丢失，请根据要求确定并检测互感线圈，并选择两种同名端判别方法，对互感线圈的同名端进行判别。

任务准备

课前预习"相关知识"部分。根据同名端的判别，讨论后绘制出判别的电路图，并独立回答下列问题：

(1) 什么是磁感应强度、磁通、磁场强度和磁导率？它们的相互关系是什么？
(2) 什么是磁化曲线、磁滞回线和基本磁化曲线？
(3) 什么是线圈的自感电压？什么是互感电压？
(4) 什么是同名端？
(5) 判别同名端有几种方法？怎样判别？

相关知识

一、磁场的基本物理量

电流的周围空间存在着一种特殊形态的物质，其特点是对运动的电荷有作用力，我们称在此空间存在着磁场。磁场具有方向性。在磁场中某处放置一个小磁针，可发现此磁针将受磁场力的作用而取一定方向，规定磁针的 N 极所指方向为该处的磁场方向。磁路即磁通的径，而它实质上就是局限在一定路径内的磁场。常见的磁路如图 8-1 所示。

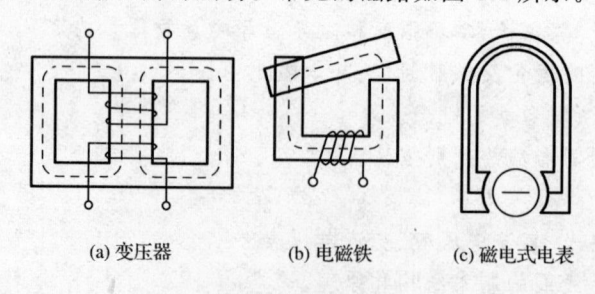

(a) 变压器　　(b) 电磁铁　　(c) 磁电式电表

图 8-1　常见的磁路

磁路中的磁通由励磁线圈中的励磁电流或永久磁铁产生，经过铁芯或空气隙等通路而闭合。磁路中可以有空气隙，如图 8-1(b)、图 8-1(c) 所示；也可以没有空气隙，如图 8-1(a) 所示。磁路的一些物理量也是由磁场中的物理量和规律引出来的，为了分析计算磁路，先对磁场的基本物理量和基本性质做简要的介绍。

1. 磁感应强度和磁通

(1) 磁感应强度 **B**

磁感应强度是磁场的基本物理量,它是一个矢量,用 **B** 表示。其方向可用小磁针 N 极在磁场中某点 P 的指向确定,即磁场的方向。在磁场中一点放一段长度为 Δl、电流为 I 并与磁场方向垂直的导体,如导体所受电磁力为 ΔF,则该点磁感应强度的量值为

$$B = \frac{\Delta F}{I \Delta l} \tag{8-1}$$

磁感应强度 B 的 SI 单位为特斯拉,符号为 T。

在磁场的同一位置,这个比值总是一个恒量。在磁场的不同地方,这个比值可以有不同的数值。比值越大,表示该处的磁场越强;反之,表示该处的磁场越弱。

一般永久磁铁的磁感应强度为 0.2~0.7 T,电机和变压器铁芯的磁感应强度为 0.8~1.5 T,地球磁场的磁感应强度仅为约 5×10^{-5} T。

(2) 磁感应线

在磁场中,当各点磁场的强弱或方向不同时,各点的磁感应强度 **B** 也是不同的。为了更好、更形象地描述空间的磁场分布,引入磁感应线的概念。磁感应线是一簇曲线,曲线上的每一点的切线方向,就是该点的磁感应强度 **B** 的方向。

磁感应线虽是为分析方便而人为假设的曲线,但却很有用处。它不但可以用其方向形象地表示出空间各点磁感应强度 **B** 的方向,而且还可以用其在空间分布的疏密程度来表示空间各点磁感应强度的大小。磁感应强度大的地方磁感线应密;小的地方磁感线应疏。

(3) 磁通量 Φ

磁感应强度的通量称为磁通(量),用符号 Φ 表示。我们规定通过任一点上垂直于该点 **B** 的单位面积上的磁感应线的条数,等于该点上 **B** 的量值(严格的定义要用 $d\Phi$ 与 dS 的比值)。磁通是个代数量,有其参考方向,如果某平面 S 上的磁感应强度 **B** 是均匀的,方向与 S 面垂直且与 Φ 的参考方向一致,则通过 S 面的磁通为

$$\Phi = BS$$

而 **B** 的量值又可表示为

$$B = \frac{\Phi}{S} \tag{8-2}$$

所以磁感应强度又可称为磁通密度。磁通 Φ 的 SI 单位为韦伯,符号为 Wb。

2. 磁场强度和磁导率

(1) 磁场强度 **H**

在外磁场(如载流螺管线圈的磁场)作用下,物质会被磁化而产生附加磁场。不同物质的附加磁场不同,这给分析带来了复杂性。

为了分析磁场和电流的依存关系,在物理学中引入磁场强度 **H**,它是一个矢量。在密绕线圈的环状芯子中,磁场强度只与线圈中通过的电流量值有关,而与线圈芯子的材料无关。但芯子内的磁感应强度值则随芯子物质被磁化能力的不同而有差异。

磁场强度 **H** 的 SI 单位为安培每米,符号为 A/m。

(2) 磁导率 μ

为了衡量物质的磁性质,将物质中某点的磁感应强度与磁场强度的比值定义为物质的磁导率 μ,即

$$\mu = \frac{B}{H}$$

由于矢量 B 与矢量 H 一般方向相同,因此可以写出它们的矢量关系式

$$B = \mu H \tag{8-3}$$

磁导率 μ 的 SI 单位为亨利每米,符号为 H/m。

为了比较物质的磁导率,选择真空作为比较基准,可以导出或测得真空的磁导率为

$$\mu_0 = 4\pi \times 10^{-7} \text{ H/m}$$

而把物质的磁导率与真空磁导率的比值,称为物质的相对磁导率,即

$$\mu_r = \frac{\mu}{\mu_0} \tag{8-4}$$

非铁磁物质的 $\mu_r \approx 1$,即 $\mu \approx \mu_0$;铁磁物质的 μ_r 很大,如硅钢片 $\mu_r \approx 6\,000 \sim 8\,000$,而铁镍合金在某些时候,其 μ_r 可以高达几万到几十万。

二、互感和互感电动势

前面已讲到电感元件只要是穿过某线圈的磁链(总磁通量)发生改变,不论使之改变的原因为何,都会在该线圈中产生感应电动势。但前面只考虑了其中的自感现象,也只讨论了线圈两端产生的自感电动势,而当一个线圈附近还存在其他线圈时,情况又会怎样呢?下面将对此进行具体分析。

1. 互感

两个线圈靠得很近,当一个线圈中通过电流时,它所产生的磁通,有一部分要穿过另一个线圈,这部分磁通称为互感磁通,相应的磁链称为互感磁链。有互感磁通交链的两个线圈称为磁耦合线圈。

如图 8-2 所示的两个线圈,当线圈 1 通过电流 i_1 时,它所产生的磁通 Φ_{11} 为自感磁通,其中的一部分磁通 Φ_{21} 穿过线圈 2,便为互感磁通。如果 Φ_{21} 穿过线圈 2 的所有匝数 N_2,则 $\Psi_{21} = N_2 \Phi_{21}$,称为互感磁链。

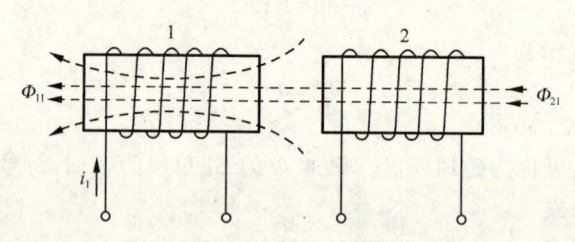

图 8-2 互感线圈

互感磁链 Ψ_{21} 与产生它的电流 i_1 的比值为

$$M_{21} = \frac{\Psi_{21}}{i_1}$$

定义为两耦合线圈的互感系数。

同样,线圈 2 中的电流 i_2 要在线圈 1 中产生互感磁链 Ψ_{12},Ψ_{12} 与产生它的电流 i_2 的比值为

$$M_{12} = \frac{\Psi_{12}}{i_2}$$

也是互感系数。

可以证明,互感系数 $M_{12}=M_{21}$,所以不必区分 M_{12} 和 M_{21},统一用 M 表示。互感系数简称为互感。

因为一般总是选定互感磁通的参考方向与产生它的电流的参考方向符合右手螺旋定则,所以互感系数 M 总是正值。

互感的单位与自感的单位一样,也是 H(亨)。

互感的大小反映了一个线圈在另一个线圈中产生磁链的能力。耦合线圈的互感只与这两个线圈的结构、介质的磁导率和相互位置有关,而与两线圈中的电流无关;但介质为铁磁物质时,互感与电流有关。自感为 L_1 和 L_2 的两个线圈,常用耦合系数 K 来表示它们的耦合程度。K 的定义为

$$K=\frac{M}{\sqrt{L_1 L_2}}$$

K 值在 0~1 范围内。当 $M=0$,即两个线圈的磁通互不交链时,$K=0$;当 $M=\sqrt{L_1 L_2}$,即一个线圈产生的磁通全部与另一个线圈交链时,$K=1$,此时又称为全耦合。

2. 同名端

同名端是用来说明耦合线圈的相对绕向的。如图 8-3(a)所示,当线圈 1 的电流 i_1 从端子 1 通入时,它所产生的磁通方向由右手螺旋定则确定,如 Ψ_{11} 所示(顺时针方向)。当线圈 2 的电流 i_2 从端子 3 通入时,它所产生的磁通方向如 Ψ_{22} 所示(也是顺时针方向)。两个磁通的方向相同,则端子 1 和 3 称为同名端。也就是说:两个线圈的电流自同名端通入时,互感磁链与自感磁链的方向相同(或者说自感磁链和互感磁链相助)。通常用符号"*"来表示同名端,而线圈的具体绕向可不必画出,如图 8-3(b)所示。

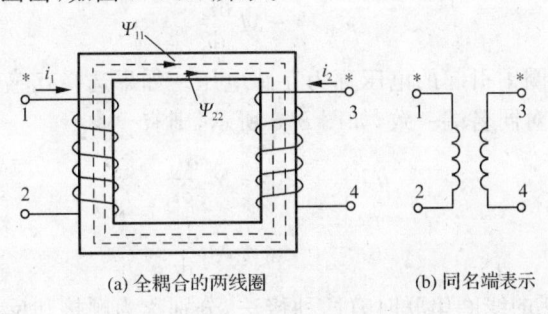

(a) 全耦合的两线圈　　(b) 同名端表示

图 8-3　同名端(一)

如果将其中一个线圈反绕,如图 8-4(a)所示,则端子 1 和 4 为同名端,当然端子 2 和 3 也是同名端。

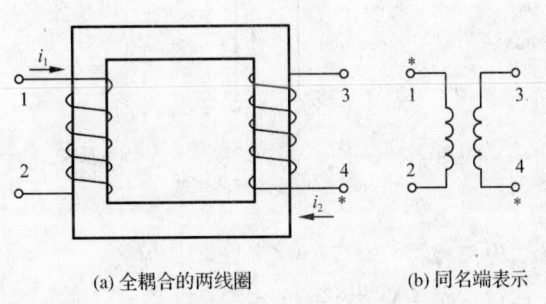

(a) 全耦合的两线圈　　(b) 同名端表示

图 8-4　同名端(二)

可见,只要知道线圈的绕向,同名端是容易确定的。实际的耦合线圈,线圈的绕向是不知

道的,通常采用实验的方法来确定。

3. 互感电动势

磁耦合的线圈,当一个线圈中的电流变化时,互感磁通也随之变化,这时就会在另一个线圈中产生感应电动势,这种感应电动势称为互感电动势。

在图 8-5(a)中,线圈 1 的电流 i_1 变化时,线圈 2 中产生互感电动势 e_{M2},其大小为

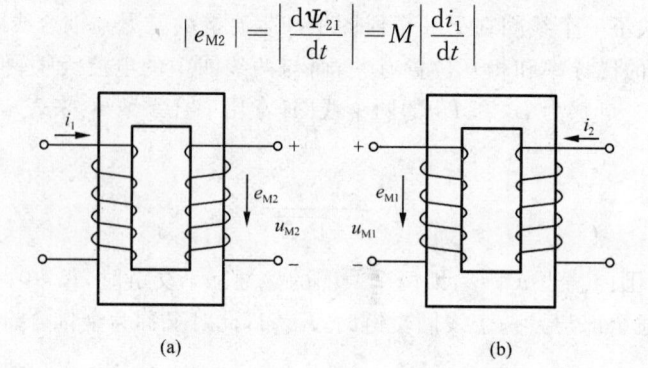

$$|e_{M2}| = \left|\frac{d\Psi_{21}}{dt}\right| = M\left|\frac{di_1}{dt}\right|$$

图 8-5 互感电动势

如果选择 i_1 的参考方向与 e_{M2} 的参考方向如图 8-5(a)所示,使之对同名端一致,则互感电动势可写为

$$e_{M2} = -M\frac{di_1}{dt}$$

同样,如果选择 i_2 的参考方向与 e_{M1} 的参考方向也对同名端一致,如图 8-5(b)所示,则有

$$e_{M1} = -M\frac{di_2}{dt}$$

由互感电动势在线圈中引起的电压称为互感电压。如果选择互感电压的参考方向也与产生它的电流的参考方向对同名端一致,如图 8-5 所示,则有

$$u_{M2} = -e_{M2} = M\frac{di_1}{dt} \tag{8-5}$$

$$u_{M1} = -e_{M1} = M\frac{di_2}{dt} \tag{8-6}$$

例 8-1 两个有互感的线圈串联时有两种接法,分别称为顺接和反接,如图 8-6 所示,求两种接法的等效电感。

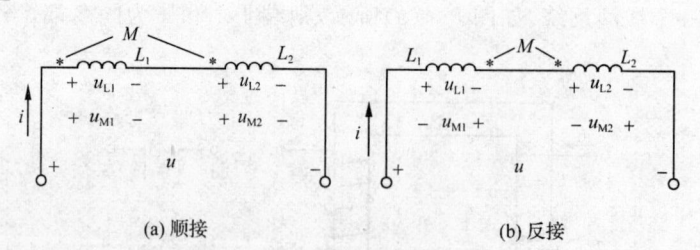

(a) 顺接   (b) 反接

图 8-6 互感线圈的串联

解 在图 8-6(a)中

$$u = u_1 + u_2 = (u_{L1} + u_{M1}) + (u_{L2} + u_{M2})$$
$$= \left(L_1\frac{di}{dt} + M\frac{di}{dt}\right) + \left(L_2\frac{di}{dt} + M\frac{di}{dt}\right)$$
$$= (L_1 + L_2 + 2M)\frac{di}{dt} = L\frac{di}{dt}$$

故顺接时,等效电感为
$$L = L_1 + L_2 + 2M$$

在图 8-6(b)中
$$u = u_1 + u_2 = (u_{L1} - u_{M1}) + (u_{L2} - u_{M2})$$
$$= (L_1 \frac{di}{dt} - M \frac{di}{dt}) + (L_2 \frac{di}{dt} - M \frac{di}{dt})$$
$$= (L_1 + L_2 - 2M) \frac{di}{dt} = L \frac{di}{dt}$$

故反接时,等效电感为
$$L = L_1 + L_2 - 2M$$

4. 互感器

(1) 电流互感器

测量高电压电路中的电流时,若被测电流超过电流表的量程,应与电流互感器配合使用。接线时,电流互感器的原边和被测电流回路串联,副边两端接电流表。

使用电流互感器时,应注意以下几点:

①电流互感器的额定电压应与电路电压适应。

②要根据被测电流的大小,选择电流互感器的额定变流比。

③为确保人身和设备安全,电流互感器的二次线圈、铁芯及外壳都必须可靠接地。

④电流互感器的二次线圈绝对不允许开路,否则会使铁芯过热,烧坏绝缘,并在二次线圈两端产生高电压,危及人身与设备的安全。二次侧回路中也不允许设保险丝。

⑤在带负载情况下,拆装仪表时,必须先将二次线圈两端短路后才能进行。

(2) 电压互感器

当交流电压超过 600 V 时,应与电压互感器配合进行测量,利用电压互感器将高电压变换为低电压,以供测量使用。

使用电压互感器时,应注意以下几点:

①要根据被测电压的高低,合理选择电压互感器的额定变压比(简称变比),即所选用的电压互感器的原边额定电压要大于被测电压,以防电压互感器损坏。

②要选择与电压互感器配合使用的电压表。因为电压互感器的二次侧电压规定为 100 V,所以应选用量程为 100 V 的电压表配合使用。

③电压互感器的二次侧不允许短路,否则互感器会因过热而损坏,严重时,还会造成电路故障。

④为了防止意外的短路事故,在电压互感器的一次侧和二次侧都应该装设保险丝,必要时要串接保护电阻,以减小短路的电流。

⑤电压互感器的二次线圈、铁芯外壳都要可靠接地,以防一次侧的高电压串入二次线圈,危及人身安全和损坏设备。

三、铁磁物质的磁化

1. 物质的磁化

(1) 物质的分类

物质按磁性能的不同,可分为铁磁物质和非铁磁物质两大类。

非铁磁物质包括空气、铜、铝等,它们的相对磁导率 $\mu_r \approx 1$,即它们的导磁性能接近于真空中的情况,这类物质的磁导率为常量。

非铁磁物质又可分为顺磁质和抗磁质两类。其中顺磁质(如锰、铂、铝、氮、氧等)的相对磁导率略大于1,即在磁场强度相同时,这些磁介质中的磁感应强度要稍大于真空中的磁感应强度;而抗磁质(如铜、氯、金、锌、铅等)的相对磁导率略小于1,即在磁场强度相同时,这些磁介质中的磁感应强度要稍小于真空中的磁感应强度。

铁磁物质包括铁、钴、镍以及它们的合金。这类物质的特点是磁导率特别大($\mu \gg \mu_0$),可比真空磁导率的大几千乃至几万倍。且同一物质的磁导率 μ 随磁场的强弱而变化。

铁磁物质因具有优异的导磁性能而广泛使用于电工设备中,并对电工设备的结构和工作情况产生巨大影响,如在具有铁芯的线圈中通入不大的电流,便可生产较大的磁感应强度和磁通,从而减少线圈用铜量。采用优质铁芯物质,可以使同容量的电机和变压器减少铁芯用铁量,并使体积大大缩小,质量大大减轻。

(2) 物质的磁化

为什么铁磁物质具有高导磁性呢?我们知道电流会产生磁场,而围绕原子核旋转的电子形成的环绕电流,也会产生磁场。由于原子之间的相互作用,又使一个小区域内的各原子磁场取向一致,形成磁性很强的小永磁体,这种小永磁体称为磁畴。磁畴的体积很小,但磁性很强,铁磁物质就是由许许多多磁畴组成的。在没有外磁场作用的情况下,磁畴排列杂乱无章,磁性相互抵消,铁磁物质对外不显磁性。但是,在外磁场作用下,磁畴取向趋向于外磁场方向,因而铁磁物质对外显示出很强的磁性,这一现象称为磁化。可见,铁磁物质的磁化过程就是其磁畴取向过程。

2. 物质的磁化曲线

铁磁物质的磁化特性常用磁化曲线即 B-H 曲线来表示,如图8-7所示。B 为物质中磁感应强度,相当于电流在真空中所产生的磁场和物质磁化后的附加磁场的叠加;H 为物质中磁场强度,它决定于产生磁场的电流。所以 B-H 曲线表明了物质的磁化效应。

(1) 起始磁化曲线

真空或空气的 $B = \mu_0 H$,因为 μ_0 为常数,所以其 B-H 曲线为一直线,如图8-7中的直线①所示。

铁磁物质的 B-H 曲线可由实验测出,将一块尚未磁化的(或完全去磁后)的铁磁物质拿来实验,即从 $H=0$,$B=0$ 的状态开始对其磁化,在测得对应于不同磁场强度 H 值下的磁感应强度 B 的值后,再逐点绘制出其所对应的 B-H 曲线,如图8-7中的曲线②所示,这样的 B-H 曲线称为起始磁化曲线。

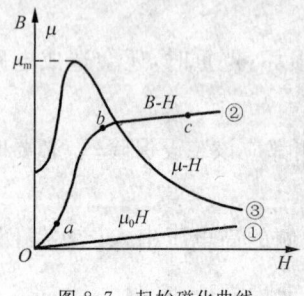

图8-7 起始磁化曲线

在曲线②的开始几点(Oa 段),B 的增大较慢,主要是由可逆的畴壁移动造成的。在 ab 段,则随着 H 的增大,B 会急剧增大,主要是由不可逆的磁畴转向引起的。在 bc 段,H 已很大,B 的增大速度却减慢,因为所有磁畴的大部分已转向。到 c 点为止,所有磁畴都转到与外磁场方向一致的方向,达到了饱和。c 点以后,再增大 H,B 却增大得很小,与真空或空气一样。c 点以后近似于直线,c 点以后的磁化过程又是可逆的。

在曲线 ab 段,铁磁物质中的 B 要比真空或空气中大得多,所以通常要求铁磁材料工作在 b 点附近。

就整个起始磁化曲线来看,铁磁物质的 B 和 H 的关系为非线性关系,这表明铁磁物质的磁导率不是常数,要随外磁场 H 的变化而变化。图 8-7 中的曲线③为铁磁物质的 μ-H 曲线。开始阶段 μ 较小,随着外磁场 H 的增大,μ 达到最大值 μ_m,以后又减小,并逐渐趋为 μ_0。

(2)磁滞回线与基本磁化曲线

铁磁物质由于它的高导磁性能,使之在许多的电机、电气设备中,被制作成铁芯,得以广泛应用。在交流电机或电器中,铁芯常常受到交变磁化,铁磁物质在反复磁化过程中的 B-H 关系,是磁滞回线的关系,而不再是起始磁化曲线的关系,如图 8-8(a)所示。

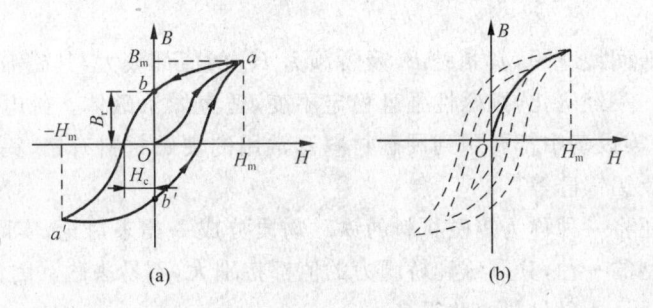

图 8-8 磁滞回线与基本磁化曲线

当磁场强度由零增大到 H_m,使铁磁物质达到磁饱和,对应的磁感应强度为 B_m 后,若减小 H,B 要由 B_m 沿着比起始磁化曲线稍高的曲线 ab 下降。特别的是:当 H 降为零时,B 不为零,这种 B 的变化滞后于 H 的变化的现象称为磁滞现象,简称磁滞。由于磁滞,铁磁物质在磁场强度 H 减小到零时保留的磁感应强度如图 8-8(a)中的 B_r,称为剩余磁感应强度,简称剩磁。如要消去剩磁,需要将铁磁物质反向磁化,当 H 由相反方向达到图中的 H_c 值时,才能使 B 降为零,这一磁场强度值称为矫顽磁场强度,也称为矫顽力。当 H 继续反向增大时,铁磁物质开始进行反向磁化。到 $H=-H_m$ 时,铁磁物质反向磁化到饱和点 a'。当 H 由 $-H_m$ 回到零时,B-H 曲线沿 $a'b'$ 变化。H 再由零增大到 H_m 时,B-H 曲线沿着 $b'a$ 变化,从而完成一个循环。铁磁物质在 H_m 和 $-H_m$ 之间反复磁化,所得近似对称于原点的闭合曲线 $aba'b'a$ 称为磁滞回线。

铁磁物质之所以产生剩磁和磁滞现象,是因为磁畴的翻转过程不可逆。磁化后同向排列的磁畴,在外磁场减小或撤除后,由于相互之间的摩擦力,已翻转的磁畴不会再回到原位,必须加一矫顽力才能使其回复原位。

在交变磁化过程中,由于磁畴反复转向、相互摩擦使铁芯发热,造成磁化过程中铁芯中的能量损耗,称为磁滞损耗,损耗的能量由产生外磁场的线圈电流提供。

高温情况下,铁磁物质分子热运动加剧,会破坏磁畴的有规则排列,故磁场强度一定时,温度升高,磁导率减小,每种铁磁物质都有一个温度值,当温度升高到该值时,磁导率下降到 μ_0,这个温度称为铁磁物质的居里点,当温度高于居里点时,铁磁材料将失磁。

敲击和振动也会破坏磁畴的有规则排列,也会使铁磁物质失磁。

对应于不同的 H_m 值,铁磁物质有不同的磁滞回线。如图 8-8(b)中的虚线所示。将各个不同 H_m 下的各条磁滞回线的正顶点连成的曲线称为基本磁化曲线,如图 8-8(b)中实线所示。基本磁化曲线略低于起始磁化曲线,但相差很小。

铁磁材料的基本磁化曲线,有时也用表格形式给出,称为磁化数据表;这些曲线或数据表通常都可以在产品目录或手册上查到。

3. 铁磁物质的分类

按照磁滞回线的形状和在工程上的用途,铁磁物质大体可以分为软磁材料和硬磁材料两类。

(1)软磁材料

软磁材料磁滞回线狭长,剩磁及矫顽力都很小,磁滞现象不显著,没有外磁场时磁性基本消失;磁滞回线的面积及磁滞损耗都小,磁导率高。电工钢片(硅钢片)、铁镍合金、铁淦氧磁体、纯铁、铸铁、铸钢等都是软磁材料。因为变压器和交流电机的铁芯要在反复磁化的情况下工作,所以都用硅钢片叠成。

由于软磁材料磁滞回线狭长,一般就用基本磁化曲线代表其磁化特性,供磁路计算用。

(2)硬磁材料

硬磁材料的磁滞回线宽短,其剩磁 B_r 及矫顽力 H_c 的值都较大,其磁滞回线的面积大,磁滞现象也较为明显。一经磁化,则磁性强且稳定不变,适宜做永磁体。磁电系仪表、收音机的扬声器、永磁发电机等设备中都要用到硬磁材料。常用的硬磁材料有铬、钨、钴、镍等的合金,如铬钢、钴钢、钨钢及铝镍硅等。

还有一些书上还将一种称为矩磁材料的铁磁物质分成一类来讨论,实际上矩磁材料就是硬磁材料中比较典型的一种,其剩磁和矫顽力的值都特别大,不易去磁。因为它们的磁滞回线显得宽大,接近于矩形,所以材料由此得名。

任务实施

一、直流法

如图8-9所示的电路是直流法测定同名端的电路。在开关K闭合瞬间,如果直流毫安表(或直流电压表)正向偏转,则端子1和3是同名端;若反向偏转,则端子1和4是同名端。

按图8-9所示连接电路,判别互感线圈的同名端,并做好标记。

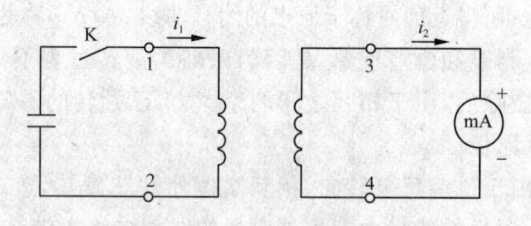

图8-9 直流法判别同名端

二、交流法

如图8-6所示,当两个线圈顺接时,其等效电感为 $L=L_1+L_2+2M$;当两个线圈反接时,其等效电感为 $L=L_1+L_2-2M$。显然,顺接时线圈阻抗将大于反接时线圈的阻抗,因此加上相同的正弦电压,顺接时的电流小,反接时的电流大。同样地,若流过相同的电流,则顺接时端电压高，反接时端电压低。据此，即可判断出两线圈的同名端。另外，用交流电桥可直接测量不同串联方式时两线圈的等效电感，也可判断其同名端。

分别按图 8-10(a)、图 8-10(b)所示接线，观测电流表读数，并记入表 8-1 中。

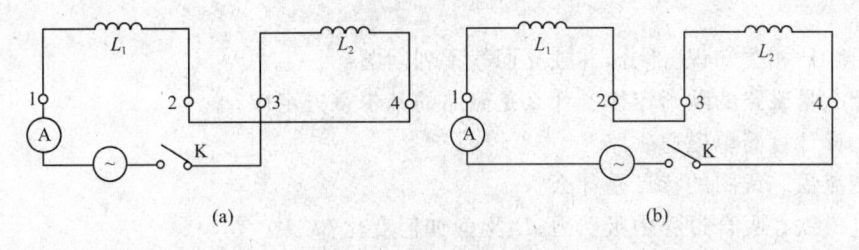

图 8-10 交流法判别同名端

比较直流判别法和交流判别法结果是否相同，如果不同请找出问题。

表 8-1 交流法判别同名端实验数据

I_1/A	I_2/A

同名端判别的注意事项：

(1)所有交流测试中均使用单相调压器，输出电压应不超过线圈及电表量程允许值，接通电源前，务请再仔细检查一遍线路。

(2)不能带电转换表头量程，杜绝任何一切带电操作行为。

(3)由于电压波动，测量时，应尽快读出表计指示值，在测量过程中，应随时校核读数。

任务二 交流铁芯线圈特点的认知

教学目标

知识目标：

(1)理解磁路的基尔霍夫定律及磁路的欧姆定律。
(2)了解稳态下直流和交流铁芯线圈的特性。
(3)了解交流铁芯线圈波形畸变的情况，理解磁滞损耗、涡流损耗的概念。
(4)理解交流铁芯线圈的电路模型。

能力目标：

能够认知交流铁芯线圈的特点。

任务描述

工厂里使用了一些直流铁芯线圈和交流铁芯线圈，根据铁芯线圈的特点，分析当铁芯线圈被卡住时，各会出现怎样的情况。

任务准备

课前预习"相关知识"部分,并独立回答下列问题:
(1)什么是磁路的欧姆定律?什么是磁路的基尔霍夫定律?
(2)怎样计算简单磁通磁路?
(3)交流铁芯线圈的特点是什么?
(4)电磁铁在吸合过程中吸引力、B 及 Φ 如何变化?

相关知识

一、磁路的基本定律

1. 磁路

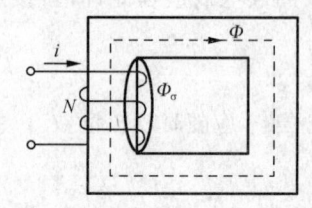

图 8-11 铁芯线圈

为了得到较强的磁场,许多电工设备都把线圈绕在铁芯上。如图 8-11 所示为一铁芯线圈,当线圈中通入电流时(称为励磁电流),由于铁芯的磁导率比周围非铁磁物质的磁导率高得多,故磁通基本上集中于铁芯内,仅有少量经过周围的非铁磁物质而闭合。前者称为主磁通,以 Φ 表示,如图 8-11 中虚线所示;后者称为漏磁通,以 Φ_σ 表示,如图 8-11 中实线所示。通常把主磁通经过的路径称为磁路。相对主磁通来说,作为粗略的分析,漏磁通可以忽略不计。这样,在下面分析中就可以认为励磁电流产生的磁通全部集中在磁路中,于是难以计算的分布磁场问题就简化为易于计算的集中磁路问题。

2. 磁路的基尔霍夫定律

磁路的基尔霍夫定律是根据磁场的基本规律推导出来的,是分析计算磁路的基础。

(1)磁路的基尔霍夫第一定律

在磁路的分支处(也称为磁路的节点),作一封闭面 S 包围它,如图 8-12 所示。因为磁感线是不间断的,所以,穿入闭合面的磁通,必等于穿出闭合面的磁通,即

$$\Phi_2 + \Phi_3 = \Phi_1$$

或

$$-\Phi_1 + \Phi_2 + \Phi_3 = 0$$

写成一般形式为

$$\sum \Phi = 0 \qquad (8-7)$$

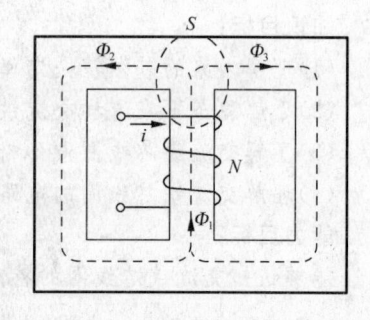

图 8-12 磁路的基尔霍夫第一定律

即穿入闭合面 S 的磁通的代数和为零。上式中 Φ 的符号,若规定参考方向穿出闭合面的磁通取正号,则参考方向穿入闭合面的磁通取负号(当然也可以规定参考方向穿入闭合面的磁通取正号,穿出闭合面的磁通取负号)。

式(8-7)在形式上非常类似于电路中的基尔霍夫电流定律,故称为基尔霍夫磁通定律,又称为磁路的基尔霍夫第一定律。

(2)磁路的基尔霍夫第二定律

对于磁路中的任一闭合路径,先选定它的一个绕行正方向。在任一时刻,沿该闭合路径的各段磁路上磁压降的代数和等于环绕此闭合路径的所有磁通势的代数和,即

$$\sum (Hl) = \sum (NI) \text{ 或 } \sum U_m = \sum F \tag{8-8}$$

由前面说明可知,式(8-8)中的 $F=NI$ 是线圈中电流所提供的磁通势(又称为磁动势),它可视为使磁路中产生磁通的根源;而磁路中某段磁路的长度 l 与其磁场强度 H 的乘积称为该段磁路的磁压,常用 U_m 表示。显然,式(8-8)也与基尔霍夫电压定律非常类似,故称为基尔霍夫磁压定律,又称为基尔霍夫第二定律。

式(8-8)中各量的符号规定如下:式中等号左端各项的正负号,由磁场强度 H 的参考方向与所选定的绕行方向是否一致来确定,一致时取正号,不一致时取负号;等号右端各项的正负号,又由各磁通势的参考方向与所选定的闭合路径之绕行方向是否一致来确定,一致时取正号,反之取负号。此式也是计算磁路的基本公式。

3. 磁阻、磁路的欧姆定律

对于一段截面为 S、长度为 l、磁导率为 μ 的磁路,如图 8-13 所示,设其磁通为 Φ,则该段磁路的磁压为

$$U_m = Hl = \frac{B}{\mu}l = \frac{l}{\mu S}\Phi \tag{8-9}$$

令上式中

$$R_m = \frac{l}{\mu S} \tag{8-10}$$

称为该段磁路的磁阻。它的单位是 H^{-1}(每亨)。

这样,式(8-9)也可写为

$$U_m = R_m \Phi \tag{8-11}$$

式(8-11)与电路的欧姆定律相似,故称为磁路的欧姆定律。

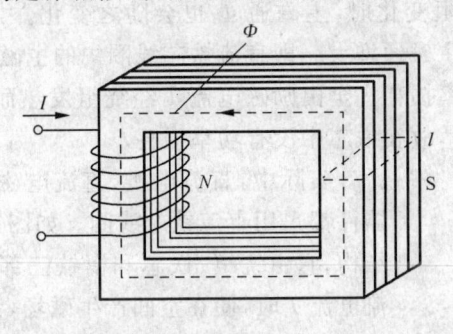

图 8-13 铁芯磁路示意图

因为铁磁物质的磁导率 μ 不是常数,它随励磁电流大小而变化,所以铁磁物质的磁阻是非线性的。因此,磁路的欧姆定律一般不能用来进行计算,但在对磁路进行定性分析时,可利用磁阻的概念。

二、铁芯线圈

为了增大电感,常在线圈中放入铁芯,如日光灯的镇流器、电磁铁等,这种含铁芯的线圈称为铁芯线圈。根据铁芯线圈取用电源的不同,分为直流铁芯线圈和交流铁芯线圈,相应的,由它们构成的磁路,分别称为直流磁路和交流磁路。

1. 直流铁芯线圈

如图 8-14(a)所示,将直流电源接至直流铁芯线圈的两端,则在线圈中会有直流电流 I 产生,设线圈的匝数为 N,相应的磁动势 $F=NI$,把在铁芯中产生的主磁通记为 Φ,在空气中产生的漏磁通记为 Φ_σ,忽略漏磁通 Φ_σ,直流铁芯线圈特点可概括如下。

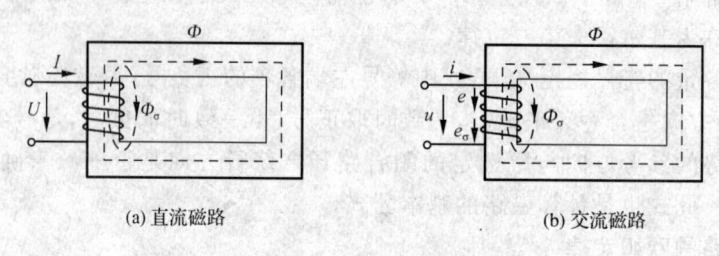

(a) 直流磁路 (b) 交流磁路

图 8-14 铁芯线圈

(1) 励磁电流为

$$I=\frac{U}{R} \tag{8-13}$$

它仅由外加电压 U 及励磁绕组本身的电阻 R 决定,而与磁路的性质无关,即磁路不影响电路。

(2) 由式(8-13)可知,当外加电压 U 一定时,对于确定的绕组 R,产生的励磁电流 I 也一定,相应的磁动势 NI 恒定。当磁路确定(即磁阻 R_m 不变)时,由此产生的磁通 Φ 恒定不变,因此它不会在线圈中产生感应电动势。

(3) 由磁路的欧姆定律 $\Phi=\dfrac{F}{R_m}$ 知,尽管在直流铁芯中磁动势 NI 是个恒定值,但当磁路中含有的空气隙变化,引起磁阻变化时,主磁通 Φ 也会随之变化。如果空气隙加大,则磁阻增大,主磁通因此减小;反之,主磁通增大。即直流铁芯线圈中的主磁通会因磁路的变化而变化。

(4) 直流铁芯线圈中功率损耗完全由励磁电流 I 经绕组发热而产生。由于直流磁路中的电流恒定不变(磁路确定时),故在铁芯中没有功率损耗。

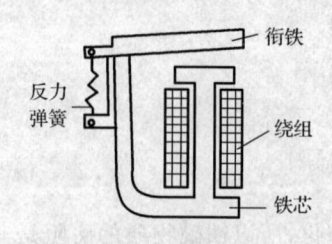

图 8-15 直流电磁铁的结构

实际中,直流电机、直流电磁铁以及其他各种直流电磁器件都采用直流铁芯线圈。如图 8-15 所示为直流电磁铁的结构,它由绕组、铁芯和衔铁三部分组成。当绕组中通入直流电流 I 时,便在空间产生磁场,将铁芯和衔铁磁化,使衔铁受到电磁力作用而被吸向铁芯。如果这时在铁芯和衔铁的适当位置分别放置一对静触头和动触头,则随着衔铁和铁芯的吸合,触头闭合,从而可以引发各种控制功能。控制继电器就是利用这种原理制作的。

2. 交流铁芯线圈

铁芯线圈接于正弦交流电源时,磁通也是交变的,会在线圈中产生感应电动势,如图 8-14(b)

所示。这样，磁路的情况（铁芯的磁导率、磁滞和涡流等因素）就会对电路产生影响。所以交流铁芯线圈要比直流铁芯线圈复杂得多。现在讨论交流铁芯线圈的电压、电流和磁通的关系。

(1) 电压与磁通的关系

铁芯线圈接于正弦电压上，若忽略线圈电阻和漏磁通，并按习惯选取线圈电压、电流、磁通即感应电动势 e 的参考方向如图 8-14(b) 所示，则有

$$u = -e = N\frac{d\Phi}{dt}$$

由上式可知 u 为正弦量，Φ 也为正弦量。若设 $\Phi = \Phi_m \sin\omega t$，则

$$u = -e = N\frac{d}{dt}\Phi_m \sin\omega t = \omega N\Phi_m \sin(\omega t + 90°)$$

可见 u 超前 Φ 90°，并知电压和感应电动势的有效值与磁通幅值的关系为

$$U = E = \frac{\omega N\Phi_m}{\sqrt{2}} = \frac{2\pi f N\Phi_m}{\sqrt{2}} = 4.44 f N\Phi_m \tag{8-14}$$

式 (8-14) 是常用的重要公式。它表明：当电源频率 f 和线圈匝数 N 一定时，交流铁芯线圈的磁通幅值 Φ_m 与电压有效值 U 成正比。

这也就是说，当 f、N 一定时，磁通幅值 Φ_m 完全由外加电压来决定。电压高，磁通大；电压低，磁通小。磁通的大小与磁路的情况（铁芯材料、几何尺寸、有无铁芯）毫无关系。一定大小的外加电压必须由一定大小的磁通所产生的感应电动势来平衡。这是交流铁芯线圈不同于直流铁芯线圈的特点。

(2) 磁饱和对线圈电流和磁通波形的影响

① 正弦电压作用下电流的波形　铁芯线圈的电压为正弦波时，磁通也为正弦波，由于磁饱和的影响，磁化电流不是正弦波，其波形为尖顶波。但磁化电流 $i_M(t)$ 和 $\Phi(t)$ 是同时达到零值和最大值的。U 越大，则 Φ_m 越大，$i_M(t)$ 的波形就越尖；如果 U 越小，则 Φ_m 越小，$i_M(t)$ 的波形就越接近于正弦波。要使磁化电流波形接近于正弦波形，就需选用截面积较大的铁芯，减小 B_m 值，使铁芯工作在非饱和区，但这会加大铁芯的尺寸和质量，所以通常使铁芯工作于接近饱和区。

② 正弦电流作用下的磁通波形　铁芯线圈的电流为正弦波时，由于磁饱和的影响，磁通为平顶波，电压为尖顶波。

在铁芯线圈中，励磁电流为正弦波的情况不多，大多数情况都是正弦电压加在铁芯线圈上。磁滞和涡流也会对波形产生影响，将会使波形畸变加大，产生铁芯损耗。

3. 铁芯损耗

当线圈中流过电流时，线圈电阻 R 上会产生功率损耗 RI^2，由于线圈导线大多是用铜材料做成，因此线圈电阻上产生的损耗又称为铜损。

处于交变磁化的铁芯，由于铁磁材料的磁滞作用和铁芯内涡流的存在而产生损耗，因为这种损耗是发生在铁芯中的，所以称为铁损。铁损包括磁滞损耗和涡流损耗。

(1) 磁滞损耗

铁磁材料在被反复磁化的过程中，其内部的磁畴要反复转向、相互摩擦，这就要消耗能量并且转变为热能而耗散掉，这种由磁滞所产生的损耗称为磁滞损耗。

可以证明，铁芯中单位体积所产生的磁滞损耗与磁滞回线所包围的面积成正比。所以为了减小交变磁通磁路中铁芯的磁滞损耗，常采用磁滞回线狭长的铁磁性材料（即软磁材料）来

制造铁芯。硅钢是目前满足这个条件的理想磁性材料,特别是冷轧硅钢片、冷轧取向硅钢片或坡莫合金更为理想。常见的电工硅钢片因其磁滞损耗较小且成本低廉,成为变压器和电机等设备中使用最广泛的铁芯材料。

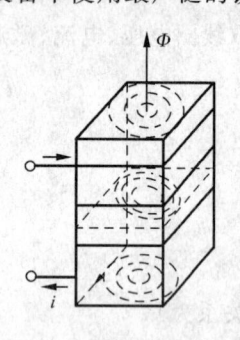

(2)涡流损耗

铁磁物质不仅有导磁能力,同时也有导电能力,因而在交变磁通作用下,铁芯内将产生感应电动势和感应电流。感应电流在垂直于磁通的铁芯平面内呈漩涡状流动,故称为涡流,如图8-16所示。

铁芯中的涡流当然也要消耗能量而使铁芯发热,这种由涡流所产生的损耗称为涡流损耗。

在电机、变压器等实际设备中,常用两种方法减小涡流损耗。一是增大铁芯材料的电阻率,在钢片中掺入硅能使其电阻率大大提高。二是把铁芯沿磁场方向剖分为许多薄片相互绝缘后再叠合成铁芯,这样就可以大大限制涡流,使其只能在较小的截面内流通。

图8-16 涡流损耗

但有些时候,也利用由交变磁通可以产生涡流的原理来达到一些目的。例如,利用涡流的热效应来冶炼金属,利用涡流和磁场相互作用而产生电磁力的原理来制造感应式仪器、交流异步电动机及涡流测距仪等。

综上所述,在交变磁通作用下的铁芯中,所产生的磁滞损耗和涡流损耗都会使铁芯发热,使交流电机、变压器以及其他交流用电设备的功率损耗增大,温升增大,效率降低。所以通常情况下,要尽力去减小铁损,以提高效率并延长设备的使用寿命。

三、交流铁芯线圈的电路模型

由前面所述可知,交流铁芯线圈的电压为正弦波时,磁通也为正弦波,由于磁饱和的影响,磁化电流不是正弦波。为了分析方便,通常用等效正弦波来代替非正弦波等方法作出交流铁芯线圈的电路模型,这样将会使分析大大简化。

1. 不考虑线圈电阻和漏磁通的情况

前面已经分析了交流铁芯线圈的电磁关系,并得出相量关系 $\dot{U}=-\dot{E}$,即电压及感应电动势的有效值与主磁通最大值的关系

$$U=E=\frac{\omega N\Phi_m}{\sqrt{2}}=\frac{2\pi fN\Phi_m}{\sqrt{2}}=4.44fN\Phi_m$$

工程上分析交流铁芯线圈时,常把非正弦的磁化电流用等效正弦波来代替(此等效的条件除频率相同外,相应的有效值和功率也相等),因为该磁化电流的平均功率为零,所以其等效正弦量比电压滞后90°,它也为线圈电流的无功分量,其相量可表示为

$$\dot{I}_M=I_M\angle 0°$$

因此可得出不考虑线圈电阻和漏磁通的情况下交流铁芯线圈的相量图,如图8-17(a)所示,进而再得出此交流铁芯线圈的电路模型,如图8-17(b)和图8-17(c)所示。

由于篇幅所限,本处对于得出其电路模型的详细过程不作赘述。电路模型中各参数和物理量关系可以从图8-17中清楚看出。

2. 考虑线圈电阻和漏磁通的情况

在实际电工设备中,铁芯线圈电路有时还应考虑线圈电阻 R 和漏磁通 Φ_σ 的影响。而漏磁通主要通过空气闭合,所以它在电路中的影响可用线性电感 L_s 来表示,相应的漏磁电抗又

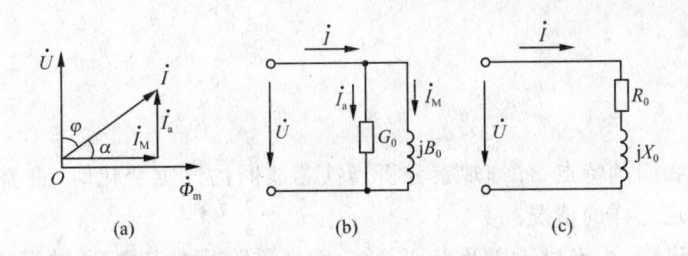

图 8-17 不考虑线圈电阻和漏磁通的相量图和电路模型

表示为 $X_S = \omega L_S$。

由以上讨论又可得出在考虑线圈电阻 R 和漏磁通 Φ_σ 的情况下，交流铁芯线圈的相量图，如图 8-18(a)所示，以及电路模型，如图 8-18(b)、图 8-8(c)所示。

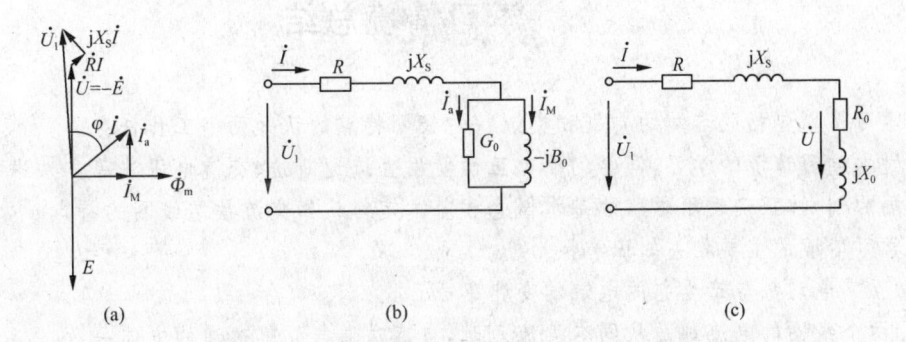

图 8-18 考虑线圈电阻和漏磁通的相量图和电路模型

四、电磁铁

电磁铁是利用通电流的铁芯线圈对铁磁物质产生电磁吸引力的设备，它的应用很广泛。电磁铁由磁导率高的软磁材料铁芯、衔铁及线圈三部分组成。当线圈中通过电流时，铁芯中产生磁场，使衔铁受到电磁吸引力。所以电磁铁磁路中的气隙是变动的。

直流电磁铁的衔铁所受的吸引力与气隙的磁感应强度的平方成正比，由于直流励磁线圈的电阻及直流电压源电压一定时，励磁电流一定，磁通势也一定，在衔铁吸合过程中，气隙逐渐减小，磁场便逐渐增强，吸引力随之增大，衔铁吸合后吸引力要增大很多。

交流电磁铁的吸引力是变化的，其平均值与磁感应强度的最大值成正比，瞬时吸引力在电源的一周期内两次为零，但吸引力方向不变，平均吸引力为最大吸引力的一半。

电源频率为 50 Hz 时，交流电磁铁的瞬时吸引力在 1 s 内有 100 次为零，会引起衔铁的振动，产生噪声和机械损伤。为了消除这种现象，在铁芯的前面装嵌一个称为短路环的自成短路的铜环。装了短路环，磁通就分成不穿过短路环的 Φ' 与穿过短路环的 Φ'' 两部分。由于磁通的变化，短路环内有感应电流并阻碍磁通变化，结果使 Φ'' 的相位比 Φ' 滞后。由于这两部分磁路不是同时达到零值，就不会有吸引力为零的时候了。

交流电磁铁所接为电压有效值不变的正弦电压源时，不论气隙大小如何，Φ_m 基本不变，B_m 也基本不变，所以吸合过程中的平均吸引力基本不变。但气隙大时，磁阻大，为维持磁通不变，励磁电流增大。所以未吸合时的电流要比吸合后的电流大得多。而交流电磁铁的额定电流乃是衔铁吸合后线圈中能长期通过的电流，如因某种原因（如机械原因）使衔铁长时间不能吸合，就会使电流长期偏大，线圈过热而烧坏。

任务实施

(1) 根据铁芯线圈的特点，仔细观察分析当铁芯线圈的气隙变化时，直流铁芯线圈和交流铁芯线圈，各会出现怎样的情况。

(2) 通过教师讲授、小组讨论以及点评总结，掌握磁路基本定律，通过例题、习题，学会用磁路欧姆定律、基尔霍夫定律进行磁路分析，认知交流铁芯线圈的特点。

学习情境总结

本学习情境包括同名端的判别和交流铁芯线圈特点的认知两个工作任务。

通过本学习情境的学习，同学们能够正确使用直流通断法、交流电压法等方法进行互感线圈同名端的判别，正确运用磁路的基本概念和基本定律认知交流铁芯线圈的特点。

本学习情境的主要相关知识有：

(1) 互感电动势与产生它的电流的变化率成正比。

(2) 两个线圈的电流都是从同名端流入时，自感磁通与互感磁通的方向一致。

(3) 铁磁物质由大量磁畴组成。在外磁场作用下，磁畴转向，产生很强的附加磁场使铁磁物质中的磁场大大增强，因而铁磁物质具有高导磁性。

(4) 铁磁物质的磁性能用磁化曲线（B-H 曲线）来表示。由于铁磁物质具有磁饱和性，因此 B-H 关系不是线性关系，磁导率不是常数。

(5) 在交变磁化时，铁磁物质的 B-H 曲线为磁滞回线。根据磁滞回线的形状，可将铁磁材料分为软磁材料、硬磁材料。

(6) 在磁路计算中，一般用基本磁化曲线表示铁磁物质的磁性能。

(7) 磁路的基尔霍夫磁通定律的表达式为

$$\sum \Phi = 0$$

(8) 磁路的基尔霍夫磁压定律的表达式为

$$\sum U_m = \sum F$$

式中，$U_m = Hl$，$F = NI$。

(9) 磁路的欧姆定律可表述为：一段磁路的磁压等于其磁阻和磁通的乘积。即

$$U_m = R_m \Phi$$

式中，磁阻 $R_m = \dfrac{l}{\mu S}$。

(10) 磁路的气隙虽小，但磁压很大，占总磁压很大比例，因而对励磁电流的影响很大。

(11) 交流铁芯线圈的电压与磁通幅值的关系为

$$U = 4.44 f N \Phi_m$$

(12) 交流铁芯线圈为非线性元件。当电压为正弦波时，磁通也是正弦波，而励磁电流是尖顶波。当励磁电流是正弦波时，磁通为平顶波，而电压是尖顶波。

习 题

一、填空题

8.1.1 铁磁材料的磁导率_____非铁磁材料的磁导率。

8.1.2 电机和变压器常用的铁芯材料为_____。

8.1.3 铁磁物质具有_____、_____、_____的特性。

8.1.4 磁感应强度的单位是_____,磁场强度的单位是_____,磁导率的单位是_____。

8.1.5 磁通恒定的磁路称为_____,磁通随时间变化的磁路称为_____。

8.1.6 磁路的基尔霍夫磁通定律的一般形式为_____,磁路的基尔霍夫磁位差定律的一般形式为_____,磁路的欧姆定律的一般形式为_____。

8.1.7 磁位差的单位是_____,磁通势的单位是_____,磁阻的单位是_____。

8.1.8 当外加电压大小不变而铁芯磁路中的气隙增大时,对直流磁路,则磁通_____,电流_____;对交流磁路,则磁通_____,电流_____。

8.1.9 交流铁芯线圈的电压有效值与主磁通的最大值关系式为_____。

8.1.10 铁芯线圈的电压为正弦量时,由于_____,磁化电流_____,其波形为_____。

8.1.11 变压器运行中,绕组中电流的热效应所引起的损耗称为_____损耗,交变磁场在铁芯中所引起的_____损耗和_____损耗合称为_____损耗。

二、判断题

8.2.1 铁磁物质的 B-H 曲线称为基本磁化曲线。 ( )

8.2.2 磁感应强度又称为磁通密度。 ( )

8.2.3 在电机和变压器铁芯材料周围的气隙中不存在磁场。 ( )

8.2.4 直流铁芯线圈磁路中,空气隙增大时磁通不变。 ( )

8.2.5 相对磁导率的单位是 H/m。 ( )

三、计算题

8.3.1 有一环形线圈在均匀介质上,如电流不变,将原来的非铁磁性材料换为铁磁性材料,则线圈中的磁感应强度、磁通和磁场强度将如何变化?

8.3.2 两形状、大小和匝数完全相同的环形螺线管,一个用玻璃作芯子,另一个用硅钢。当两线圈通以大小相同的电流时,两者的 B、Φ、H 是否相同?

8.3.3 已知硅钢片中,磁感应强度为 14 000 GS,磁场强度为 5 A/cm,求硅钢片的相对磁导率。

8.3.4 如图 8-19 所示为一由铁磁材料制成的环形线圈,已知其平均半径 $r=15$ cm,电流 $i_1=0.1$ A,$i_2=0.2$ A,线圈匝数 $N_1=500$,$N_2=200$,求环中的磁场强度。

8.3.5 设磁路中有一空气隙,气隙长度为 2 mm,截面积为 5 cm²,求其磁阻。如其磁感应强度为 0.9 T,求其磁位差。

8.3.6 有一交流铁芯线圈,接在 $f=50$ Hz 的正弦电源上,在铁芯中得到磁通的最大值为 $\Phi_m=2\times10^{-3}$ Wb。若在此铁芯上绕以线圈 100 匝,求此线圈开路时的端电压。

图 8-19 习题 8.3.4 图

8.3.7 (1)一个铁芯线圈所接正弦电压源的有效值不变,频率由 f 增至 $2f$,则磁滞损耗和涡流损耗如何改变? (2)如正弦电压源频率不变,有效值由 U 减为 $U/2$,则磁滞损耗如何改变?

参 考 文 献

[1] 邱关源. 电路[M]. 4版. 北京:高等教育出版社,1999.
[2] 蔡元宇. 电路及磁路基础[M]. 北京:高等教育出版社,2004.
[3] 张洪让. 电工基础[M]. 北京:高等教育出版社,1990.
[4] 陈正岳. 电工基础[M]. 北京:水利电力出版社,1996.
[5] 周南星. 电工测量及实验[M]. 北京:中国电力出版社,2000.
[6] 程隆贵,谢红灿. 电气测量[M]. 北京:中国电力出版社,2006.
[7] 瞿红. 电工实验及计算机仿真[M]. 北京:中国电力出版社,2009.
[8] 瞿红,禹红. 电路[M]. 北京:中国电力出版社,2008.
[9] 钟永安. 电工测量[M]. 大连:大连理工大学出版社,2010.
[10] 王玉芳,瞿红. 电工基础学习指导[M]. 北京:清华大学出版社,2011.